生态农业视角下
绿色种养实用技术

孙桂英　李之付　王丽◎著

吉林科学技术出版社

图书在版编目（ＣＩＰ）数据

生态农业视角下绿色种养实用技术 / 孙桂英，李之付，王丽著. -- 长春 ：吉林科学技术出版社，2022.8

ISBN 978-7-5578-9383-5

Ⅰ．①生… Ⅱ．①孙… ②李… ③王… Ⅲ．①生态农业－农业技术 Ⅳ．①S-0

中国版本图书馆 CIP 数据核字 (2022) 第 113542 号

生态农业视角下绿色种养实用技术

著	孙桂英　李之付　王　丽	
出 版 人	宛　霞	
责任编辑	王　皓	
封面设计	北京万瑞铭图文化传媒有限公司	
制　　版	北京万瑞铭图文化传媒有限公司	
幅面尺寸	185mm×260mm	
开　　本	16	
字　　数	327 千字	
印　　张	15.25	
印　　数	1－1500 册	
版　　次	2022年8月第1版	
印　　次	2022年8月第1次印刷	

出　　版	吉林科学技术出版社
发　　行	吉林科学技术出版社
地　　址	长春市南关区福祉大路5788号出版大厦A座
邮　　编	130118
发行部电话/传真	0431-81629529　81629530　81629531
	81629532　81629533　81629534
储运部电话	0431-86059116
编辑部电话	0431-81629510
印　　刷	廊坊市印艺阁数字科技有限公司

书　　号	ISBN 978-7-5578-9383-5
定　　价	59.00 元

《生态农业视角下绿色种养实用技术》
编审会

　　我国是一个拥有十几亿人口的超级大国，而农业是我国国民经济的支柱性产业，所以农业的发展是整个华夏儿女成长和开拓未来的奠基石。深厚的农业文化和丰富的技术经验，如深耕细耙、翻耕冬灌、合理的轮作、套作、间作、粪便废弃物培肥地力、农牧结合等耕作肥地技术，又如抗虫选种、生物天敌、植物性药物、矿物性药物以及一些油类物质等病虫害防治技术，都是生态农业所用的技术。可以说我国传统农业是现代生态农业之母，我国农民更易于接收和理解生态农业。绿色农业是农业供给侧改革的重点内容，绿色发展示农业现代化的必由之路，增强农民的绿色种养技术是其中之关键。

　　本书围绕绿色农业及在生态农业视角下种养的实用技术。第一章主要讲述绿色农业的概念以及在农业生产、动物养殖、加工生产几方面的一些技术；第二、三章主要内容是生态农业视角下农业可实行的实用技术和高产创新技术；第四章，讲述了农作物在培养过程中次生代谢发挥的作用；第五、六章介绍了生态农业视角下，种植业和养殖业的一些实用技术；第七章又重点介绍了健康稻田的绿色生产技术；第八章，介绍了稻田—油—鱼结合模式种养技术设计及管理。

　　本书在编写过程中，力求做到书中内容完整准确，使读者阅读起来得心应手，但由于时间、精力和水平有限，方方面面的不足必然存在，诚挚地欢迎广大读者以及专家批评指正，敬请读者谅解。

目录 CONTENTS

第一章 绿色农业概述

第一节 绿色农业的概念与特征

一、绿色农业的提出

21世纪是实现绿色革命与建立绿色文明的时代，绿色农业发展的实质是一场新的产业革命和技术革命，是人类进入绿色文明时代的重要标志。自从绿色农业概念提出以来，在国内和亚太地区产生了深远的影响，绿色农业的概念和内涵逐渐被一些从事农业的专家、学者和从事农业实际工作部门的同志认可，还得到国家有关部门和地方政府的大力支持，收到了良好效果。经过几年的理论研究和绿色农业示范区的试验，形成了绿色农业的基本理论框架体系，丰富了绿色农业发展理论的内涵，提出绿色农业发展模式，在中国乃至世界都具有前瞻性和指导性意义，这不仅丰富了现代农业的内涵，而且明确了现代农业的发展方向和目标，是对中国和世界农业的历史贡献。

从农业发展的历程与当前面临的形势来看，当代世界农业发展的关键问题，是要切实转变农业经济增长方式，积极探索可持续的农业发展形态与模式。所谓农业经济增长方式即农业生产模式，既是农业发展模式的基础和决定环节，又是农业发展模式的具体形式与现实形态。农业发展模式主要是指农业发展的基本类型与运行格局及其实现方式和途径，体现了农业生产力的发展过程。农业起源于没有文字记载的远古时代，是人类历史上最古老的产业。在过去的1万年时间里，世界农业发展形态和模式先后经历了原始农业、传统农业和现代农业三个阶段，展望未来农业的发展，必将在广度和深度上进一步改变人类的生活轨迹。绿色农业的发展是成熟的绿色食品产业发展向农业全面推广和示范的一种"精英平民化"的发展模式，是人们对"石油农业"等现代农业模式反思、集成的结果。"绿色农业"发展理念主张依靠科技进步和适当的物质投入来保障较高的农业综合生产能力，重视资源的可持续利用，实行标准化的全过程控制与管理，提倡农业与整个经济社会的全面协调可持续发展，其产生与发展有着深刻的国际背景与国内背景。

（一）国内绿色农业发展历程

"人多地少，资源相对匮乏"是我国的基本国情，由于掠夺性的资源开发利用和落后的粗放式经营，我国农业生态系统长期处于超负荷运行状态，由此造成农业发展基础不牢、后劲乏力、抗灾能力下降；农业生产力水平低下，农业科技发展滞后于国际先进水平；农产品质量安全问题突出，农产品缺乏国际市场竞争力；农业规模化、产业化经营落后，农民收入低、城乡差距大等诸多问题，农业和农村经济成为国民经济体系中较为薄弱的环节。面对这样的不利局面，党中央、国务院做出了把发展农业和农村经济作为全党和全国工作重中之重的决策，从十六大精神到近几年的中央"一号文件"，从建设社会主义新农村的号召到现代农业的明确提出，相继出台了强有力的支农惠农强农政策，大力扶持和推进农业发展。面对当前农业发展面临的新形势，如何抓住新机遇，有效解决"三农"问题，走出一条切实可行的既适合我国国情，又能保护环境、确保资源安全和产品安全的需求，谋求综合效益提高和可持续、健康发展的农业发展道路，迫使我们转换思维方式，绿色农业的理念和发展模式正是基于这样的考虑而提出的。

现代农业是以现代发展理念为指导，以现代科学技术和物质装备为支撑，运用现代经营形式和管理手段，贸工农紧密衔接、产加销融为一体的多功能、可持续发展的产业体系。建设现代农业就是用现代物质条件装备农业，用现代科学技术改造农业，用现代产业体系提升农业，用现代经营形式推进农业，用现代发展理念引领农业，用培养新型农民发展农业。现代农业的概念与绿色农业的概念不谋而合，只是表述不同而已。在绿色农业理念里，除了"促进农产品安全"之外，还强调了同时要"促进生态安全、资源安全"，因为要实现经济社会可持续发展，没有这"两个安全"是不行的。可以说，绿色农业的理念、内涵、目标与中央提出的现代农业建设的思路与要求是一致的。

从1990年代至今，我国绿色食品工程经过超30年的发展，得到了社会的广泛认可和接受。实践也证明，绿色食品的思想理念、管理方式和标准体系是符合中国和其他发展中国家的国情的。但是，作为农业产业的终端产品，无论在理论研究还是产业发展方面，绿色食品都存在一定的局限性，无法形成较为完整、系统的理论和实践体系，这在一定程度上制约了绿色食品产业的进一步发展。这就在客观上要求对绿色食品的内涵和外延进一步丰富和拓展。同时，绿色食品尚不被国际市场广泛接受，即所谓与国际还不接轨。目前，国际上较为时兴的食品是有机食品，但有机食品不等于安全食品。因为有机食品没有充分考虑土壤本身的金属含量情况，虽然经过了3年不使用化学合成物质的转换期，但如长期食用在土壤本身含铅量很高或严重缺硒等情况下生产出来的产品，仍然会对人体造成某种危害。如果我们将绿色食品转化为有机食品，就违背了我们发展绿色食品、保障人体健康安全的初衷。因此，在绿色食品原有事业的基础上进行总结、扩展和延伸，使其科学化、系统化，以形成完整的基础理论体系、科学技术体系和产业集成体系，从而构成新的农业发展模式，即绿色农业发展模式。

二、绿色农业概念

（一）绿色农业概念的界定

绿色农业概念的提出源于我国绿色食品产业约 30 年长足发展的丰富实践。事实证明，绿色食品的思想理念、管理方式和标准体系是符合我国国情的、适合现代农业发展新形势的。绿色农业是指一切有利于环境保护、有利于农产品数量与质量安全、有利于可持续发展的农业发展形态与模式。绿色农业在其循序高级化过程中会逐步采用高新绿色农业技术，形成现代化的产业体系，产业高级化的关键是规模、市场和技术，目标是实现农业可持续发展和推进农业现代化，确保整个国民经济的良性发展，满足新世纪城乡居民的生活需要。绿色农业的发展是成熟的绿色食品产业发展模式向农业的全面推广和示范，是一种"精英平民化"的发展模式。绿色农业涵盖一个"大农业"整体由低级逐步向高级演进的漫长过程，在这个过程中，随着社会和居民消费偏好的逐步升级、农业科学技术与管理手段的进步，绿色等级认证的规范化和标准化在整个农业产业链条的实施，初级绿色农业模式渐进演变为高级绿色农业模式。当前，绿色农业发展的阶段性要求应该是绿色等级认证制度和产业标准化的构建及相应制度环境的构建与完善。

（二）绿色农业的内涵

1. 绿色农业出自良好的生态环境

地球为人类活动提供了适宜的气候、新鲜的空气、丰富的水源、肥沃的土壤，使人类能够世代繁衍生息。但是，人口剧增和经济发展使资源受到了浪费与破坏，环境受到了污染，这种对自然资源和生态环境的伤害，按反馈规律最终都回报给行动主体的人类本身，随之而来的，是人类饱受环境综合征、"文明病"及各种怪病的折磨。于是，出于本能和对科学的认识，人们开始越来越关心自身健康，注重食品安全，加强对生态环境的保护。特别是对来自没有污染、没有公害环境的农产品倍加青睐。在这样的背景下，绿色农业及绿色农业产品以其固有的优势被广大消费者认同和接受，成为具有时代特色的必然产物。

2. 绿色农业是受到保护的农业

绿色农业既是改善生态环境、提高人们健康水平的环保产业，同时也是需要支援、加以保护的弱质产业。绿色农业尽管没有立法，但是作为绿色农业的特殊产品—绿色农业产品是在质量标准全程控制下进行生产的。绿色农业产品认证除要求产地环境、生产资料投入品的正确和合理使用外，还对产品内在质量、执行生产技术操作规程等方面都有极其严格的质量要求标准，可以说从土地到餐桌，从产前、产中、产后的生产、加工、管理、贮运、包装、销售的全过程都是靠监控来实现的。因此，较之其他农产品，绿色农业及绿色农业产品更具有生态性、优质性和安全性，也是我国政府在努力追求的食物发展目标。

3. 绿色农业是与传统农业的有机结合的农业模式

传统农业是自给自足型的小农业。其优势是节约能源、节约资源、节约资金、精耕细作、人畜结合、施有机肥、不造成环境污染，但也存在低投入、低产出、低效益、种植单一、抗灾能力弱、劳动生产率低等弊端。绿色农业是传统农业和现代农业的有机结合，以高产、稳产、高效、生态、安全为目标，不仅增加了劳力、农肥、畜力、机械、设备等农用生产资料的投入，还增加了科学技术、智力、信息、人才等软投入，使绿色农业发展更具有鲜明的时代特征。

4. 绿色农业是多元结合的综合性大农业

绿色农业融第一、二、三产业为一体，以农林牧渔业为主体，农工商、产加销、贸工农、运建服等产业链为外延，大搞农田基础设施建设，提高了农业抗灾能力与农民运用先进科学技术水平，体现了多种生态工程元件复式组合。

（五）绿色农业是贫困地区脱贫致富的有效途径

联合国工业发展组织中国投资促进处曾多次组织专家到绿色产业项目所在地进行实地考察。多数项目地区水质、土壤、大气环境质量良好，绿色食品原料资源丰富。但由于缺少科学规划、市场信息不灵、科技素质低下，一些贫困地区只能出售绿色食品原料，产品深加工不足，附加值没有得到有效体现，效益不高。实施绿色食品开发之后，贫困地区发挥了受工农业污染程度轻、环境相对洁净的资源优势，原料转化为产品，高科技、高附加值、高市场占有率拉动了贫困地区绿色产业的快速发展，促进了区域经济的振兴。这一点对我国边远山区、经济不发达和欠发达地区有很强的借鉴意义。

三、绿色农业的特征

（一）开放兼容性

绿色农业既充分利用人类文明进步特别是科技发展的一切优秀成果，依靠科技进步、物质投入等提高农产品的综合生产能力，又重视农产品的品质和卫生安全，以满足人类对农产品的数量和质量要求，体现了开放兼容的特点。

（二）持续安全性

持续安全即在合理使用工业投入品的前提下，注意利用植物、动物和微生物之间的生物系统中能量的自然流动和循环转移，把能量转化和物质循环过程中的损失降低到最低程度，重视资源的可持续利用和保护，并维持良好的生态环境，做到可持续发展。

（三）全面高效性

全面高效既绿色农业发展的社会效益、经济效益和生态效益的高度有机统一。绿色农业既注重合理开发利用资源、保护生态环境，注重保障人类食物安全，注重发展农业经济，特别关注推动发展中国家农业和农村经济的全面发展。

（四）规范标准化

规范标准即绿色农业鲜明地提出农业生产要实行标准化全程控制与管理，而且特别强调绿色农业发展的终端产品—绿色农业产品的标准化，通过绿色农业产品的标准化来提高产品的形象和价格，规范市场秩序，实现"优质优价"，并提高绿色农业产品的国际竞争力。

第二节　绿色农业生产的病虫害控制技术体系

受农用工业发展落后的制约，目前农业生产对化肥、农药的依赖性依然很强，生产高效、低毒、低残留的化肥、农药是绿色农业发展的前提和保证。在控制作物病虫害方面，其实还有很多选择，例如抗性品种、健康栽培、轮间套作、物理控制、生物防治等，民间有不少防治作物病虫害的方法，可应用中草药制剂的原理，辅以现代的制备工艺，生产植物性杀虫剂、灭菌剂。在畜禽饲养方面也有品种选育、环境卫生、生物疫苗等多种手段。绿色农业在病虫害防治方面必须综合多种措施，兼顾高效、安全、经济的原则，因地制宜，形成配套的技术体系。

应用病虫害绿色防控技术控制病虫害是绿色农产品生产中的关键环节之一，也是坚持科学发展观，牢固树立"公共植保、绿色植保"理念，认真贯彻执行"预防为主、综合防治"的植保方针，保护农田生态环境，实现农作物病虫害的可持续治理的必由之路。目前，我国绿色农产品生产主要面临的是土壤、空气、水体等污染问题，发展绿色农产品生产，最关键的是如何综合运用各种绿色防控技术防控病虫害，既能把农作物病虫的为害控制在允许的经济阈值以下，又能确保农药残留符合国家食品卫生标准，为广大人民群众提供丰富安全的农产品，提高生活质量。因此，作物绿色生产的病虫害防治首先在于采取适当的农艺措施建立合理的作物生产体系和健康的生态环境，提高系统的自然生物防治能力，而并非像现代农业那样力求彻底消灭病虫害。这意味着绿色农业生产中的病虫害防治要以农业生产系统为中心，以生态学原理为指导，建立起生态平衡的作物生产系统，并充分掌握作物以及危害其生长的病虫的生物学、生态学和物候学知识，加强生产过程中的管理，做到既能预防、避开和抵御病虫害的侵袭，又不破坏自然生态环境，保障农业生产及其产品质量安全，从而保证作物的健康生长。

一、绿色农业作物生产病虫害防治原理

绿色农业作物病虫害防控就是按照"绿色植保"理念，采用农业防治、物理防治、生物防治、生态调控以及科学用药技术，从而达到有效控制农作物病虫害，确保农作物生产安全、农产品质量安全和农业生态环境安全，促进农业增产增效。应用绿色防控，第一，可以有效地控制农业生物灾害，减少病虫损失，促进农业增产，农民增收。第二，可以大大减少化学农药的使用，特别是减少高毒、高残留农药的使用，从而确保农产品质量安全，满足社会需求。第三，可以大大减少因施用化学农药带来的对作物、土壤、水流等造成的环境污染问题，保护农田自然天敌，改善农田生态环境，增加农田生物多样性，维护农田生态平衡。

二、绿色农业生产作物病虫害防治技术

绿色农业的病虫害防治要求从作物病虫害的生态系统出发，综合应用各种农业措施、生物措施和物理措施，创造不利于病虫害发生同时又有利于各类自然天敌繁衍的生态环境，保证农业生态系统的平衡和多样化，减少各类病虫害所造成的损失。

绿色农业生产作物病虫害防治时应综合考虑以下几个方面：第一，经济有效；第二，对人体健康无害，对畜禽和天敌无毒，不会使害虫产生抗性；第三，不污染环境。在防治方法上，有化学的、物理的、生物的、农业的和植检的等一系列措施，具体应用时应综合考虑和应用，不是孤立地对待一种病虫害，而是对农田生态系统有整体的观念，采取综合措施。

（一）农业防治

农业防治是在认识和掌握病虫、作物、环境条件三者相互关系的基础上，结合整个农事操作过程中的各种措施，有目的地创造一个有利于作物生长发育而不利于病虫生长发育的农田环境，提高作物抗性，达到直接防病治虫或抑制病虫发生为害的目的。其优点：第一，符合"经济、安全、简易"的绿色管理原则，农业防治在绝大多数情况下是结合耕作栽培管理的必要措施进行的，不需要特殊的设备和器材，不增加劳动力和成本负担，无副作用，不造成环境污染和天敌死伤；第二，符合"预防为主，综合防治"的植保方针，通过农业耕作栽培技术，可以消灭或压低害虫的虫源或密度，恶化病虫害的生活环境，甚至达到根治的效果；第三，效果持久，增产效益大。缺点是收效较慢。

1. 选用抗（耐）病虫品种，加强植物检疫

这是防治农作物病虫害最经济有效的方法。选择经过检疫的适合当地生产的高产、优质、抗病虫、抗逆性强的品种，淘汰连续多年种植的品种。选用嫁接苗、脱毒苗（种）预防种传病害。脱毒种苗繁育技术是防治病毒病的有效方法，采用马铃薯、大蒜、甘薯等脱毒种苗防治病毒病已大面积推广应用，并取得良好效果。嫁接技术能有效减轻许多蔬菜病虫害的为害，瓜类、茄果类蔬菜嫁接可有效防治瓜类枯萎病、黄萎病、青枯病等多种病害。品种的合理布局，也可减少病虫害发生。

2. 增加作物品种多样性

模拟自然生态系统，种植多样化植物，是农业防治的基本措施。多样化种植包括时间上的，即合理轮作与播种、收获时间的变化选择，空间上的即多种作物品种的复合种植，同种作物不同品种的混合、不同作物品种的复合种植。通过多样化种植，增加生产体系中的害虫捕食者和寄生者的数量，降低寄主作物的密度，从而减轻害虫的发生。

（1）时间上的多样化种植

实行轮作倒茬，将某个地方或某个季节的病虫害与其寄主作物分开。合理安排茬口是防止病虫害的重要措施。如稻棉轮作可以减轻棉花枯萎病的发生，减少棉蚜和红蜘蛛的危害，稻麦轮作，可以减轻小麦全蚀病、根腐病的发生，减轻小麦吸浆虫和多种地下害虫的危害。轮作，特别是水旱轮作，能有效地控制土壤中的病虫害，同时，合理轮作倒茬，能保证作物生长健壮，提高其抗逆能力，可以促进土壤中对病原物有拮抗作用的微生物的活动，从而抑制病原物的活动。

（2）空间上的多样化种植

通过间混套作等栽培措施，建立有利于天敌繁殖，不利于病虫害发生的环境条件，多作中，由于敏感性作物和抗病毒作物相间种植，降低了敏感作物的密度，使得病原菌的扩散大大降低，而抗病毒作物与敏感作物间作，可以阻止病害接种体的扩散，另外，部分作物品种的根际分泌物或微生物可以抑制一些土壤病原物的生长，从而降低了另一部分作物品种的受害程度。

3. 加强科学栽培管理

（1）培育壮苗

1）选用优质种子

要选用健全饱满、活力强、种胚大，贮藏养料较多的大粒种子。贮藏养料多，则相对生长率较高，有利于培养壮苗。

2）精细播种，打好基础

在温湿度适宜的条件下，适期早播，使幼苗有较长的生长期，易形成壮苗。但播种过早或过晚，也会造成烂种或幼苗生长细弱而发生病变等情况。在土壤墒情合适的情况下，种子应适当浅播。如果播种过深或整地质量不好，坷垃过多，易造成出苗困难而缺苗断垄。

3）适当"蹲苗"

在出苗初期，幼苗生长快，但幼苗期生长健壮是关键。应通过控制水、肥措施进行"蹲苗"，可有效地达到控制地上部分生长，促进地下部分发育的效果。例如，对玉米、谷子、棉花、烟草等作物在苗期进行"蹲苗"，则促进根系下扎、根系发达、叶片短而厚，增强抗旱能力。但是"蹲苗"必须适时，时间不可太长，否则营养体得不到充分发展，对增产不利。甘薯、瓜菜等育苗移栽作物，在起苗前一般要对苗床进行放风降温，可使秧苗贮存物质增多，移栽后发根快，易成活，容易形成壮根。

（2）平衡施肥

1）有机肥为主，化肥为辅

施用粪肥、饼肥、厩肥、堆肥、沤肥、以及经化工厂加工的优质有机肥，如膨化鸡粪肥、微生物肥、有机叶面肥等。根据土壤肥力和作物营养需求进行配方施肥。

2）施足基肥，合理追肥

在有机肥为主的施肥方式中，将有机肥为主的总肥分的70%以上的肥料作为基肥，种植前施入土壤中肥分不易流失，并可以改善土壤状况，提高土壤肥力。追肥要根据作物生长情况与需求，以速效肥料为主。采用根区撒施、沟施、穴施、淋水肥及叶面喷施等多种方式。

3）科学配比，平衡施肥

施肥应根据土壤条件、作物营养需求和季节气候变化等因素，调整各种养分的配比和用量，保证作物所需营养的比例平衡供给。除了有机肥和化肥，微生物肥、微量元素肥、氨基酸等营养液，都可以通过根施或叶面喷施作为作物的营养补充。

4）注意各养分的化学反应和拮抗作用

磷肥中的磷酸根离子很容易和钙离子反应，生成难溶的磷酸钙，造成植物无法吸收，出现缺磷，南方红壤中的铁、铝、钙离子会与磷酸根生成难溶的磷酸盐。过磷酸钙等磷肥不能单独直接施入土壤，必须先与有机肥混合堆沤，然后施用。磷肥不宜与石灰混用，也不宜与硝酸钙等肥料混用。钾离子与钙离子相互拮抗，钾离子过多会影响作物对钙的吸收，相反钙离子过多也会影响作物对钾离子的吸收。

5）禁止和限制使用的肥料

城市生活垃圾、污泥、城乡工业废渣以及未经无公害化处理的有机肥，不符合相应标准的无机肥料等。禁氯作物禁止使用含氯肥料。使用生物有机肥可以改良土壤，提高作物对肥料的利用率，有利于环境保护，经济又安全。

通过平衡施肥，防止土壤板结和盐碱化，有针对性地施用各种专用肥、有机肥，以保持土壤肥力平衡，有利于抑制病虫害的发生，反之，水肥过多，作物徒长，田间湿度变大，有利于病虫害的发生。

（3）清洁田园、改善作物生长环境

清理田间残留的枯枝落叶、病果及树体上的病虫枝叶，将其彻底清理、剪除、销毁，可明显减轻病虫害的蔓延。如山楂叶螨、梨小食心虫冬季在枝干的粗皮裂缝处越冬，初春时彻底刮除粗皮裂缝，对防治病虫害危害能起到事半功倍的效果。农业设施中，要保持覆膜的清洁，以利于透光，对于越夏生产的蔬菜，应采用遮阳网以减少光照强度，降低湿度，对于果类，应进行修剪、整理枝杈、打尖疏叶，一方面是剪去有病虫的部分，减轻和降低第二年对果树的危害；另一方面修剪后利用通风透光，促进植株生长，降低病虫害危害。

（二）生物防治

我国是世界上最早发现和应用天敌益虫防治害虫的国家，害虫生物防治的历史可以追溯到公元304年。新中国成立以后，我国的生物防治在经过了1950年代的兴盛、

1970 年代的再次崛起，以及 1990 年代的稳步发展 3 个阶段，现在已经取得了显著的成果。在优势种天敌，如松毛虫赤眼蜂的人工大量繁殖利用上已经处于世界领先地位，生物农药如 Bt、农用抗生素等的利用与研究也有了很大的发展。生物防治是利用生物或其代谢产物来控制有害动、植物种群或减轻其为害程度的方法。采用生物防治的方法控制病虫害，能够收到除害增产、减轻环境污染、维护生态平衡、节约能源和减少生产成本的明显效果，尤其是它的生态效益和社会效益，越来越受到社会各界的重视。"发展生物防治，保证农业丰收，保护生态环境"已经得到社会公认。21 世纪是生物防治的世纪，推广生物防治技术，使广大农民掌握生防本领、有效防治病虫、减少环境污染和农产品农药残留是农技推广人员的工作重点。

目前，我国生物防治技术大致可以分为以下几种：第一种是天敌昆虫的人工大量繁放技术达到以虫治虫；第二种是利用微生物制剂、病原微生物等防治病虫害；第三种是利用植物源、生物源农药进行防治；第四种是利用昆虫激素治虫。

1. 利用天敌昆虫的以虫治虫法

天敌昆虫的以虫治虫法，主要的有七星瓢虫、赤眼蜂、中华草蛉、食蚜蝇、捕食性红蜘蛛等，其中赤眼蜂是国内外应用最广、影响最大的寄生性天敌。我国早在 1960 年代就开始了试验研究，1980 年代以后赤眼蜂的人工大量繁殖技术和工厂化生产取得重要突破，自行研制出剖腹取卵机、暖茧刷蛾机、捕蛾机、产卵机等机械，这些机械设施应用耗能少、蛾卵破损率低、操作简便，大幅度提高了工效和生产能力。目前，赤眼蜂已大面积应用于防治玉米螟、甘蔗螟虫、苹果小卷叶蛾、稻纵卷叶螟和棉铃虫等，每年放蜂治虫面积稳定在 600-800 万亩。尤其在东三省及北京市，不少地方经过多年连续大面积放蜂治螟，已基本控制了玉米螟为害，田间天敌种类大幅度上升，取得了显著的经济、生态和社会效益。1990 年代引进的花角蚜小蜂防治松突圆蚧，均取得良好的效果，传统生物防治是控制外来有害生物的关键技术之一。

2. 微生物制剂法

微生物制剂是指可以用来防治病、虫、草等有害生物的微生物活体，像细菌、病毒、真菌、线虫及拮抗微生物等都属于微生物活体，包括细菌、病毒、真菌、线虫、拮抗微生物、农用抗生素、植物生长调节剂和抗病虫草害的转基因植物等，如苏云金杆菌、杀螟杆菌、青虫菌等，真菌剂有白僵菌、绿僵菌、虫霉菌、核型多角体病毒等。从已经上市的生物制剂对防治目标对象的作用机理来看，最终起作用的物质基本都为具有一定化学结构的生物化学物质，如 Bt 和抗虫棉的内毒素蛋白，白僵菌白僵素，病毒分泌的酶，以及防治病虫草害的抗生素和植物生长调节剂等。目前，我国微生物农药的产量或防治面积已占农药总产量或防治面积的 10% 左右，如井冈霉素 1 个品种的年产量（100% 有效成分 0.4 万吨）就占杀菌剂总产量（4.5 万吨）的 9% 左右，加上其它品种如阿维菌素、赤霉素、Bt、农抗 120、白僵菌及一些病毒制剂的产量，它们占农药总产量的比例已接近 10%。微生物农药具有以下特点：

第一，微生物农药活性高、用量少，为一般化学农药用量的 10%～20% 左右，对使用环境的污染少，比如阿维菌素用来防治螨类，使用 5000-8000 倍的极低浓度就可以达到很好的防治效果。

第二，由于微生物农药产自天然物质，易被其他生物或自然因素所分解破坏。在环境中不易积累。

第三，微生物农药生产原料大多为农副产品，来源广泛，容易生产。

第四，各种微生物农药品种生产工艺相似、设备相同，建一个工厂就可生产多个品种，且生产过程中废弃物可再利用，对生产环境的污染少。综合微生物农药的特点，可以看出在当前环境污染日益严重，农作物农药残留严重超标的情况下，发展和使用微生物农药对生产绿色农产品具有重要意义。

目前我国微生物农药按功能作用来分，有杀菌微生物、杀虫微生物和除草微生物三大类；按有效成分来分，有抗生素类、细菌类、真菌类、病毒类和植物源农药五大类。我国研究开发农用抗生素不仅历史悠久，而且水平处于世界先进国家之列。1970年代开发成功的井冈霉素，至今仍是防治水稻纹枯病的当家品种，每年应用面积达2亿多亩次。另外还有防治水稻稻瘟病的灭瘟素、防治苹果斑点落叶病的多抗霉素、防治白粉病、瓜类枯萎病等的农抗120等，这些都是重要的杀菌剂。1990年代，抗生素的研究开发又进入一个新的发展高潮，防治水稻白叶枯病、苹果轮纹病等中生菌素、防治黄瓜白粉病的武夷菌素、防治烟草花叶病毒病的宁南霉素等一些新的杀菌抗生素等得到开发应用。防治害虫的抗生素制剂有杀螨的浏阳霉素、菌螨兼治的华光霉素和防治多种作物虫害的阿维菌素，特别是阿维菌素的迅速推广应用，更开创了杀虫抗生素的新时代。1997年阿维菌素在全国的推广面积超过80万亩，有效地防治了蔬菜害虫，减轻了为害所造成的损失，据不完全统计，全国共挽回蔬菜损失502.5万公斤以上，给菜农带来了相当高的经济效益。同时，在示范推广地区替代了高毒、高残留农药的使用，减少了化学农药的用量，有利于国家严禁在蔬菜上使用高毒、高残留化学农药规定的落实，对于促进蔬菜"无公害"生产，保护环境和人民身体健康具有重要意义，在经济、生态和社会各方面效益显著。

3. 植物源、生物源农药法

植物源、生物源农药也是生物防治的主要手段。植物源、生物源农药主要指从野生植物、微生物生命活动过程中产生的特殊物质中提炼出来的杀虫制剂，主要有：苦参素、苦楝素、印楝素、鱼藤酮、除虫菊、春雷霉素、农抗素120、浏阳霉素等，其主要特点是对哺乳动物毒性低，在环境中易分解、残留少。许多植生物源农药都具有干扰昆虫内分泌系统分泌蜕皮激素及保幼激素、产生不育、阻断呼吸功能和干扰昆虫中枢神经系统的作用。如鱼藤酮能阻断昆虫的正常能量代谢，喜树碱是目前发现最有效的植物性昆虫不育剂，胡椒科植物中的胡椒酰胺类物质具有神经毒素作用。

4. 昆虫激素法

研究和利用最多的是性外激素，这是昆虫分泌到体外的一种挥发性物质，可在空气中传播，对同种昆虫的异性有引诱作用。我国已能合成十几种性引诱剂，可作诱饵把害虫引到寄主植物上集中捕杀。可根据诱捕害虫的种类和数量进行害虫发生期、发生量的预测，将性引诱剂加水稀释后喷洒在植物上，使害虫受迷惑而干扰正常交配，从而减少产卵量，达到压低种群密度，减轻病虫危害的目的。

（三）物理防治

物理防治主要包括器械捕杀、诱集和诱杀等，是根据害虫的某些习性特点，利用温、光、电、声、色、机械装置、果实套袋等方法来诱杀、阻隔害虫。

1. 温度消毒、闷杀

将种子晒 2-3 天，利用阳光灭菌，还可将种子用 55℃温水浸种 10 分钟，能有效地漂出和杀灭部分病菌残体，还可防治根结线虫病。夏季用高温闷棚，即深翻大棚土壤，闭棚或在露地用薄膜覆盖畦面可使棚、膜内温度达 70℃以上，从而自然杀灭病虫而无污染。

2. 颜色诱杀、驱赶

蚜虫、白粉虱等对黄色具有强烈趋性，可将 30 厘米长、30 厘米宽的夹板，两面涂成橙黄色，干后再涂上 1 层黏油。每 667 平方米 10 ～ 15 块，黄板应竖立在高出作物 30 厘米处，可诱杀大量害虫．防止其迁飞扩散。用银灰色的薄膜覆盖番茄、辣椒可驱赶有翅蚜虫，从而减少病虫害。

3. 灯光诱杀或糖醋液诱杀

利用害虫的趋光性，采用黑光灯、高压汞灯、频振式杀虫灯等集中诱杀。许多昆虫对糖醋液有趋性，可将糖醋液盛在水盆内制成诱捕器，放在田间诱杀成虫。

4. 器械及人工捕捉

防虫网不仅有防虫作用，还兼有遮强光防暴雨的作用。蔬菜大棚，一般使用 30 ～ 50 目的防虫网就可防止小菜蛾、菜青虫、斜纹夜蛾、甜菜蛾以及蚜虫、潜叶蝇等害虫的侵入。在葡萄生产中，雨季开始之前在葡萄树冠顶部搭建简易避雨拱棚，使葡萄植株、枝蔓、花、果能很好地避开自然雨淋。排除引发葡萄病害的环境因子，从而控制或减轻葡萄白腐病、炭疽病、霜霉病、褐斑病等病害的发生，提高葡萄产量和质量。用高级脂肪制成的溶剂，按一定比例喷洒在蔬菜表面形成一层保护膜，防止病菌侵入组织。如：用 200 倍脂膜液可防番茄叶枯病及白菜霜霉病；50 倍液防黄瓜白粉病等，同时还可提高移栽秧苗的成活率，又有抗寒、抗旱的作用。在害虫发生初期，有些害虫暴露明显，可及时人工捕捉。有些产卵集中成块或刚孵化取食时，应及时摘除虫叶销毁，在成虫迁飞高峰可用网带捕捉杀灭。

5. 隔离

如在果园中用套袋的方法防治柑橘食果夜蛾、桃蛀螟、梨小食心虫等果实危害，在树干上涂胶可以防治树木害虫下树越冬或上树危害，在树干上刷石灰水，既可防止树木冻害，也可阻止天牛产卵，在粮面上覆盖草木灰、粮壳等，可阻止粮食害虫侵入危害。

（四）化学防治技术

根据病虫发生规律，在病虫的出蛰期、卵孵化盛期及病菌初侵染期等关键时期，选用高效、低毒、低残留的农药进行化学防治。应严格控制用药种类、用药次数、用药浓度，注意安全间隔期，为确保无公害生产，应全面禁用剧毒、高残留或致癌、致畸、致突变农药；限制使用全杀性，高抗性农药。

1. 严禁使用高毒、高残留农药

绿色农业生产中必须严格控制、禁止施用高毒、高残留农药。如三九一一、六六六、DDT、氧化乐果、甲胺磷、苯菌灵、有机汞制剂等农药，推广施用高效低毒、低残留农药，如生物源农药抗生素类：齐螨素、抗霉菌素120、浏阳霉素、DT杀菌剂、BT乳剂等可防治多种害虫。9281、农用抗菌素、腐必清等可有效防治多种病害。植物性农药：茼蒿素、绿保伟、除虫菊、烟草水等具有驱虫、抑卵孵化等作用，能除治小害虫。

2. 无机或矿物源农药

如石硫合剂、波尔多液、索利巴尔可防治多种病害；柴油乳剂对介壳虫有特效；高锰酸钾800倍液可防治腐烂病、霜霉病。

3. 以肥治虫

尿素具有破坏昆虫几丁质的作用，用尿素、洗衣粉、水按4∶1∶400的比例混配成洗尿合剂，对蚜虫、菜青虫、红蜘蛛等多种害虫有良效。1%～3%石灰水浸出液喷雾可避卵附着，灭虫效果达80%以上。

4. 昆虫生长调节剂类

如除虫脲、灭幼脲、农梦特、卡死克等甲酰基脲类杀虫杀螨剂，可调节昆虫变态，抑制幼虫脱皮达到有效杀灭害虫、保护天敌的功效。

5. 喷洒无毒保护剂和增效剂类农药

如害立平、巴母兰、植物健身素类等，具有乳化扩散、粘着功能，配合农药使用可提高药效，减少用药，降低成本，避免产生抗药性，延长药效期。

任何一种防控技术都不是万能的，农作物病虫害防治也不可能利用某一项措施便可彻底解决，应综合利用各种绿色防控措施，取长补短，用优避劣，协调一致，才能达到控害的目的。随着各国政府对食品安全的重视程度不断提高，病虫害绿色防控技术的研究和推广工作也得到加强。目前，病虫害绿色防控技术正日趋成熟和完善，并广泛应用于水稻、蔬菜、果树、棉花、小麦等病虫害防治领域。

第三节 绿色农业动物养殖的疾病防治技术体系

一、绿色农业动物养殖的疾病防治原理

动物养殖的传染病和寄生虫病不仅造成经济损失，同时严重影响养殖业的发展和流通贸易，甚至会危及人类健康。对动物疾病做好预防和控制，是动物养殖管理过程

中最为重要的工作。其预防和控制措施包括饲养场地的选择，动物圈舍的构造，养殖的饲养管理，兽医卫生防疫、消毒、隔离，减少应激刺激，动物的免疫接种，血清学监测等疾病的诊断和治疗等很多方面。把以上措施做好，才能为动物养殖提供符合其生理特征的生活环境，提高抗病能力，防止病原体的侵入。

动物疾病防治涉及到两类药物，一类是治疗性药物，另一类是预防性药物，两类药物都是具有生物活性的化学物质，具有生物功能，既能治疗和预防疾病，也能妨碍特异性的生物系统，如受体或特异性的酶系统，当药物浓度很低时，它们对环境不会造成太大的影响，排入环境中的药物蓄积到一定的浓度时，就会对环境造成危害。粪便中的抗生素可以扩散到一百多亩的农田，并通过土壤淋洗作用进入河流和湖泊。因此，在使用兽药进行疾病防控时一定要合理用药。

绿色农业中动物养殖的疾病防治应遵循以下原则：

（一）预防为主、治疗为辅

有计划、有目的、适时的使用疫苗进行预防，发病时根据实际情况及时采取隔离、扑杀等措施，以防疫情扩散。暴发疾病，通过采取迅速而准确的控制措施，将疾病所造成的损失降低到最低限度。

（二）使用安全、高效

科学使用兽药，做到防治高效、降低成本、缩短疗程，反之则会加大成本，动物用药中毒，其机体药物残留超标会引发疾病，要及时有效治疗。

（三）合理用药

疾病防治，剂量用小了，达不到预防和治疗的效果，而且容易导致耐药性菌株的产生，剂量用大了，既造成浪费，又增加成本，还会产生药物残留和动物中毒等不良反应。所以，用药时要掌握适度剂量，对确保防治效果和提高养殖经济效益十分重要。

（四）合理疗程

对常规疾病来说，一个疗程一般为 3～5 天，如果用药时间过短，起不到彻底杀灭病菌的作用，甚至可能会给再次治疗带来困难。如果用药时间过长，可能会出现浪费药物和残留严重的现象，因此，在治疗过程中要把握合理疗程。

二、绿色农业动物养殖的疾病防治技术

（一）科学的饲养管理

良好的饲养管理条件下，动物生长发育良好，体质健壮，对疫病的抵抗力较强，这样不但有利于动物的快速生长，而且可以使一些疫病不发生或少发生。反之，则会降低动物的抵抗力，容易导致传染病的大面积发生和流行。

1. 饲料

要根据动物的品种、大小、体质差异等，进行分群饲养，按其不同生长阶段的营

养需求，供给相应的配合饲料，采取科学的饲喂方法，以保证动物的营养需要，对不同用途、不同生长发育阶段给予不同的饲料，满足动物生长所需的营养条件。饲料营养全面，动物机体健康，就能达到少生病、少用药的目的。

2. 加强饲养管理，减少应激刺激

要加强饲养管理，保证畜禽所需营养，提高免疫力，减少疾病发生，让动物正常健康地生长和发育。应激会降低畜禽的生产性能，增加畜禽对疾病的易感性，尤其应避免空气中氨浓度过高。当光照不适宜或在停电时，也会不同程度地造成应激反应。另外，在接种、断喙、转群前后 7～8 天，要在饮用水中添加水溶性电解多维，有助于缓解应激刺激引起的不良反应。

3. 免疫程序

在制定免疫程序时，应重点考虑畜禽的品种、年龄、健康状况、发病史、本地流行的主要疾病等因素。要通过监测抗体水平来指导免疫程序的设计。还要注意疫苗的保存、使用以及接种方法。在免疫前后要在饲料或饮水中添加较高水平的抗生素。尽管采取了极为严格的预防措施，饲养场仍存在发生疾病的可能性。所以在疾病发生之前有计划、有目的地通过饮水或饲料等途径定期投服预防药物，不仅能有效地防止某些病原微生物侵入机体内，而且还可抑制或杀灭侵入畜禽体内的某些病原微生物，以增强机体抵抗力。

（二）创造良好的饲养环境

1. 场地选择与布局

养殖场场址应选在地势高燥、向阳避风、较易设防且交通便利的地方。远离居民区、旅游点以及畜产品加工厂、屠宰场地等，与交通干道、河流和水渠、污水沟保持足够的距离。管理区大门处设立消毒池、门卫室和消毒更衣室等，生产区内部不同生长阶段的动物群应实行隔离饲养，相邻动物圈舍间应有足够的安全距离，贮粪场或粪尿处理场应设置在与饲料调制间相反的一侧，生产区与患病动物处理区以及管理区之间的距离至少应相隔 300 米，各区之间还应建立隔离网、隔离墙、防疫沟等隔离设施。

2. 消毒处理

消毒是预防疫病的一项主要措施，是杀灭有害微生物的重要手段，消毒对健康动物起着免疫和预防作用，而对发病动物可起到消灭病原作用，在畜禽全部淘汰完后，必须对整个畜禽舍及其所有的设备进行彻底的清洗和消毒。场内环境道路应定期清扫，保持清洁卫生，每星期消毒 1 次。

动物消毒方法主要有物理消毒法和化学消毒法，物理消毒法包括加热消毒法、火焰加热消毒法、同位素、电离辐射法。化学消毒法以酸类消毒剂、碱类消毒剂、醛类消毒剂、氧化氯消毒剂、烷化消毒剂、抗菌素等为主。应选择具有高度杀菌力、并在短时间内奏效的化学药品。

3. 日常监测

要定期检查发育状况，每星期对养殖动物的体重、耗料量、饮水量和产蛋量等基本生产指标进行详细的检测和记录。并及时与标准体重、饲料消耗、饲料转化率等生产指标进行比较与分析，还要做好免疫状况的监测和常规细菌学监测。

（三）疫病防治技术

1.防疫知识和兽医法规教育

要对广大民众进行《中华人民共和国动物防疫法》、《国际动物卫生法典》等兽医法规的教育。

2.隔离制度

设施养殖场的场界要划分明确，四周应建有较高的围墙或坚固的防疫沟。生产区应设置一个专供生产人员及车辆出入的大门，一个只供进出动物及其产品的运输通道和一个专门进行粪便收集和外运的通道。在养殖场大门及各区入口处、各圈舍入口处，均应设有相应的消毒设施，必须依据具体条件制定严格的隔离制度，包括本场工作人员、车辆出入场区或生产区的管理，外来人员或车辆进场的隔离和消毒，场内动物流动或出入生产区，生产区内人员活动，工具使用的管理，粪便污物和环境的管理，场内禁养其它动物，禁止携带动物、动物产品进场，新购入种用动物的隔离观察以及患病动物或其尸体处理的管理制度等。

3.疫情报告和疫情诊断

（1）疫情报告

迅速全面准确的疫情报告，可使防疫部门掌握疫情，作出判断，制定控制和消灭的对策和措施。饲养、生产、经营、屠宰加工、运输动物及产品的单位或个人，发现畜禽传染病或疑似传染病时，必须立即报告当地畜禽防疫检疫机构或乡（镇）畜牧兽医站。接到报告的单位要及时诊断，提出防治办法并紧急处理，若为一类传染病应以最迅速的方式逐级上报，并通知毗邻地区及有关单位。

（2）疫病诊断

疫病诊断关系到能否早发现疫情，减少损失，有效组织防疫。疫病诊断包括以下几种：临床诊断、病理学诊断、流行病学诊断、微生物学诊断、免疫学诊断。

4.检疫

检疫是用各种科学的诊断方法，对畜禽及产品进行某些规定传染病的检查，并采用相应的措施防止传染病的发生和传播。根据动物运转的环节，检疫大体可分为：产地检疫、市场监督、屠宰检疫、运输检疫。

5.动物传染病的扑灭和净化

（1）隔离

隔离是将传染源置于不能传染给健康动物的条件之中，便于管理消毒，截断流行过程，防止健康畜群继续受到传染，以便将疫情控制在最小范围内就地扑灭。隔离的对象为：病畜、可疑感染家畜和假定健康家畜。

（2）封锁

封锁是指把疫源地封闭起来，防止疫病向安全区域散播和健康畜禽误入疫区而被传染，把疫病控制在封锁区内，集中力量就地扑灭。当发生重大疫病时，由当地农牧部门划定疫区，报请当地政府发布疫区封锁令，并报上一级政府备案。通报毗邻地区及有关部门。执行封锁时应掌握"早、快、严、小"的原则，即封锁在流行早期，封锁行动果断快速，封锁程度紧密严格，封锁范围尽可能小。

（3）扑杀

扑杀是指在兽医行政部门的授权下，宰杀感染特定疫病的动物及同群可疑感染动物，并在必要时宰杀直接接触动物或可能传播病原体的间接接触动物的一种强制性措施。扑杀后，动物的尸体焚烧或深埋销毁。

（4）疫病的净化

在某一限定地区或养殖场内，根据特定疫病的流行病学调查结果和疫病监测结果，及时发现并淘汰各种形式的感染动物，使限定动物群中某种病情逐渐被清除。

6. 免疫接种和药物预防

（1）免疫接种

免疫接种是应用接种方法，将疫（菌）苗接种到健康的动物体内，可以使动物产生免疫，减少传染病的发生和流行。疫（菌）苗的保存要严格按照说明书进行。应用疫（菌）苗应注意以下事项：

1）使用药品之前要逐瓶检查，注意苗瓶有无破损，封口是否严密，瓶签上有关药品的名称、批号、有效日期，检验号及用量和用法记载是否清楚。

2）使用药品所需的用具，如注射器、针头、滴管等，都要事先洗干净，并经煮沸消毒方可使用，注射针头做到每头动物换一个，注射部位应剪毛消毒。免疫蚜毒菌苗前后 10 天内不得使用抗菌素和磺胺类等抗菌抑菌药。

3）需要稀释后使用的冻干苗要根据每瓶规定的头份，用规定的稀释液稀释，稀释后充分振摇，确保完全溶解。

4）开展预防接种前，应了解流行疫病情况，除非不得已时一般不在疫病流行季节施行全面的预防接种，凡是用一种新的产品或尚未掌握其性质的产品，在大面积预防接种之前，必须先试点注射少数动物，观察 7-10 天无异常反应时再全面推开。

5）有传染病流行的疫区使用疫苗，须特别注意消毒隔离，被注射的动物，先做临床检查，只有无体温反应，食欲与精神正常者，方可注射。

有些疫苗预防接种时可能出现过敏反应严重时可造成死亡，接种疫苗后发生过敏反应，应按下列方法及时进行急救。盐酸肾上腺素注射液：马、牛 2～5 毫克 / 次，羊、猪 0.2-1 毫克次皮下肌肉注射，急救时可用生理盐水或葡萄糖液将注射液稀释 10 倍后作静脉注射。强力解毒敏注射液（人用）：2 毫升 / 支，牛 20～30 支，猪、羊 5-15 支。地塞米松磷酸钠注射液：马 2.5-5 毫克 / 次，牛 5～20 毫克 / 次，羊、猪 4-12 毫克 / 次，静脉或肌肉注射。

（2）药物预防

对易感畜群投服药物以防治某些传染病，称药物预防。在一定的条件下采用安全廉价的化学药物，加入饲料或饮水，进行群体防治，可以使受威胁的易感动物不受疫病的危害。

（3）免疫增强药的应用

免疫增强药也称免疫增强剂，它是能使机体产生获得非特异性免疫的药物。免疫增强药的种类很多，微生物类的有卡介苗、鸡新城疫弱毒苗、痘病毒苗、新霉素等。化学制剂类的有左旋咪唑、聚肌胞等。生物制剂的有干扰素、胸腺肽、丙种球蛋白等。中药有黄芪、党参、灵芝、黄精等。

7. 消毒、杀虫、灭鼠、尸体处理

（1）消毒

消毒指杀灭或清除外界环境中活的病原微生物。消毒的目的是切断传播途径，以预防、控制外界和消灭传染病。消毒的种类有预防性消毒、随时消毒和终末消毒。消毒对象主要有以下几个方面：

1）畜禽舍圈的消毒。可应用 10% ～ 20% 的石灰乳 1% ～ 10% 的漂白粉，1% ～ 4% 的氢氧化钠 1000 毫升 / 平方米，喷洒地面墙壁门窗。泥泞圈舍可撒一层干石灰或草木灰，再垫上新土。

2）污染用具消毒。如食槽、鸡笼、兔笼等，能耐火的可用火焰消毒。不耐火的可用上述消毒剂洗刷，但消毒后需用

清水冲洗。

3）粪便消毒。粪便定点堆积后，常用生物热发酵消毒法，一般病原微生物都能杀死，但对芽孢杆菌无效，可用焚烧或灭菌剂消毒。

4）空气消毒。常用福尔马林气体消毒法。

（2）杀虫和灭鼠

昆虫和鼠类可以传播多种传染病，因此定期杀灭蚊、蝇、蜱、虻等媒介昆虫和鼠类并防止它们的出现，在消灭传染源、切断传播途径、阻止传染病流行、保障人和动物健康等方面具有非常重要的意义。

（3）合理处理尸体

合理处理尸体的方法有以下几种：

1）化制。尸体放入特设的加工器中，可达到消毒目的并保留有用的油脂、骨粉、肉粉等。

2）掩埋。方法简便易行，但不是彻底处理的方法，应注意掩埋深度，掩埋地点应选择干燥、平坦，距住宅、道路、水井、牧场、河流较远的偏僻地方。

3）腐败。将尸体投入深 9 米以上的特设腐败坑井中，或投入沼气坑中。此法不适用于炭疽、气肿疽等芽孢细菌所致的传染病。

4）焚烧。此法最彻底，但耗费大，适用于特别危害的传染病尸体处理。

8. 治疗和淘汰

（1）治疗

治疗患传染病的动物，可以挽救病畜，减少损失，在某些情况下也起到消除特殊性传染源，防止散播的作用。治疗的方法有以下几种：

1）针对微生物的方法。包括应用高免血清，痊愈血清或痊愈全血进行治疗的特殊性疗法、应用抗菌素治疗的化学疗法和应用免疫增强剂疗法。

2）针对动物机体的疗法。包括加强饲养管理，改善环境条件的护理疗法，输液补充维生素及其它营养物质的支持疗法和缓解或消除某些严重症状，调节和恢复机体的生理机能的对症疗法。

3）中兽医疗法。有些传染病用中药治疗或西药治疗，较单纯用西药治疗的效果好。要做到合理用药必须遵照以下原则：

第一，正确诊断、对症下药。

第二，熟悉药物性质，正确选择药物，要熟悉药物的药理作用、用法、及适应症，同时还要熟悉药物的不良反应和禁忌症，这样才能正确地选择药物，并确定剂量和给药途径以及进行合理的配伍，防止减少不良反应的发生。

第三，选择适宜的给药方法。

第四，注意剂量，给药时间和次数。药物产生治疗作用所需的用量称剂量。给药时间也是决定药物作用的重要因素，许多药物在适当的时间应用，可以提高药效。用药的次数取决于病情的需要，一般在体内消除快的药物，应增加给药次数；在体内消除慢的药物，应延长给药的间隔时间。

第五，注意动物种类、性别、年龄与个体差异。动物种类、性别、年龄及个体的不同对药物的反应存在差异，故使用药物时一定要注意。

第六，合理地联合用药。联合用药就是为了增强治疗效果，减少或消除药物的不良反应，或治疗不同症状并发症，常在同时或短期内使用两种或两种以上的药物。在联合用药时应注意利用协同作用和相加作用来提高疗效，尽量避免出现拮抗作用或产生毒性反应。

第七，注意患病动物的饲养管理。药物的作用与饲养管理条件和外界环境因素（如温度、湿度等）有着密切的关系。动物群居拥挤、饲养在黑暗和通风不良的圈舍，药物的副作用表现强烈，治疗效果减弱。动物在白天对药物的敏感性往往比夜间强。季节对药物的作用也有较大影响，因此，对患病动物应注意在饲喂、饮水、厩舍卫生、减少或停止使用等方面加强护理，来提高治疗效果。

（2）淘汰

在某些烈性传染病发生的情况下，淘汰扑杀病畜禽，是消灭传染源的有力手段。其淘汰的对象是危害大、严重威胁人畜、无法治愈和医疗费用过高等疫病的动物。

第四节 绿色农业加工生产的其他技术

一、加工场地

第一，绿色农业产品加工场地的地理条件应满足生产需要，即要做到地势高燥，水资源丰富，水质良好，土壤清洁，便于绿化。第二，场地的卫生设备应当齐全，应包括通风换气设备，防尘、防蝇、防鼠设备，工具、容器洗刷消毒设备，污水、垃圾和废弃物排放处理设备等。第三，需要特别强调的是，如果加工生产既有绿色农业产品又有普通农产品，那么在生产与贮存过程中，必须将二者严格区分开来。即使不具备专用生产线的条件，在绿色农业产品加工前，也必须严格清洗该设备，避免可能产生的污染。

二、加工设备

对不同的绿色农业产品而言，其加工的工艺、设备区别较大，因此，对机械设备材料的构成不能一概而论。一般来讲，不锈钢、尼龙、玻璃、食品加工专用塑料等材料制造的设备，都可用于绿色农业产品加工。目前，食品工业中利用金属制造食品加工用具的品种日益增多，国家允许铁、不锈钢、铜等金属的应用。铜、铁制品毒性极小，但易被酸、碱、盐等食品腐蚀，且易生锈。不锈钢食具也存在铅、铬、镍在食品中溶出的问题。故应注意合理使用铜铁制品，并遵照执行不锈钢食具食品卫生标准与管理办法。

在绿色农业产品加工过程中，使用表面镀锡的铁管、挂釉陶瓷器皿、搪瓷器皿、镀锡铜锅及焊锡焊接的薄铁皮盘等，都可能导致食品含铅量大大增高。特别是在接触pH值较低的原料或添加剂时，铅更容易溶出。铅主要对人的神经系统、造血器官和肾脏有损害，可造成急性腹痛或瘫痪，严重者甚至休克、死亡。镉和砷主要来自电镀制品，砷在陶瓷制品中有一定含量，在酸性条件下易溶出。因此，在选择设备时，应优先考虑选用不锈钢材质。在一些常温常压、pH值中性条件下使用的器皿、管道、阀门等，可采用玻璃、铝制品、聚乙烯或其他无毒的塑料制品代替。但食盐对铝制品有强烈的腐蚀作用，应特别注意。绿色农业产品加工设备的轴承、枢纽部分所用润滑油部位应全封闭，并尽可能用食用油润滑，机械设备上的润滑剂严禁使用多氯联苯。

三、加工添加剂

食品添加剂是指为改善食品色、香、味、形、营养价值，以及为保存和加工工艺的需要而加入食品中的化学合成或天然物质。食品添加剂是一种物质或多种物质的混合物，但大多不是食品原料本身固有的物质，而是在产品生产、贮存、包装、使用等过程中为达到某一目的而有意添加的物质。曾有专家指出，食品添加剂是食品工业设计中的配方核心组成部分之一，没有优质的食品添加剂就没有现代食品工业。

国际食品添加剂发展趋势是向国际化和标准化发展，即向无毒、无公害、天然、营养、多功能型方向发展。按来源划分，食品添加剂可分成两类：一类是从动物、植物体组织细胞中提取的天然物质，另一类是人工化学合成物质。一般来说，天然添加剂较安全。添加剂有酶制剂、营养强化剂、风味剂、抗氧化剂、防腐剂等。在进行绿色农业产品加工时，酶制剂、营养强化剂等一般符合国家标准要求即可，但抗氧化剂、防腐剂、色素、香精等物质，在加工过程中要求十分严格。若绿色农业产品加工必须使用上述添加剂，则尽量使用天然添加剂，确保食品安全。

四、绿色农业的节水技术

水资源问题已发展成为一个世界性的问题，引起了世界各国的广泛关注。有专家预言：21世纪，世界将"为水而战"，"水之争"将是不可避免的。对此，我们应高度重视，切不可等闲视之。我国是一个水资源相对贫乏的国家，人均水资源占有量仅为2200立方米左右，只相当于世界平均水平的1/4，被列为世界13个贫水国之一。农业产业是用水大户，约占总用水量的70%，发展绿色农业，实现和保证我国农业的可持续发展，就必须强调和大力推广绿色农业的节水技术：

第一，推广节水灌溉技术。目前，农业生产上普遍利用的是大水漫灌、串灌等传统灌溉方式，水资源的利用率很低，大约有60%～70%的水分被白白浪费了。从绿色农业这一现代农业的可持续发展模式看，应大力提倡与发展浸灌、滴灌、喷灌、微灌、管灌等节水灌溉技术，这一技术对水资源的利用率一般可达70%～80%（甚至达90%以上）。

第二，推广节水种植技术。选用抗旱、耐旱的作物；种植抗旱、耐旱的品种。通过调整播种期和调节生育期，使作物需水规律和降水规律相吻合，从而达到充分利用水资源、提高作物产量的目的。进行作物多样化种植。

第三，推广节水耕作技术。对旱地，广泛推广少耕、免耕和作物秸秆覆盖技术，可达到节水保墒、增产增收的效果。适量使用保水剂、抗旱剂等，发挥一定的节水和抗旱作用。

第四，开发污水处理和咸水淡化技术。从长远来讲，污水资源和咸水资源的开发利用势在必行。从国内外目前的情况来看，污水用于农业灌溉具有一定的可行性，且效果明显，但必须控制其污染的程度，即污染太严重的水资源必须适当处理后方可用于农业生产，否则将产生"二次污染"，对农业生产和人畜健康产生不利影响。海水淡化，开发利用咸水资源，早已在世界有关国家开始实行。为缓解我国沿海地区（如深圳、珠海等城市）淡水资源不足的状况，将大量海水用于工业和乡镇企业作为冷却用水不仅可行，而且很有必要，对促进绿色农业乃至整个国民经济的可持续发展具有重要现实意义。

五、绿色农业的品种改良技术

品种改良在促进绿色农业发展方面起着重要作用，一方面可提高绿色农业生产的效率；另一方面，品种的改良和增强对于限制使用与节约其他化学生产要素的投入也起到重要作用。

自新中国成立以来，我国培育作物新品种、新组合达 5000 多个，农作物品种更换了 4～5 次，每更换 1 次，增产 10%～30%。迄今已推广杂交水稻累计达 20 多亿亩，增产粮食达 1000 多亿公斤，粮棉等主要作物良种覆盖率已达 80%～90%；林木良种自"六五"以来，获得新品种、新无性系 2000 多个，其材积生长量可提高 10%～50%，造林成活率提高了 20%，为环保事业做出了巨大贡献。

品种改良在农业科技进步中占有很大比重，一般公认在 30% 左右。粗略估算，通过品种改良，各类作物每年可提高产量 1% 左右，如果进一步改善栽培管理，其贡献还会增大。绿色农业的品种改良技术不仅要求绿色农业产品在数量上增产，更为重要的是要求绿色农业产品在品质上要有较大的提高。

现代生物技术的发展及其在绿色农业技术开发上的广泛应用，带来了动植物品种改良的革命性变化，彻底改变了传统农业的面貌，大幅度提高了绿色农业产品的产量。可以预见，在新的世纪，随着现代生物技术的快速发展，生物技术将会在促进世界绿色农业发展中起着更为独特的、重要的和不可替代的作用。

六、绿色农业的多熟种植技术

多熟种植是我国传统农业的精华之一，也是我国耕作制度的特色和优势所在，它对于提高耕地资源利用率和产出率、实现农业生态效益与经济效益的同步增长具有重要意义和明显效果。作为绿色农业的关键技术之一，多熟种植技术应特别强调创新以下技术要点：第一，发展间、混、套作技术；第二，实行轮作换茬，扩大粮饲轮作、粮草轮作、禾豆轮作、稻棉轮作、稻蔗轮作、稻烟轮作和各种水旱轮作的种植面积，这对于减少农田病、虫、草害，提高绿色农业产品的数量和质量均具有重要作用；第三，优化复种方式，提高复种指数，建立适合我国不同地区的集约高效型绿色农业多熟种植技术体系。

第二章 生态农业视角下的农业实用技术

第一节 立体种养技术

一、立体种养技术

立体种植，指在同一田地上，两种或两种以上的作物从平面、时间上多层次地利用空间的种植方式。凡是立体种植，都有多物种、多层次地立体利用资源的特点。实际上。立体种植既是间、混、套作的统称，也包括山地、丘陵、河谷地带的不同作物沿垂直高度形成的梯度分层带状组合。

（一）果园间套地膜马铃薯

1. 种植方式

适应范围以 1～3 年幼园为宜，水、旱地均可。2 月初开始下种，麦收前 10 开始收。种植规格以行距 3m 的果园为例：当年建园的每行起垄 3 条，翌年园内起两条垄。垄距 72cm、垄高 16cm、垄底宽 56cm，垄要起的平而直。起垄后，用锨轻抹垄顶。每垄开沟两行，行距 16～20cm，株距 23～26cm。将提前混合好的肥料施入沟内，下种后和沟复垄。有墒的随种随覆盖，无墒的可先下种覆膜，有条件的灌一次透水，覆膜要压严拉紧不漏风。

2. 茬口安排

前茬最好是小麦，后茬可以是大豆、白菜、甘蓝为主，以利在行间套种地膜马铃薯。

3. 播前准备

每亩施有机肥 2500-5000kg，磷酸二铵 30kg，硫酸钾 40kg，每亩用 5kg 左右的地膜。

4. 切薯拌种

先用 100g 以上的无病种薯，切成具有一个芽眼约为 50g 的薯块，并用多菌灵拌种备用。播后 30 天左右，及时查苗放苗，并封好放苗口。苗齐后喷一次高美施，打去三叶以下的侧芽，每窝留一株壮苗。以后再每周喷一次生长促进剂。花前要灌一次透水，花后不灌或少灌水。

（二）温室葡萄与蔬菜间作

1. 葡萄的栽培及管理

（1）栽植方式：葡萄与 3 月 10 日左右定植在甘蓝或西红柿行间，留双蔓，南北行，行距 2m，株距 0.5m，比露地生长期长 1 个月，10 月下旬覆棚膜，11 月中旬修剪后盖草帘保温越冬。

（2）整枝方式与修剪：单株留双蔓整枝，新梢上的副梢留一片叶摘心，二次副梢留一片叶摘心，新梢长到 1.5cm 时进行摘心。立秋前不管新梢多长都要摘心。当年新蔓用竹竿领蔓，本架则形成"V"字形架，与临架形成拱形棚架。当年冬剪时应剪留 1.2～1.3m 蔓长合适。

（3）田间管理：翌年 1 月 15 日前后温室开始揭帘升温。2 月 15 日前后冬芽开始萌动，把蔓绑在事先搭好的竹竿上，注意早春温室增温后不要急于上架。4 月初进行抹芽和疏枝，每个蔓留 4～5 个新梢，留 3～4 个果枝，每个果枝留一个花穗。6 月 20 日左右开始上市，8 月初采收结束；在葡萄种植当年的 9 月下旬至 10 月上旬，在葡萄一侧距根系 30cm 以外开沟施基肥，每公顷施有机肥 $3 \times 104 \sim 5 \times 104$kg。按 5 肥 5 水的方案实施。花前、花后、果实膨大、着色前、采收后进行追肥，距根 30cm 以外或地面随水追肥，每次每株 50g 左右，葡萄落花后 10 天左右，用吡效隆浸或喷果穗，以增大果粒，另外，如每千克药水加 1g 扑海因药可防治幼果期病害，蘸完后进行套袋防病效果好。其他病虫害防治按常规法防治；在 11 月上旬覆膜准备越冬，严霜过后，葡萄叶落完开始冬剪。

2. 间作蔬菜的栽植与管理

可与葡萄间作的蔬菜有两种（甘蓝、西红柿），1 月末 2 月初定植甘蓝和西红柿，2 月 20 日西红柿已经开花，间作的甘蓝已缓苗，并长出 2 片新叶。甘蓝于 4 月 20 日左右罢园，西红柿于 5 月 20 日左右拔秧。

（三）大蒜、黄瓜、菜豆间套栽培技术

1. 种植方式

施足基肥后，整地做畦，畦高 8～10cm，畦沟宽 30cm，大蒜的播期在 10 月上旬寒露前后，行距 17cm，株距 7cm，平均每亩栽植 33000 株。开沟播种，沟深

10cm，播种深 6～7cm，待蒜头收获后，将处理好的黄瓜种点播于畦上，每畦 2 行，行距 70cm，穴距 25cm，每穴 3～4 粒种子，每亩留苗 3500 株；6 月下旬于黄瓜行间做珑直播菜豆，行距 30cm，穴距 20cm，每穴播 2～3 粒。

2. 栽培技术要点

（1）科学选地：选择地势平坦、土层深厚、耕层松软、土壤肥力较高、有机质丰富以及保肥、保水能力较强的地块。

（2）田间管理：第一，早大蒜出苗时可人工破膜，小雪之后浇一次越冬水，翌春 3 月底入薹，瓣分化期应根据墒情浇水。蒜薹生长期中、露尾、露苞等生育阶段要适期浇水，保田间湿润，露苞前后及时揭膜。采薹前 5 天停止浇水，采薹后随即浇水一次，过 5～6 天再浇水 1～2 次。临近收获蒜头时，应在大蒜行间保墒，将有机肥施入畦沟，然后用土拌匀，以备播种秋黄瓜。第二，黄瓜苗有 3～4 片真叶时，每穴留苗 1 株，定苗后浅中耨 1 次，并每亩施入硫酸铵 10kg 促苗早发。定苗浇水随即插架，结合绑蔓进行整枝，根据长势情况，适时对主蔓摘心。第三，菜豆定苗后浇 1 次水，然后插架。结荚期需追肥 2～3 次，每次施硫酸铵 15kg/ 亩。

（3）病害防治：秋黄瓜主要病害有霜霉病、炭疽病、白粉病、疫病、角斑病等。可用 25% 甲霜灵 500 倍液、50% 疫霜猛钾锌 600 倍液、75% 百菌清 600 倍液、64% 杀毒矾 400 倍液、75% 可杀得 500 倍液等杀菌剂防治；菜豆的主要病害有黑腐病、锈病、叶烧病，可用 20% 粉锈宁乳油 2000 倍液、40% 五氯硝基苯酚与 50% 福美双 1：1 配成混合剂、大蒜素 8000 倍液喷洒防治。

（四）新蒜、春黄瓜、秋黄瓜温室蔬菜栽培技术

1. 坐床、施足底肥

在生产蒜苗前，细致整地，每亩一次性施入优质农家肥 2m3，然后坐床，苗床长、宽依据温室大小而定，床做好后，在床面上平氟 10cm 厚的肥土，上面再铺约 3cm 厚的细河沙。

2. 蒜苗生产

针对蒜苗春节旺销的情况，于 12 月 20～25 日期间，选优质牙蒜，浸泡 24 小时后去掉茎盘，蒜芽一律朝上种在苗床上。苗床温度 17～20℃，白天室温在 25℃ 左右，整个生长期浇 3～4 次水，当蒜苗高度达 33cm 左右，即可收割，收割前 3～4 天将室温降到 20℃ 左右。

3. 春黄瓜生产

定植前做好准备，即在蒜苗生长期间，1 月 10 日就开始育黄瓜苗，采用塑料袋育苗，55 天后蒜苗基本收割完毕，将苗床重新整理好，于 3 月 5 日定植黄瓜。

定植后加强管理，即在黄瓜定植后注意提高地温，促使快速缓苗。白天室温保持在 30℃ 左右。定植后半个月左右，搭架、定植 20 天后追肥硫酸铵 3kg/ 亩，方法是在离植株 10cm 的一侧挖一个 5-6cm 深的小坑，施入后随即覆土。在黄瓜整个生长期随水冲施 4 次人粪尿，灌 3 次清水，及时打掉植株底部老叶、杈。黄瓜成熟后，要及

时收获。

4. 秋黄瓜生产

7月15日育苗，8月25日定植；植株长至5～6片叶以后，主蔓生长，及时绑蔓。根瓜坐住后开始追肥，每亩追复合肥20kg，追肥后灌水。灌水后，在土壤干湿适合时松土，同时消灭杂草；随着外界温度下降，注意防寒保暖。室内温度低于15℃时停止放风。白天温度25～30℃，若超过30℃要放风。夜间室温降至10℃时开始覆盖草苫子，外界温度降到0℃以下时，开始覆盖棉被保暖。从根瓜采收开始，每天早上采收一次。

（五）旱地玉米间作马铃薯的立体种植技术

1. 种植方式

采用65cm+145cm的带幅（1垄玉米，4行马铃薯）。玉米覆膜撮种，撮距66cm，撮内株距17～20cm，每撮5株，保苗3.75万株/hm²；马铃薯行距35cm，株距25cm，保苗约3万株/hm²。玉米用籽量15.0-22.5kg/hm²，马铃薯用块茎量1500kg/hm²。

2. 栽培技术要点

（1）选地、整地：选择地势平坦、肥力中上的水平梯田，前茬为小麦或荞麦（切忌重茬或茄科连作茬）。在往年深耕的基础上，播种时必须精细整地，使土壤疏松，无明显的土坷垃。

（2）选用良种、适时播种：玉米选用中晚熟高产的品种，马铃薯选用抗病丰产品种。玉米适宜播期为4月10～20日，最好用整薯播种，如果采用切块播种，每切块上必须留2个芽眼，切到病薯时，用75%的酒精进行切刀、切板消毒，避免病菌传染。

（3）科学施肥：玉米于早春土地解冻时挖窝埋肥。每公顷用农家肥45t（分3次施，50%基施，20%拔节期追肥，30%大喇叭口期追肥），普钙375～450kg，锌肥15kg，除做追肥的尿素外，其余肥料全部与土混匀，埋于0.037m²的坑内。马铃薯每公顷施农家肥3.00万kg，尿素187.5kg（60%作基肥，40%现蕾前追肥），普钙300kg，除作追肥的尿素外，其余肥料全部混匀做基肥一次施入。

（4）田间管理：玉米出苗后，要及时打孔放苗，到3～4叶期间苗，5～6叶期定苗；大喇叭口期每公顷用氰戊菊酯颗粒剂15kg灌心防治玉米螟；待抽雄初期，每公顷喷施玉米健壮素15支，使植株矮而健壮、不倒扶，增加物质积累；马铃薯出苗后要松土除草，当株高12～15cm时（现蕾前）结合施肥进行培土，到开花前后，即株高24～30cm时，再进行培土，以利于匍匐茎、多结薯、结好薯。始花期每公顷用1.5～2.25kg磷酸二氢钾、6.0kg尿素对水300～375kg进行叶面喷施追肥，在整个生育期内应注意用退菌特或代森锰锌等防晚疫病。玉米苞叶发白时收获；马铃薯在早霜来临时及时收获。

（六）麦套春棉地膜覆盖立体栽培技术

1. 种植方式

采用麦棉套种的 3-1 式，即年前秋播 3 行小麦，行距 20cm，占地 40%；预留棉行 60cm，占地 60%；麦棉间距 30cm。春棉的播期为 4 月 5 ～ 15 日，可先播后覆膜，也可先盖膜后播种，穴距 14cm，每穴 3 ～ 4 粒，密度不少于 6.75×10^4-7.5×10^4 株 / hm^2。

2. 栽培技术要点

（1）培肥地力

麦播前结合整地每公顷施厩肥 30 ～ 45t，磷肥 375 ～ 450kg；棉花播前结合整地，每公顷施厩肥 1.5t，饼肥 600 ～ 750kg，增加土壤有机质含量，改善土壤结构。

（2）种子处理

选好的种子择晴天晒 5 ～ 6 小时，连晒 3 ～ 5 天，晒到棉籽咬时有响声为止；播前 1 天用 1% ～ 2% 的缩节胺浸种 8 ～ 10 小时，播前将棉种用冷水浸湿后，晾至半干，将 40% 棉花复方壮苗一拌灵 50g 加 1 ～ 2g 细干土充分混合，与棉种拌匀，即可播种。

（3）田间管理

主要任务是在共生期间要保全苗，促壮苗早发。花铃期以促为主，重用肥水，防止早衰。在麦苗共生期，棉花移栽后，切勿在寒流大风时放苗，放苗后及时用土封严膜孔。苗齐后及时间苗，每穴留一株健壮苗。麦收前浇水不要过大，严防淹棉苗，淤地膜，降低地温。

在小麦生长后期，麦熟后要快收、快运，及早中耕灭茬，追肥浇水、治虫，促进棉苗发棵增蕾。春棉进入盛蕾 - 初花期时，应及早揭膜，随即追肥浇水，培土护根，促进侧根生长、下扎。

在棉花的花铃期，以促为主，重追肥、浇透水。7 月中旬结合浇水每公顷追施尿素 225kg。在初花期、结铃期喷施棉花高效肥液同时在花铃期要保持田间通风透光，搞好病虫害防治，后期及时采摘烂桃。

二、立体养殖技术

（一）鱼鸭混养生态养殖模式

1. 模式与技术

池塘鱼鸭混养技术，鸭粪及鸭的残饵既保证了池塘有充足的肥源，又可被鱼类直接利用，既节约了饲料、肥料，又改善了水质，降低了养殖的成本，提高了产量。

（1）池塘条件

选择交通便利、水质清新、水深 1.5m 左右的田间池塘进行鱼鸭混养。鱼池的一面要有鸭活动的场地，场地其他三面用网或竹栅围住，使鸭不致外逃，活动场地面积大小按每平方米容纳鸭 2 ～ 3 羽计算。鸭栏建造在池埂上或塘边田中，面积 150m² 左右，便于鸭吃配合饲料、产蛋。池塘水源充足，水质良好无污染，切成东西走向，池深 2.5m，水深 1.5～2.0m，池底淤泥厚 15cm 左右，池坡度为 1：（1.5-2.0），池间坡宽 2.0-2.5m。每个池塘都配备排灌设备和增氧设备。池塘在放鱼种前 10 天，用生石灰按每亩用量 120kg，浅水清池，1 周后，灌注新水。

（2）鸭舍建造

鸭舍建在地势略高而又平坦的池塘埂上，坐北向南，冬暖夏凉，光照充分，不漏水且防潮。被圈养的鱼塘水面连接塘边的鸭舍，使水面鱼塘边坡地（鸭的活动场所和取食场所）以及鸭舍边成一体。鸭舍面积按每平方米 5 只鸭建造，并按每 4 只母鸭配备一支 40cm×40cm×40cm 的产蛋箱，放置在光线较暗的沿墙周围。在鸭舍前面按每只鸭占水面 $1m^2$、占旱地 $0.5m^2$ 的标准用网或树枝围起高 0.5m 的栅栏，作为鸭的活动场所。

2. 鱼种、母鸭放养

鱼鸭混养比例，粗养鱼塘每亩放鲜鳍肥水鱼占 60% 左右，早春投放 14cm 以上大规模鱼种 400～600 尾。单产在 200kg 以下的配养蛋鸭 80～100 羽，每亩可提高产量 150～250kg。

鱼鸭混养好处是鱼池为鸭生活、生长提供了良好的场所，鸭子的活动增加了池中溶氧量，鸭子吃掉了池中对鱼类有害的生物，鸭粪又能肥水，鱼鸭共存、相互有利，但应注意放养的鱼种规格要大，以免被鸭子吃掉。

鱼种要求规格一致，数量一致的 13cm 以上鱼种，其中鲢鳙占 45%，草鲂鱼占 5%，鲤、鲫、罗非鱼占 50%。

每亩配建 $25m^2$ 鸭舍，配养 120 只母鸭。鱼种在投放前，要用 4% 食盐水和 10mg/L 漂白粉溶液浸洗 10 分钟。鸭舍、鸭场用 20mg/L 的漂白粉溶液泼洒消毒。

3. 饲养管理

（1）饲料投放。鱼塘可以不投任何饵料，也不施任何肥料，全部依靠鸭粪和鸭的残饵养鱼。鱼鸭混养，1 只鸭一天可排粪 150g。每 10.6kg 鸭粪可转化为 1kg 鱼；按此推算，每养 1 只鸭，可获得鸭、鱼净产量 5.29kg。

根据鱼的品种，也可以投喂饲料。其中罗非鱼在 5～7 月时，颗粒饵料粗蛋白含量为 30%～40%，在 8～10 月时，粗蛋白含量为 25%～30%，每条鱼日投喂饲料量 2～5g，每天投喂 4 次，可视鱼摄食情况进行调整。鸭料每天平均 120g/ 只，分 3 次投喂，产蛋峰期可适当补饲。日常注意早晚巡塘，观察鱼鸭的活动和生长情况以及水质变化的情况，发现问题及时处理。

（2）调节水质

通过鸭的活动调节或必要时开增氧机，使池水溶解氧保持在 5mg/L 以上，透明度 30～40cm，pH7.8～9.0。6～9 月及时冲注新水，一般 7 天冲水一次，每次加水 10cm。

（3）鸭粪入池

每天定时清扫鸭舍、鸭场，将鸭粪堆积发酵，视池水肥瘦情况投入池塘。残饵直接入池，供鱼摄食。由于鸭粪和残饵下塘，鱼塘肥度高在夏秋之际水质易恶化。应经常灌注新水，降低水的肥度，并坚持每月撒两次石灰，每次每亩撒 10kg，使塘水的透明度保持在 15 ～ 25cm 之间，水呈弱碱性。

4. 疾病防治

隔 15 天全池泼洒 25mg/L 的生石灰水 1 次，鸭舍、鸭场旱地隔 15 天用 20mg/L 的漂白粉溶液消毒 1 次，可起到预防疾病的作用。对于出现水霉病，可全池泼洒 1mg/L 的漂白粉溶液，对草鱼的烂鳃病，每亩水面水深 1m 用硫酸庆大霉素 200mL 加水全池泼洒。

三、立体种养技术

（一）"农作物秸秆养牛、牛粪肥田"的农牧结合模式

1. 模式与技术

"秸秆养牛、牛粪施田"的形式多种多样。目前普遍实施的有四种：第一，是利用秸秆粉碎后喂养淘汰役用牛。这种方式就地取材，成本低，但牛生长慢，牛肉质量差，经济效益低；第二，是自繁自养，一户喂养一两头母牛，平均每年繁殖一头多仔牛，根据市场行情出售架子牛或成品牛。这种方式成本低、灵活性强，但经济效益低，竞争性差；第三，是饲养架子牛，在市场购买架子牛经 3 ～ 8 个月催肥卖出。这种方式有一定灵活性，可根据经济效益决定饲养与否，但不稳定，竞争性差。以上三种形式均有其不足之处，我们提倡的是第四种即分散饲养、集中育肥模式。该模式是以养牛户为基础建立牛肉生产联合体。联合体内实行"四统一，三集中"，即统一牛源，由联合体负责供给养牛户统一的杂交肉犊牛；统一搞秸秆青贮、氨化，养牛户必须建立统一的青贮窖、氨化池；统一饲养管理方法，对饲养技术、饲养配方有统一的要求；统一防疫，由技术人员承包防疫。集中育肥，牛分散饲养到一定程度，集中短期催肥，达到高标准要求；集中屠宰，根据条件和市场要求搞牛肉产品深加工；集中销售，牛肉、牛皮等产品集中销售，便于打开销路，占领市场。

（二）粮、经、饲三元种植结构，以农养牧、以牧促农的农牧结合模式

1. 模式与技术

第一，改水田双季稻三熟制为水旱轮作或间作套种三熟制，如改麦—稻—稻为大麦（油菜、绿肥）—稻—玉米，使粮、饲、经作物三者种植面积的比例大体保持在 55：25：20 左右。

第二，改水田两熟制为水旱三熟制，如改早中稻或早晚稻为大麦—早（中）稻—再生稻或大麦—早（中）稻—青饲料。

第三，改麦田两熟粮食作物为麦田两熟粮食、饲料作物。

2. 效益分析

（1）有利于良种繁育和推广使用，粮、饲分开育种

选择容易实现高产、优质的品种。如紧凑型玉米，亩产 500kg 比普通玉米高 230kg，大面积推广两年后可增产粮食 1900 万 t。饲料大麦，生长期短（110 天左右）成熟早，是早中稻的良好前茬，产量高（每亩产 400 ～ 600kg），蛋白含量高，适口性好，是高产优质饲料作物。

（2）有利于提高粮食产量

在次潜育化稻田，种双季稻每亩产量仅 400 ～ 500kg，采取水旱轮作（大麦—早稻—玉米）每亩可收大麦 250 ～ 350kg，杂交稻 500 ～ 600kg，玉米 300 ～ 400kg，合计收粮 1050 ～ 2500kg，比小麦—双季稻模式增产 20% ～ 50%。

（3）有利于改良土壤、培肥地力促进农牧业持续、稳定、协调发展

旱地引草入田，可以改良土壤、增加肥力。水田水旱轮作，可降低地下水位，改进土壤透气性能，增加土壤有机质含量，使稻田潜育化现象减轻或消失。

（4）有利于农牧业规模化生产和新技术的推广应用，有利于农业生产基地的建设和商品经济的发展

此外，还可以缓解发展畜牧业饲料不足的矛盾，缓解北料（饲料）南调运力紧张的压力。

第二节　测土配方施肥技术

一、配方施肥的概念及作用

（一）配方施肥的概念

配方施肥是综合运用现代农业科技成果，根据植物需肥规律、土壤供肥性能及肥料效应，以有机肥为基础，产前提出各种植物营养元素的适宜用量和比例的肥料配方以及相应的施肥方式方法的一项综合性科学施肥技术。其内容包括"配方"与"施肥"两个程序。"配方"是根据植物种类、产量水平、需要吸收各种养分数量、土壤养分供应量和肥料利用率，来确定肥料的种类与用量，做到产前定肥定量；"施肥"是配方的实施，是目标产量实现的保证。施肥要根据"配方"确定的肥料品种、数量和土壤、植物的特性，合理地安排基肥和追肥的比例、追肥的次数和每次追肥的用量以及施肥时期、施肥部位、施用方法等，同时要特别注意配方施肥必须坚持"有机肥为基础"、"有机肥料与无机肥料相结合，用地与养地相结合"的原则，以增强后劲，保证土壤肥力的不断提高。

（二）配方施肥的作用

1. 增产增收效益明显

配方施肥首先表现有明显的增产增收作用。具体表现在：

（1）调肥增产

（2）减肥增产

（3）增肥增产

2. 培肥地力保护生态

配方施肥不仅直接表现在植物增产效应上，还体现在培肥土壤，保护生态，提高土壤肥力。

3. 协调养分提高品质

我国农田习惯上大多偏施氮肥，造成土壤养分失调，不仅影响产量，而且还影响到产品品质的改善。据农业部汇总资料表明，配方施肥与习惯单施氮肥比较，棉花提高衣分 1.3% ～ 3.4%、绒长 0.4 ～ 1.6mm、单铃重 0.1-0.4g；西瓜甜度增加 2 度。由此可见，配方施肥可协调养分提高品质。

4. 调控营养防治病害

缺硼土壤上配施硼肥后，对防治棉花蕾而不花、油菜花而不实、小麦"亮穗"等生理病症均有明显效用。

5. 有限肥源合理分配

利用肥料效应回归方程，以经济效益为主要目标，可以合理分配有限肥源。

二、配方施肥的基本方法

当前所推广的配方施肥技术从定量施肥的不同依据来划分，可以归纳为以下三个类型：

（一）地力分区（级）配方法

地力分区（级）配方法是在一定的自然条件或行政区内，按土壤肥力高低分为若干等级，或划出一个肥力均等的田片，作为一个配方区，利用土壤普查资料和过去田间试验成果，结合群众的实践经验，估算出这一配方区内比较适宜的肥料种类及其施用量。

地力分区（级）配方法比较粗放，适用于生产水平差异小、基础较差的地区。在实际应用中，虽然在地力分级的划分方法上不尽相同，但在具体做法上差别不大，它已经突破传统的定性用肥的规范，进入了定量施肥的新领域，把施肥技术推进了一步．这种方法的优点是具有针对性强，提出的用量和措施接近当地经验，群众易于接受，推广的阻力比较小。但其缺点是有地区局限性，依赖于经验较多，精确性较差。在推行过程中，必须结合试验示范，逐步扩大科学测试手段和理论指导的比重。

（二）目标产量配方法

目标产量配方法是根据作物产量的构成，由土壤和肥料两个方面供给养分原理来计算施肥量。用公式表达为：

某种肥料计划施用量 =（一季植物的吸收养分总量 - 土壤供肥量）/（肥料中有效养分含量 × 肥料当季利用率）

　　目标产量配方法，由植物目标产量、植物需肥量、土壤供肥量、肥料利用率和肥料中的有效养分含量等五大参数构成。依据土壤供肥量计算方法的差异，又分为养分平衡法和地力差减法两种。

　　1. 养分平衡法

　　是根据植物需肥量和土壤供肥量之差来计算实现目标产量施肥量，其中，土壤供肥量是通过土壤养分测定值进行计算的。应用养分平衡法必须求出下列参数：

　　第一，植物目标产量，配方施肥的核心是为一定产量指标施用适量的肥料。因此，施肥必须要有产量标准，以此为基础，才能做到计划用肥。土壤肥力是决定产量高低的基础，某一种植物计划产量多高要依据当地的综合因素而确定，不可盲目任定一个指标。确定计划产量的方法很多，根据我国多年来各地试验研究和生产实践，可从"以地定产"、"以水定产"、"以土壤有机质定产"等三方面入手。其中，"以地定产"较为常用。一般是在不同土壤条件下，通过多点田间试验，从不施肥区的空白产量和施肥区获得的最高产量，经过统计求得函数关系，来确定植物目标产量。但在实际推广应用中，常常不易预先获得空白产量，常用的方法是以当地前三年植物的平均产量为基础，再增加 10% ～ 15% 的产量作为计划产量。

　　第二，植物目标产量需要养分量，常以下述公式来推算：

植物目标产量所需某种养分量（kg）= 目标产量（kg）/100（kg）×100kg 产量所需养分量（kg）

　　式中 100kg 产量所需养分量是指形成 100kg 植物产品时，该植物必须吸收的养分量，可通过对正常成熟的植物全株养分化学分析来获得。

　　第三，土壤供肥量，是指一季植物在生长期中从土壤中吸收的养分。土壤供肥量通过土壤养分测定值来换算，其公式为：

土壤供肥量（kg/hm^2）= 土壤养分测定值（mg/kg）×2.25× 校正系数

　　式中：2.25 是换算系数，即将 1mg/kg 养分折算成每公顷土壤养分。校正系数是植物实际吸收养分量占土壤养分测定值的比值，常通过田间空白试验及用下列公式求得：

校正系数 =（（空白产量 /100）× 植物 100kg 产量养分吸收量）/（土壤养分测定值 ×2.25）

　　第四，肥料利用率，是指当季植物从所施肥料中吸收的养分占施入肥料养分总量的百分数。试验表明，肥料利用率不是一个恒值，它因植物种类、土壤肥力、气候条件和农艺措施的差异而不同，在很大程度上取决于肥料施用量、施用方式和施用时期。其测定方法有两种：同位素肥料示踪法和田间差减法，前者难于广泛应用于生产，故现有肥料利用率的测定大多用差减法，其计算公式为：

肥料利用率＝（施肥区植物吸收养分量－无肥区植物吸收养分量）/ 肥料施用量 ×
肥料中养分含量 ×100%

2. 地力差减法

地力差减法则是通过空白田产量来计算土壤供肥量。植物在不施任何肥料的情况下所得的产量称空白田产量，它所吸收的养分，全部取自土壤，能够代表土壤提供的养分数量。所以，目标产量吸收养分量与空白田产量吸收养分量的差值，就是需要通过施肥补充的养分量。其肥料用量计算公式表述为：

肥料用量（kg/hm²）＝（（（目标产量－空白田产量）/100）× 每 100kg 植物产量
吸收养分量）/ 肥料中有效养分含量 × 肥料当季利用率

这一方法的优点是，不需要进行土壤测试，计算较简便，避免了养分平衡法的缺点。但需开展肥料要素试验，所需时间长，同时试验代表性也有限，给推广工作带来一定困难。另外，空白田产量是构成产量诸因素的综合反映，无法代表若干营养元素的丰缺情况，只能以植物吸收量来计算需肥量。当土壤肥力愈高，植物对土壤的依赖率愈大（即植物吸自土壤的养分越多）时，需要由肥料供应的养分就越少，可能出现剥削地力的情况而不能及时察觉，必须引起注意。

第三节　设施农业技术

一、地膜覆盖栽培技术、

地膜覆盖栽培具有增温、保水、保肥、改善土壤理化性质，提高土壤肥力，抑制杂草生长，减轻病害的作用，在连续降雨的情况下还有降低湿度的功能，从而促进植株生长发育，提早开花结果，增加产量、减少劳动力成本等作用。地膜覆盖栽培的最大效应是提高土壤温度，在春季低温期间，采用地膜覆盖白天受阳光照射后，0～10cm深的土层内可提高温度 1～6℃，最高可达 8℃以上。

（一）地膜覆盖类型

地膜覆盖的方式依当地自然条件、蔬菜的种类、生产季节及栽培习惯不同而异，主要方式有平畦覆盖、高垄覆盖、高畦覆盖、沟畦覆盖、沟种坡覆和穴坑覆盖等。

1. 平畦覆盖

畦面平，有畦埂，畦宽 1.00～1.65m，畦长依地块而定。播种或定植前将地膜平铺畦面，四周用土压紧。或是短期内临时性覆盖。覆盖时省工，容易浇水，但浇水后易造成畦面淤泥污染。覆盖初期有增温作用，随着污染的加重，到后期又有降温作用。一般多用于种植葱头、大蒜以及高秧支架的蔬菜。

2. 高垄覆盖

畦面呈垄状，垄底宽 50 ～ 85cm，垄面宽 30 ～ 50cm，垄高 10 ～ 15cm。地膜覆盖于垄面上。垄距 50 ～ 70cm。每垄种植单行或双行甘蓝、葛笋、甜椒、花椰菜等。高垄覆盖受光较好，地温容易升高，也便于浇水，但旱区垄高不宜超过 10cm。

3. 高畦覆盖

畦面为平顶，高出地平面 10 ～ 15cm，畦宽 1.00 ～ 1.65mo 地膜平铺在高畦的面上。一般种植高秧支架的蔬菜，如瓜类、豆类、茄果类以及粮、棉作物。高畦覆盖增温效果较好，但畦中心易发生干旱。

4. 沟畦覆盖

将畦做成 50cm 左右宽的沟，沟深 15 ～ 20cm，把育成的苗定植在沟内，然后在沟上覆盖地膜，当幼苗生长顶着地膜时，在苗的顶部将地膜割成十字，称为割口放风。晚霜过后，苗自破口处伸出膜外生长，待苗长高时再把地膜划破，使其落地，覆盖于根部。俗称先盖天、后盖地。如此可提早定植 7 ～ 10 天，保护幼苗不受晚霜危害。既起着保苗，又起着护根的作用，从而达到早熟、增产、增加收益的效果。早春可提早定植甘蓝、花椰菜、葛笋、菜豆、甜椒、番茄、黄瓜等蔬菜，也可提早播种西瓜、甜瓜等瓜类及粮食等作物。

5. 沟种坡覆

在地面上开出深 40cm、上宽 60 ～ 80cm 的坡形沟，两沟相距 2 ～ 5m（甜瓜为 2m，西瓜为 5m），两沟间的地面呈垄圆形。沟内两侧随坡覆 70 ～ 75cm 的地膜，在沟两侧种植瓜类。

6. 穴坑覆盖

在平畦、高畦或高垄的畦面上用打眼器打成穴坑，穴深 10cm 左右，直径 10 ～ 15cm，穴内播种或定植作物，株行距按作物要求而定，然后在穴顶上覆盖地膜，等苗顶膜后割口放风。可种植马铃薯等作物。

（二）玉米地膜覆盖栽培技术

玉米地膜覆盖栽培一般比露地栽培玉米增产 30% ～ 70%，有的地方成倍增加产量。尤其是我国东北等地区，气候寒冷，无霜期短，再加上一些地区常年干旱，而使玉米提早成熟，采用地膜覆盖玉米，可大幅度提高玉米产量，同时也扩大了玉米种植范围。另外，地膜尚可一膜多用。春小麦和玉米间作，春小麦利用地膜覆盖，到玉米播种前再转盖到玉米上，既保小麦早出苗，又保持玉米所需水分和温度，从而取得双丰收，提高单位面积产量。

1. 地膜玉米增产的主要原因

（1）保水作用

地膜玉米地的整地要求上虚下实，保持毛细管上下畅通，土壤深层水可以源源上升到地表。盖膜后，土壤与大气隔开，土壤水分不能蒸发散失到空气中去，而是在膜内以液—气—液的方式循环往复，使土壤表层保持湿润。土壤含水量增加，表层 0～5cm 一般比露地多 3%～5%。对自然降水，少量从苗孔渗入土壤，大量的水分流向垄沟，以横向形式渗入覆膜区，由地膜保护起来。

（2）增温作用

土壤耕作层的热量来源，主要是吸收太阳辐射能。地膜阻隔土壤热能与大气交换。晴天，阳光中的辐射波透过地膜，地温升高，通过土壤自身的传导作用，使深层的温度逐渐升高并保存在土壤中。地温增高的原因是由于地膜有阻隔作用，使膜内的二氧化碳增多和水蒸气不易散失。因为二氧化碳浓度每增加 1 倍，温度升高 30℃；每蒸发 1mm 水分，温度下降 1℃，汽化热损失极少，温度下降缓慢。可使全生育期提高积温 250～350℃。

（3）改善土壤的物理性状

衡量土壤耕性和生产能力的主要因素包括土壤容重、孔隙度和土壤固、液、气三相比。地膜覆盖后，地表不会受到降雨或灌水的冲刷和渗水的压力，保持土壤疏松状态，透气性良好，孔隙度增加，容重降低，有利于根系的生长发育。同时，地膜覆盖土 12～22 天后，较铺膜前。0～5cm 表土含盐量降低 53%，较对照低 51%。在重盐碱地上种植地膜玉米，提早 15 天成熟，比露地玉米增产。

（4）增加土壤养分含量

覆盖地膜后，增温保墒，有利于土壤微生物的活动，加快有机质和速效养分的分解，增加土壤养分的含量。盖膜以后，阻止雨水和灌水对土壤的冲刷和淋溶，保护养分不受损失。但是由于植株生长旺盛，根系发达，吸收量加强，消耗养分量增大，土壤有效养分减少，容易形成早衰或倒伏，影响产量，故一定要施足基肥，并分次追肥，满足生长的需要。

（5）改善光照条件

通常由于植株叶片互相遮阴，下部叶片比上部叶片光照条件差。覆膜以后，由于地膜和膜下的水珠反射作用，使漏射到地面上的阳光反射到近地的空间，增加基部叶片的光合作用，提高光合强度和光能利用率。研究表明，播后 60 天，玉米大喇叭口期下午 2 时测定，地膜玉米地表光照强度占自然光照的 30%，距地面 50cm 处光照强度占 26.9%，而对照分别为 28.17% 和 11.81%。说明基部叶片光照强度优于露地玉米。

（6）加速玉米生长发育进程

覆膜后各种生育条件优越，促进早出苗，早吐丝，早成熟，根系亦发达。试验表明，根条数增加 26.4%，根长度增加 8.3%，单株重量增加 219.9%，叶面积增加 73.3%，叶面积系数增加 61%，有效穗数增加 16%，穗粒数增加 110 粒，百粒重增加 4.1g，穗长增加 2.3cm，增产效果显著。

2. 播种前的准备

选用优良品种，地膜玉米可增加150～200℃的有效积温，正常年份比露地提前7～10天播种。生育进程快，提早7～15天成熟。根据这一特点，与当地露地玉米生育期相比较，选用适期品种。如当地露地种植115天£右的品种，地膜覆盖田可选用125天的品种。所选品种应为抗逆性强、增产潜力大的高产品种。

3. 覆膜玉米整地

（1）选地：选地势平坦肥沃，土层深厚，排灌方便，土质以轻壤、中壤为宜。排水方便的轻盐碱地亦可；坡地的坡度在15°以内，必须具备保水保肥的能力。

（2）整地：要求适时耕翻，整细整平，清除根茬、石子等，做到上虚下实，能增温保墒。在北方冬春干旱，抓紧利用秋墒。秋收后及时深耕，结合施基肥翻地，耙糖保墒，翌年早春顶凌耙格保墒；有灌溉条件的地方，最好在冬季灌水造墒，早春顶凌耙糖保墒。

（3）起垄：旱地平垄播种，浇水地、下湿地、轻盐碱地，要起垄播种，一般垄高8～10cm，垄面宽度可根据使用地膜的宽度而定。一般采用大小行播种方式，小行40～50cm，大行70～80cm。地膜覆盖小垄，垄面宽度一般为50～60cm。坡地起垄，一般沿等高线水平起垄。

4. 播种与盖膜

（1）盖膜方式

盖膜的方式有两种：一种是先播种后盖膜，出苗后破膜放苗。这种方式适于机械化水平高，土壤墒情好的水浇地或湿地采用。应及时打孔放苗，否则容易烫苗。另一种是整好地及时盖膜保墒，掌握好盖早不盖晚、盖湿不盖干的原则。播种时打孔点籽。播后遇雨易使播种口上的盖土板结，影响出苗，应及时松动。

（2）选膜和铺膜

最好选用幅宽为80cm，厚度为0.007mm的微膜或线型膜，以降低费用，适合用小行距为40～50cm宽的垄面。盖膜时将膜拖展，紧贴地面铺平，四周用土压严盖实。视风力大小，每隔5～7m或更长距离压一道腰土，以防风鼓膜。

（3）喷除草剂

覆盖地膜前，必须喷除草剂，防除田间杂草。铺膜后，田间杂草不易清除，由于温度高，水肥条件好，杂草长势旺盛，与苗争肥水，甚至撑破地膜，影响铺膜效果。

（4）种子处理

种子进行精选，去掉烂、秕、杂和小籽粒。精选后的种子，在阳光下晒2～3天，可提高出苗率5%，并用药物拌种以防治地下害虫。

（5）播种

时间一般比露地提早7～10天，或膜下5cm处地温稳定在6～8℃时播种。幼苗应该在当地终霜来临时刚出土，若苗子过大易受冻害。播种深度一般为4～5cm；还应根据墒情而定。播种时最好做一标准打孔器，使播种深浅一致。播种深度一般为4～5cm；还应根据墒情而定。

5.玉米苗期管理

（1）护膜

播种后要经常检查，特别是大风时，要将地膜四周和播种孔封严，遇雨后要及时松动播种孔的盖土，防止板结。

（2）放苗定苗

先播种后盖膜的地块，要及时破孔放苗。机播地放苗时应根据留苗密度所规定的株距打孔，放苗孔应该越小越好，每孔放出 1 ～ 2 株健壮苗，放苗后用土将苗孔封严。放苗时间，应避开风天和中午。先盖膜后播种的地块，出苗后封严苗孔。幼苗 3 ～ 4 叶时定苗，除去蚜苗、小苗、病苗，每孔留 1 株健壮苗。发现缺株时，可在相邻孔中留双株来补缺，比移栽或补种要好。

6.覆膜玉米穗期管理

定苗后，中耕垄沟；松土保墒，清除杂草。待苗长出分蘖，应及时彻底除掉，以免消耗养分和水分。喇叭口时期要防治玉米螟和黏虫。此时追施剩余20%氮肥并浇水，防止早衰，增加粒重。

7.覆膜玉米花粒期管理措施

后期管理，隔行去雄，减少水分和养分的消耗，促进高产。去雄时不要伤害旗叶和茎秆；靠地边的四行不去雄，保证用粉。除雄后彻底清除废膜；此时地膜还较完整，容易清除干净。清除废膜时不要伤害叶片和根系。

二、日光温室栽培技术

（一）日光温室构造及特点

日光温室是适合我国北方地区的南向采光温室，大多是以塑料薄膜作为采光覆盖材料，以太阳辐射热为热源，依靠最大限度采光，加厚的墙体和后坡，以及防寒沟、保温材料、防寒保温设备等，以最大限度减少散热，这是我国特有的一种保护设施。日光温室内不专设加温设备，完全依靠自然光能进行生产，或只在严寒季节进行临时性人工加温，生产成本比较低，适用于冬季最低温度在 -10 ～ -5℃范围的地区或短时间温度在 -20℃左右的地区进行蔬菜周年生产。

全日光温室在北方地区又称钢拱式日光温室、节能温室，主要利用太阳能做热源，近年来在北方发展很快。这种温室跨度为 5 ～ 6m，中柱高 2.4 ～ 2.6m，后墙高 1.6-1.8m，用砖砌成，厚 60 ～ 80cm。钢筋骨架，拱架为单片桁架，上弦为 14 ～ 16mm 的圆钢，下弦为 12 ～ 14mm 的圆钢，中间为 8 ～ 10mm 钢筋做拉花，宽 15 ～ 20cm。拱架上端搭在中柱上，下端固定在前端水泥预埋基础上。拱架间用 3 道单片桁架花梁横向拉接，以使整个骨架成为一个整体。温室后屋面可铺泡沫板和水泥板，抹草泥覆盖防寒。后墙上每隔 4 ～ 5m，设一个通风口，有条件时可加设加温设备。

此种温室为永久性建筑，坚固耐用，采光性好，通风方便，易操作，但造价较高。

（二）番茄日光温室栽培

番茄，别名西红柿、洋柿子、番柿，起源于北美洲的安第斯山地带。番茄除可鲜食和烹饪多种菜肴外，还可制成酱、汁、沙司等强化维生素C的罐头及脯、干等加工品，用途广泛。目前美国、俄罗斯、意大利和中国为主要生产国，在欧美、中国和日本有大面积的温室、塑料棚及其他保护设施栽培。

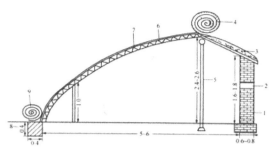

图 2-3 全日光温室

1—后墙 2—通风口 3—后屋面 4—草苫 5—中柱
6—拉花 7—薄膜 8—防寒沟 9—棉被

1. 番茄对生活条件的要求

（1）温度

番茄是喜温性蔬菜，生长发育最适宜的温度为 20 ～ 25℃，低于 15℃，开花和授粉受精不良，降至 10℃时，植株停止生长，5℃以下引起低温危害，致死温度为—1 ～ 2℃。温度上升至 30℃时，同化作用显著降低，升高至 35℃以上时，会产生生理性干扰，导致落花落果或果实不发育。26 ～ 28℃以上的高温能抑制番茄茄红素及其他色素的形成，影响果实正常转色。番茄根系生长最适土温为 20 ～ 22℃。土温降至 9 ～ 10℃时根毛停止生长，降至 5℃时，根系吸收水分和养分能力受阻。

（2）光照

番茄是喜光性作物，在一定范围内，光照越强，光合作用越旺盛，其光饱和点为70klx，在栽培中一般应保持 30 ～ 35klx 以上的光照度，才能维持其正常的生长发育。番茄对光周期要求不严格，多数品种属中日性植物，在 11 ～ 13 小时的日照下，植株生长健壮，开花较早。

（3）水分

番茄根系发达，吸水力强，对水分的要求属于半耐旱蔬菜。既需要较多的水分，又不必经常大量灌溉。土壤湿度范围以维持土壤最大持水量的 60% ～ 80% 为宜。番茄对空气相对湿度的要求以 45% ～ 50% 为宜。空气湿度大，不仅阻碍正常授粉，而且在高温高湿条件下病害严重。

（4）土壤及矿质营养

番茄对土壤条件要求不太严格，但以土层深厚、排水良好、富含有机质的肥沃壤土为宜。番茄对土壤通气性要求较高，土壤中含氧量降至2%时，植株枯死，所以低洼易涝、结构不良的土壤不宜栽培。番茄适于微酸性土壤，pH以6～7为宜。番茄在生育过程中，需从土壤中吸收大量的营养物质。氮肥对茎叶的生长和果实的发育有重要作用。磷酸的吸收量虽不多，但对番茄根系和果实的发育作用显著。钾吸收量最大，钾对糖的合成、运转及提高细胞液浓度，加大细胞的吸水量都有重要作用。番茄吸钙量也很大，缺钙时番茄的叶尖和叶缘萎蔫，生长点坏死，果实发生顶腐病。

2.主要栽培品种

（1）有限生长类型：又称"自封顶"。这类品种植株较矮，结果比较集中，具有较强的结实力及速熟性，生殖器官发育较快，叶片光合强度较高，生长期较短，适于早熟栽培。

红果品种：如北京早红、青岛早红、早魁、早丰（秦菜1号）、兰优早红等。

粉红品种：如北京早粉、早粉2号、早霞、津粉65、西粉3号、东农704等。

黄果品种：如蓝黄1号等。

（2）无限生长类型：生长期较长，植株高大，果形也较大，多为中、晚熟品种，产量较高，品质较好。

红果品种：如卡德大红、天津大红、冀番2号、大红袍、台湾大红、特罗皮克、佛洛雷德（佛罗里达）、托马雷斯等。

粉红品种：如粉红甜肉、佳粉10号、强丰、鲜丰（中蔬4号）、中蔬5号、中杂4号、中杂7号、中杂9号、丽春等。，

黄果品种：如橘黄嘉辰、大黄1号、大黄156、丰收黄、新丰黄、黄珍珠等。

白果品种：如雪球等。

樱桃番茄近几年栽培较多，常用品种有圣女、小玲、樱桃红、美国5号、东方红莺等。

3.栽培季节与茬口安排

我国南、北方地区的自然、气候条件相差悬殊，番茄的栽培季节与茬口大不相同。南方地区炎热多雨，番茄不易越夏，采用春夏和秋冬栽培；北方地区由于无霜期短，而番茄生育期较长，要想提早采收、延长结果期，必须提前在保护设施内育苗，终霜期后再定植于露地。在温室、塑料棚等设施栽培条件下，生长期、结果期均可延长，产量可比露地高几倍。

4.日光温室冬春茬番茄栽培技术

（1）品种选择

以选择丰产、抗病、优质、耐低温弱光、商品性状好、无限生长类型的优良品种最为适宜，目前较理想的番茄品种有中杂9号、金棚1号、东农708等。另外，近几年实行日光温室长季节栽培的品种主要有以色列的189.144等品种。

（2）培育壮苗

哈尔滨地区一般在12月上、中旬进行播种育苗，沈阳地区一般在11月上、中旬进行播种育苗，这一时期正值寒冷的冬季，外界气温低，光照时间短而弱，所以只有

创造良好的温室育苗条件，才能确保培育壮苗。

壮苗标准：日历苗龄 65 ～ 70 天，苗高 20cm，真叶 8 ～ 9 片，叶厚浓绿色，茎粗 0.5cm，第一花序普遍现蕾。哈尔滨地区一般在 1 月下旬至 2 月初在温室内育苗。如果采用大棚加小棚或大棚加微棚的两层覆盖栽培，播种期应适当提前。

育苗一般采用温室内电热温床或育苗箱育苗，这个时期由于温度较低，要重点注意防治猝倒病。

1）温度管理：播种后出苗前，白天最好保持 25 ～ 30°6，夜间 18 ～ 20 笆，以促进出苗，出苗后白天 20 ～ 25 笆，夜间 12 ～ 16℃，以防止下胚轴徒长，促进根系发育第一片真叶出现后再提高温度，白天 25 ～ 28℃，夜间 16 ～ 18℃，促进秧苗良好生长。

2）水分管理：出苗前一般不浇水，土表面的小裂缝可用药土或营养土覆盖，移植时浇一次透水，缓苗后见湿、见干育苗中期要结合浇水喷施 0.1% ～ 0.2% 的磷酸二氢钾等叶面肥 1 ～ 2 次，以保证苗期养分供应，防止脱肥形成黄苗、弱苗。

冬季温室育苗日照时间短、光照弱而且阴雪天多，往往因苗期光照不足造成徒长苗、水苗或黄弱苗，所以，在育苗期晴好天气的上午要早揭苦子，下午晚放苦子，早晚或阴雪天要进行补充光照。

（3）适时定植和合理密植

利用日光温室保温性能好的特点，创造良好的栽培条件，掌握时机提早定植，定植时期根据历年的气象资料和当地的气候条件而定，哈尔滨地区一般在 3 月 20 日左右较为适宜，定植前准备工作同大棚春番茄栽培技术，定植密度一般为单干整枝留 3 ～ 4 穗果，每亩保苗 3500-3800 株，一干半整枝留 4 ～ 5 穗果，每亩保苗 3200-3500 株。

（4）定植后的管理。

1）温、湿度控制：主要通过放风和浇水调节温度、湿度，从定植到第一穗果实膨大，管理的重点是促进缓苗，防冻保苗、定植初期，外界温度低，以保温为主，不需要通风，室内温度维持在 25 ～ 30℃左右，缓苗后白天温度控制在 23 ～ 25℃，夜间 13 ～ 15℃左右，进入 4 月份，中午室内若超过 35℃的高温时，应在温室顶部放风，放风口要小，放风时间不宜过长，开花期空气相对湿度控制在 50% 左右，花期要防火出现 30℃以上的高温，否则花的品质会下降，果型变小，产生落花落蕾现象，在果实膨大期要加强温度管理，以加速果实膨大，使果实提早成熟。第 1 穗膨大开始，上午室内温度保持在 25 ～ 30℃，超过这一温度中午前开始放风，并通过放风量来控制温度，午后 2 时减少放风，夜间室内温度在 13 ～ 15℃，室外温度高于 15℃时，可以昼夜进行放风，盛果期和成熟前期在光照充足的情况下，保持白天室内气温在 25 ～ 26℃，夜间在 15 ～ 17℃，昼夜地温在 23℃左右，空气相对湿度在 45% ～ 55%，室温过高容易影响果实着色。

2）光照调控：冬春季节大棚和温室内的光照很难达到番茄光合作用的光饱和点，因此采取措施增加光照是此时环境管理的重要环节。增加光照的措施：温室后墙张挂反光膜；在温度允许的情况下，早揭和晚盖多层保温覆盖物；经常清除透明覆盖材料上的污染等。

3）中耕：不覆盖地膜栽培番茄，定植后要进行松土中耕，提温保墒，浇水后抓住表土干湿合适的时机进行松土、培垄，促进根系生长。

4）追肥、灌水：定植后每隔2～3天浇一次缓苗水，直到第一穗果坐住时停止浇水，缓苗后搭架前进行第一次追肥，促进秧苗生长，防止开花结果过早，出现坠秧现象，一般每株施硫酸铵或尿素10g左右，施肥部位距根际4～5cm处。当第一穗果有核桃大小时，浇催果水并追施催果肥。当第一穗果已变白、第三穗果已坐住时，可以增加灌水，经常保持土壤湿润，以地表"见湿、见干"为标准，不能忽干忽湿，以防止脐腐病的发生，当第一穗果开始采收，第二穗果也相当大时，结合浇水进行第三次追肥，此外，在盛果期可以采取叶面喷肥，以补充养分供应。

在整个生育期间水分管理十分重要，特别是中期土壤含水量过高，空气湿度大，容易引起病害，所以灌水不但要适时适量，而且应同放风等管理相结合，浇水后要及时松土保墒，连阴雨天禁止浇水，尽量降低室内湿度，可以起到防病效果。为了减少温室内的湿度，可采用滴灌灌水的方法，尽量不用沟灌。

5）搭架和整枝：定植后及时进行搭架，采用吊绳或竹竿"人"字架。早熟自封顶品种，采取单干整枝留3穗果或二干半整枝留4～5穗，其余侧枝尽量早摘除并全部打掉，每隔2～3天就要检查一遍，发现侧枝及时摘除。若植株叶量过小，应保留部分侧枝叶片，以防植株早衰。

6）防止落花落果：温室春番茄生产，开花期温度偏低，有时遇到寒流或雨雪阴天，光照不足，容易落花落果，必须使用植物生长激素处理花朵，以防落花，主要用2,4-D或番茄灵。

7）CO_2气肥施用：温室春番茄生产，常因温度低，通风不良，导致CO_2浓度降低而影响产量，需施用CO_2气肥。施用时间为第一果穗开花至采收期间。每天日出或揭苫后0.5-1h开始，持续2～3小时或放风时停止。施用浓度：晴天为800-1000mg/kg，阴天为500mg/kg左右。

8）疏花疏果和打底叶：使用生长激素处理日光温室番茄，果实可全部坐住，果数多，养分分散，单果重降低，果实大小不齐，影响质量，为了提早成熟、提高产量和商品性，应该尽量早进行疏花疏果，每穗花序一般留3～5个果，其余连花带果全部掐掉。

植株下部的叶片，在果实膨大后已经衰老，本身所制造的养分已经没有剩余，甚至不够消耗，应及时摘除基部老叶、黄叶，增加通风透光，对促进果实发育是有利的，当第一穗果放白时，就应把果穗下的老叶全部去掉。

三、塑料大棚栽培技术

塑料大棚是指不加温的保护地栽培设施。其建造费用低，大多可随意拆装，更换地点。农业生产中常用的塑料大棚主要有以下几种类型：竹木结构大棚、悬梁吊柱竹木拱架大棚、拉筋吊柱大棚、装配式镀锌薄壁钢管大棚。

（一）塑料大棚类型

（1）竹木结构大棚

竹木结构大棚跨度为 12 ～ 14m，顶高 2.6 ～ 2.7m，以直径 3-6cm 的竹竿为拱杆，拱杆间距为 1 ～ 1.1m。立柱为木杆或水泥预制柱。拱杆上覆盖薄膜，两拱杆间用 8 号铁丝做压膜线，两端固定在预埋的地锚上。详见图 2-4。优点是造价低，建造容易。缺点是棚内柱子多，遮光率高，作业不便，抗风雪荷载能力差。

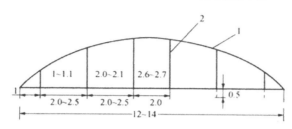

图 2-4　竹木结构大棚

1—拱杆　2—立柱

悬梁吊柱竹木拱架大棚：悬梁吊柱竹木拱架大棚跨度为 10 ～ 13m，顶高 2.2 ～ 2.4m，长度不超过 60m，中柱为木杆或水泥预制柱，纵向每 3m 一根，横向每排 4 ～ 6 根。用木杆或竹竿作纵向拉梁，把立柱拉成一个整体，在拉梁上每个拱杆下设一吊柱，下端固定在拉梁上，上端支撑拱架，拱杆用竹片或细竹竿做成，间距 1m，拱杆固定在各排柱与吊柱上，两端入地，覆盖薄膜后用 8 号铁线作压膜线。详见图 2-5，该大棚虽然减少了部分支柱，但仍有较强的抗风载雪能力。

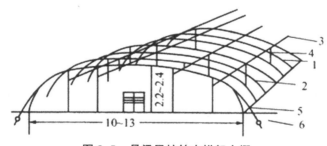

图 2-5　悬梁吊柱竹木拱架大棚

1—立柱　2—拱杆　3—纵向拉杆

4—吊柱　5—压膜线　6—地锚

（3）拉筋吊柱大棚

拉筋吊柱大棚跨度 12m 左右，长 40 ～ 60m，顶高 2.2m，肩高 1.5m，水泥柱间距 2.5 ～ 3m，水泥柱用 6 号钢筋纵向连接成一个整体，在拉筋上穿设 20cm 长吊柱支撑拱杆，拱杆用 3cm 左右的竹竿，间距 1m，上覆盖薄膜及压膜线。详见图 2-6，该大棚支柱较少，减少遮光，作业较方便。

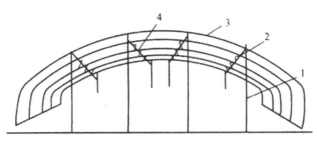

图 2-6　拉筋吊柱大棚

1—水泥柱　2—吊柱　3—拱杆　4—柱筋

（4）装配式镀锌薄壁钢管大棚

该类大棚跨度 6～8m，顶高 2.5～3m，长 30～50m。如图 2-7 所示。用薄型钢管制成拱杆、拉杆、立杆（两端棚头用），经过热镀锌处理后可使用 10 年以上。用卡具、套管连接棚杆，组装成棚架。覆盖薄膜，用卡膜槽固定。此棚属定型产品，组装拆卸方便，棚内空间大，无柱，作业方便，但造价较高。

（5）无柱钢架大棚

该类大棚跨度 10～12m，顶高 2.5-2.7m，每隔 1m 设一道桁梁，为防止拱梁扭曲，拉梁上用钢筋焊接两个斜向小立柱支撑在拱架上。上盖一大块薄膜，两肩下盖 1m 高底脚裙，便于扒缝放风，压膜线与前几种相同。详见图 2-8。此棚无柱，透光好，作业方便，有利于保温，但造价较高。

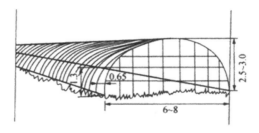

图 2-7　装配式镀锌薄壁钢管大棚（单位：m）

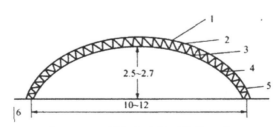

图 2-8　无柱钢架大棚（单位：m）

1—拉花　2—上弦　3—下弦　4—纵向拉梁

5—压膜线　6—地锚

（二）塑料大棚黄瓜春早熟栽培技术

1. 品种选择

选择早熟、主蔓结瓜，根瓜结瓜部位低、瓜码密，适应大温差的环境等特点，并具有抗多种病害的优质品种，如长春密刺、津春 2 号等。

2. 培育壮苗

壮苗标准：有 4 ～ 5 片真叶，株高 15 ～ 20cm，子叶呈匙形、肥厚，子叶下胚轴高 3cm，粗壮，75% 以上出现雌花，叶色正常，根系发达，苗龄为 45 ～ 50 天。

（1）苗床准备

早春栽培的播种育苗期，还处于寒冷季节。因此可以用电热温床或酿热温床育苗。用电热温床时，可按 80 ～ 100W/m^2 的功率布埋电热线。

黄瓜苗床土配制各地都有自己的经验，但最好采用以下配比：30% 腐熟马粪 +20% 陈炉灰 +10% 腐熟大粪便 +40% 葱蒜茬土混合，营养土每立方米加入过磷酸钙 4kg、草木灰 1kg、硝酸铵 1kg。把上述床土装在 8cm×8cm 纸筒或塑料育苗钵内。

（2）播种

塑料大棚黄瓜早熟栽培的育苗播种日期因覆盖保温条件不同而不同，一般于 2 月上、中旬在温室育苗。

①种子处理：黄瓜种子常附有炭疽病、细菌性角斑病、枯萎病等病原菌，播种前进行种子消毒十分必要。一般常用温汤浸种消毒法，先用凉水浸泡，再用 50 ～ 55℃ 热水烫种，时间 5 ～ 10 分钟，然后把种子放入冷水中迅速消除种子内部余热，在 30℃ 左右温水中浸种 10 小时左右，捞出后在 28 ～ 30℃ 温度下，经 12 小时左右种子即可萌动。将已萌动的种子放在 0 ～ 2℃ 低温下连续处理 7 天，种子经低温处理能提高幼苗抗坏血酸和干物质含量，加快叶绿素的合成，从而提高幼苗的抗寒能力，提高黄瓜早熟性和早期产量。

②浸种催芽：经低温处理后，种子放在 28 ～ 30℃ 条件下经 12 ～ 24 小时即可出芽，中间应清洗 2 ～ 3 次，以去掉抑制发芽的物质并促进气体交换。

③播种与籽苗期管理：将已催芽的种子，播种于沙箱中，先浇透底水，播种后覆沙 1cm，盖农膜或不织布保温，沙箱内温度保持 28 ～ 30℃，24 小时后陆续出苗，当 80% 出土后，适当降温防止徒长，白天保持在 20 ～ 25℃，夜间在 16 ～ 17℃ 。

④及时分苗：黄瓜幼苗移栽到育苗营养钵的最佳时期应在子叶充分展平时进行，即在子叶张开后的第四天，播种后的第 8 天左右，是分苗的最佳时期。也可将催芽的种子直播在育苗钵中不必分苗，减少伤根。

⑤成苗期的管理：黄瓜为短日（中性）性植物，在每天 8 ～ 10 小时的短日照条件下，能促进花芽分化，夜间 15 ～ 17℃ 低温条件下，有利于花芽向雌花转化，而在每天 10 小时以上的长日照和夜间处于 20℃ 以上高温条件下花芽向雄花方向转化。第一片真叶展开后就进入成苗期，除了土壤要保持一定的湿度和较高的地温（15 ～ 20℃）外，必须从第一片真叶展开后 10 ～ 30 天内用短日照、并在低温条件下育苗，以促进雌花分化。定植前 7 ～ 10 天，逐渐降低温度，使幼苗逐渐适应大棚内的环境条件，

并适当控制水分，便于起苗时不散坨。

苗期可根据营养状况，用 0.2% 磷酸二氢钾根外追肥，也可进行 CO_2 气体施肥，时间应在早晨太阳出来后 1 小时进行，并使温度迅速上升到 28 ~ 30℃。

3. 整地施肥

大棚黄瓜早春栽培，至少要在定植前 15 ~ 20 天扣棚，使 10cm 深地温尽快提高到 15℃以上，再结合深翻晒垡；增施有机质肥料，在普遍撒施有机肥的同时，结合带状条施部分有机肥和化肥，按亩产黄瓜 10000kg 计算，需施入腐熟有机肥 5 ~ 6t，磷酸二铵 20kg，硫酸钾 20kg，做成 50 ~ 60cm 宽的垡。

4. 适时定植

早春大棚黄瓜安全定植期是棚内最低气温连续 3 ~ 4 天稳定通过 10℃以上，10cm 深土温稳定在 10℃以上，选寒流之后，暖流之前，即"寒尾暖头"，晴天上午定植。一般行距 50 ~ 60cm，株距 24 ~ 28cm，也可采用高畦双行，地膜覆盖，膜下铺设软管滴灌。

5. 定植后管理

（1）定植初期管理

春黄瓜定植后 3 ~ 4 天心叶生长，新根出现，即为缓苗结束。从定植到根瓜采收大约 20 天左右，气温不稳定，经常有大风和寒流侵袭。这段时间的管理重点是防寒保温为主，提高土壤温度，要求定植水一定要浇透，以前提倡浇缓苗水，如定植水浇透就不用缓苗水，早春浇缓苗水使土温下降，定植水浇透后，勤松土保墒并提高地温，促进根系生长。气温管理重点在夜间防寒，此阶段原则上不通风，但气温达 30℃以上，通风降温维持 28℃，采取放侧风，不放底风（扫地风），因为放底风会造成低温冷害（放风部位）。另外不要开门放风（串堂风），靠门附近苗易发生冷害。大棚内如果温度过低（低于 10℃），可采用临时加温（但切忌明火加温，产生二氧化碳，烟排不出），目前多采用暖风炉。

（2）引蔓、搭架管理

黄瓜长到 5、6 片真叶时搭架绑蔓，多采用聚丙烯撕裂吊蔓，不要吊得过紧，防止后期茎生长受影响或折断。打卷须：应摘除根瓜以下的侧蔓，适当选留根瓜以上的侧蔓。上部每个侧枝留 1 个瓜。摘除卷须，防止卷须缠绕黄瓜，消耗营养，降低商品性。

（3）中后期管理

黄瓜以嫩果为食用部位，应及时早摘瓜，防止坠秧影响产量，所以摘瓜要勤，黄瓜进入收获阶段后，一般不能再断水，要根据根瓜、腰瓜和顶瓜不同生长期的不同要求，既要满足黄瓜对水分的需要，也要防止因灌水过多而引起的病害，所以必须遵循"小水勤浇"的原则，切忌大水漫灌。一般每周二次水，每浇二次水追一次速效肥料（以磷、钾肥为主），可用 K2SO4 10kg/ 亩根外追肥，或结合灌水用充分腐熟的饼肥追施，也可用充分腐熟的大粪 250kg/ 亩，连续阴雨天不能追肥、灌水。晴天上午浇水、追肥后通风，应加强气体交换，使棚内保持较充足的二氧化碳。

5 月中下旬，霜冻解除，应加大通风量，通风时间因温度不同而异，要使棚内白天温度控制在 25 ～ 30℃，夜间温度控制在 13 ～ 18℃，加强综合管理，防止棚内高温高湿导致病害发生。

打叉摘心：黄瓜秧苗顶棚后要及时摘心，并加强肥水管理，促进回头瓜迅速膨大，以提高大棚黄瓜产量。结瓜盛期下部老叶、黄叶、病叶应及时摘除，摘下的叶片，不可随手乱扔，应收集到一起，或埋或烧，处理干净。

6. 病害虫防治

大棚黄瓜栽培，病害对产量危害很大，尤其霜霉病、角斑病等，常见虫害蚜虫、白粉虱等。近年来药剂防治虽然收到较好效果，但如果防治不及时，会造成大幅度减产，严重时甚至绝产。防治病害时应按照绿色食品生产标准选用低毒、高效农药，遵守使用要求及安全间隔期要求。

（1）黄瓜霜霉病的防治方法

1）定植后生长前期要适当控制浇水，结瓜后防止大水漫灌，注意及时排出积水。人为创造利于黄瓜生长而不利于霜霉病发生流行的生态环境，有利于降湿控制病害。

2）药剂防治：主要有 47% 加瑞农可湿性粉剂 600 ～ 800 倍液，在发病初期喷一次，以后每隔 7 ～ 10 天喷一次，叶片正、反面都喷湿透为止，不要在幼苗期和高湿时喷药；杜邦克露 750 倍液，每隔 7 天喷一次，发病初期喷 1 ～ 2 次即可防治住。

（2）黄瓜角斑病的防治方法。

1）选用无病种子：制种田生产中，应从幼苗开始到成株都注意病情的发展，选择无病植株和无病瓜采种，对播用的种子可用 50 ～ 52℃ 温水浸种 20 分钟，或用 150 倍的甲醛溶液浸种 1-1.5 小时，清水漂洗后催芽播种。

2）与非瓜类作物实行 2 年以上轮作，加强田间管理，生长期及收获后清除病叶，及时深埋，无病土育苗。

3）药剂防治：可选用农用链霉素 20000 倍液在发病初期进行喷雾防治，注意重点喷施叶片的背面、茎蔓和瓜条，或用可杀得可湿性粉剂 500 倍液进行喷雾防治。

（3）蚜虫的防治方法

选用抗虫品种；利用黄板诱蚜或银色膜避蚜；在点片发生阶段，交替用药喷雾防治。常用药有 10% 吡虫啉乳油 2000-4000 倍液 .2.5% 功夫乳油 3000 倍液、50% 抗蚜威乳油 2000 倍液。

7. 采收

黄瓜开花后 3 ～ 4 天生长缓慢，开花后 5 ～ 6 天急剧生长，每天能增重 1 倍以上。在条件适宜时，开花 7 ～ 10 天就能采收。及时采收的黄瓜不但品质好，而且对下一个瓜的生长有利，总产量也会提高。在采收初期，每 3 ～ 4 天收一次。进入采收盛期，应隔天采收一次或每天采收一次。

第四节 农作物秸秆的循环高值利用技术

一、秸秆沼气高效生产技术

秸秆沼气是指以纯秸秆或粪便与秸秆混合为原料，在一定的条件下，经过厌氧消化而生成可燃性混合气体（沼气）及沼液、沼渣的过程。秸秆沼气又叫"秸秆生物天然气"，根据工程规模（池容）大小和利用方式不同，可将其分为三类：第一，农村户用秸秆沼气，以农户为单元建造一口沼气池，池容大小在 $8 \sim 12m^3$，沼气自产自用；二是秸秆生物气化集中供气，一般属于中小型沼气工程，池容在 $50 \sim 200m^3$，以自然村为单元建设沼气发酵装置和贮气设备等，集中生产沼气，再通过管网把沼气输送到农户家中；三是大中型秸秆生物气化工程，池容一般在 $300m^3$ 以上，主要适用于规模化种植园或农场秸秆的集中处理，所产沼气用于集中供气或发电。

进入 21 世纪后，随着我国规模化畜禽养殖业的快速发展，分散养殖户不断减少，以家畜粪便为原料的农村户用沼气在推广过程中，受到了原料不足甚至缺乏的限制。近年来，通过大量的试验研究和生产实践，我国秸秆沼气新技术已基本成熟，并进入推广应用阶段。秸秆沼气不仅为我国秸秆综合利用开辟了一条重要途径，而且打破了农村沼气建设对畜禽养殖的依赖性，有效地解决了建设沼气无原料和已建沼气池原料紧缺的问题，改变了长期以来"用沼气必须搞养殖"的历史。调查表明：一个 $8m^3$ 的沼气池，一次投入秸秆 400kg，可连续产气 $6 \sim 8$ 个月，基本上可满足 $3 \sim 4$ 口之家的炊事用能，完全可代替粪便生产沼气。

（一）农村户用秸秆沼气技术

1. 秸秆的预处理技术

选用风干半年左右的农作物秸秆，用粉碎机或揉草机将其粉碎至 $2 \sim 6cm$，向秸秆中喷入两倍于秸秆重量的水，边喷边搅拌，再将其浸湿 24 小时左右，使秸秆充分吸水。按每 100kg 干秸秆加 0.5kg 绿秸灵、1.2kg 碳铵（或 0.5kg 的尿素）的比例，向浸湿的秸秆中拌入绿秸灵和氮（N）肥。边翻、边撒，将秸秆、绿秸灵和碳铵（或尿素）三者进行拌和直至均匀，最好分批拌和。如无条件获得绿秸灵，也可以用老沼液代替，用量以浸湿秸秆为宜，沼液量是秸秆重量的 2 倍。将拌匀后的秸秆堆积成宽度为 $1.2 \sim 1.5m$、长度视材料及场地而定的长方堆，高度为 $0.5 \sim 1m$（按季节不同而异，夏季宜矮、春季宜高），并在表层泼洒些水，以保存一定的湿度。用塑料布覆盖，其作用有两点：第一，防止水分蒸发；第二，聚集热量。塑料布在草堆边要留有空隙，堆上部要开几个小孔，以便通气、透风。堆沤时间一般情况下，夏季为 $5 \sim 7$ 天（高温天气 3 天即可），春、秋季为 10 ~ 15 天。当秸秆表面上产生白色菌丝，变成黑褐色，并冒有热烟（温度达 60℃以上）时表明已堆泌好，即可入池。

2. 配料与投料

若采用纯秸秆为发酵原料，则 10m³ 沼气池应需准备 500kg 的干秸秆，再配备 10kg 碳酸氢铵（或 3kg 尿素）和 1m³ 的接种物；若采用秸秆与粪便混合为发酵原料（以 50% 秸秆 +50% 粪便为最佳比例），则 10m³ 沼气池应准备 300kg 干玉米秸秆 +1.68m³ 牛粪；再配备 6kg 碳铵（或 2kg 尿素）和 0.5m³ 的接种物。

将预处理好的纯秸秆原料，分以下三种情况进行投料：①有天窗（入孔）的沼气池，先从天窗口趁热将秸秆一次性投入池内，再将溶于水的碳铵或尿素倒入沼气池中，同时加入接种物，补水后在浮料上用尖木棍扎孔若干；②无天窗（入孔）的沼气池，先用木棒将接种物由进料管投入池内，并加水至进料管出口低位处，再用木棒将秸秆由进料管陆续投入池内，直到全部秸秆进完为止；③也可以采用潜污泵或绞龙式抽渣机先从出料间抽出部分水，再从进料管辅之木棒将少量秸秆冲进池内，如此反复进行，直到全部秸秆进完为止，同时再加入接种物和碳铵或尿素，以调节碳氮比（C/N）比。

3. 运行管理

沼气池进入正常产气后，一般纯秸秆原料可以维持 4 个月的产气周期，而粪草混合原料可以维持 3 个月的产气周期。为维持沼气池的均衡产气，应根据产气量的变化定期向池内进行补料。正常运行期间补入沼气池中的秸秆原料，只需要倒短或粉碎至 6cm 以下，再用水或沼液浸透即可入池。通常状况下，每隔 5 ~ 7 天补料一次，每次补充干秸秆 10kg，也可每月补一次料，每次补充干秸秆 60kg。补料时要先出料后进料，从进料口将秸秆投入池内，必要时再用绞龙泵打循环。常规水压式沼气池无搅拌装置，可通过进料口或水压间用木棍搅拌，也可以从水压间淘出料液，再从进料口倒入池中进行搅拌，每隔 5 ~ 7 天搅拌一次，每次搅拌时间为 30 分钟左右。若发生浮料结壳并严重影响产气时，应打开天窗盖（入孔）进行搅拌，无入孔沼气池可用绞龙式抽渣机打循环实施搅拌。冬季到来之前，应在沼气池表面覆盖秸秆、破棉絮或塑料大棚。春、秋季节可在池外大量堆腐粪便或秸秆以保温。采用覆盖法进行保温或增温，其覆盖面积应大于沼气池的建筑面积，从沼气池壁向外延伸的长度应大于当地冻土层深度。纯秸秆原料沼气池一年必须一次大换料，要革在池温 15C 以上季节进行或结合农业生产用肥进行，低温季节不宜进行大换料。大换料时应做到：①大换料前 5 ~ 10 天应停止进料；②要准备好足够的新料并做好预处理，待出料后立即投入池内重新进行启动；③出料时最好使用秸秆沼气池专用出料夹持器，从水压间或天窗口先将秸秆夹取出来，然后用泵或粪瓢将多余的沼液取出，但需要保留 10% ~ 30% 的稠渣作为接种物。

（二）大中型秸秆沼气工程技术

1. 秸秆的预处理

选用风干半年左右的农作物秸秆（若变黑色或发霉则不能用），用粉碎机或揉草机将其粉碎至 2 ~ 6cm。将两倍于秸秆重量的水喷洒在秸秆上面，边喷边搅拌，将其浸湿一天，使秸秆充分吸水。按每 100kg 干秸秆加 0.5kg 绿秸灵、1. 2kg 碳铵（或 0.5kg 的尿素）的比例，向浸湿的秸秆中拌入绿秸灵和氮（N）肥。边翻、边撒将秸秆、绿秸灵和碳铵（或尿素）三者进行拌和，直至均匀为止（一般需拌和两次以上，最好分批拌和）。如无法获得绿秸灵，也可以用老沼液代替，用量（约是秸秆重量的 2 倍左右）以浸湿秸秆为宜。将拌匀后的秸秆堆积成宽度为 3.5-5.5m、高度为 0.5-1m、长度视材料和场地而定的长方堆，混合成堆后再在堆上泼洒些水，以料堆地面无积水、用手捏紧有少量的水滴下为宜，保证秸秆含水率在 65% ～ 70%。用塑料布覆盖，在草堆边要留有空隙，堆上部要开几个小孔，以便通气、透风。堆沤时间夏季为 5 ～ 7 天，春、秋季为 10 ～ 15 天。当秸秆表面上产生白色菌丝，变成黑褐色，并冒有热烟（温度达 60℃以上）时表明秸秆已预处理好。值得强调的是，预处理好的秸秆应堆积起来或贮存在酸化池中备用，原料贮存量应不低于 48 小时的进料量。

2. 配料与调浆搅拌

若采用纯秸秆为发酵原料、发酵浓度（TS%）按 6% 计算，每 100m³ 厌氧消化器应配备 5000kg 的干秸秆（预处理好的）和 80m³ 沼液或冲洗水，再配备 120kg 碳铵（或 40kg 尿素），将秸秆和氮肥投入调浆池中，加水搅拌均匀即可。若采用秸秆与粪便混合原料，发酵浓度可略高一些，可按以下两种比例配料：① 50% 秸秆 +50% 粪便（质量比）：每 100m³ 厌氧消化器应配备 2500kg 干秸秆（预处理好的）和 16.5m³ 粪便；再配备 60kg 碳铵（或 20kg 尿素）和 66m³ 沼液或冲洗水。将秸秆、粪便和氮肥三者投入调浆池中，加水或沼液搅拌均匀即可。② 30% 秸秆 +70% 粪便（质量比）：每 100m³ 厌氧消化器应配备 1500kg 干秸秆（预处理好的）和 23.5m³ 粪便；再配备 36kg 碳铵（或 12kg 尿素）和 60m³ 沼液或冲洗水。将秸秆、粪便和氮肥三者投入调浆池中，加水或沼液搅拌均匀即可。

3. 工程启动调试

采用适合秸秆原料的进料泵将调浆池中的料液分批泵入厌氧消化器内，边投入原料边加入接种物，菌种量为料液总量的 10% ～ 30%。也可提前将接种物投入厌氧消化器内，然后再分批泵入原料。接种物料不足时应采用逐步培养法进行扩大培养。在保持中温（35 ～ 45℃）发酵的条件下，以纯秸秆为原料的沼气工程一般在投料 5 ～ 7 天后即开始产气；以秸秆与粪便混合原料的沼气工程，一般在投料 3 ～ 5 天后即开始产气。当贮气柜压力表压力达到 4kpa 以上时，可进行放气试火（一般应放 3 ～ 4 次气），直至点燃。当接种物数量不足时，启动较慢且易发生酸化现象，可采取以下两种方法加以调节：①停止进料，待 pH 恢复到 7 左右后，再以较低负荷开始进料；若 pH 降至 5.5 以下时，应加入石灰水、碳酸钠等碱性物质，边搅拌边测定沼液的 pH，直至调节到 7 左右。②排出部分发酵料液，再加入等量的接种物。

（三）秸秆沼气干发酵技术

1. 秸秆沼气干发酵效果

沼气干发酵是指以农作物秸秆、畜禽粪便等固体有机废弃物为原料（干物质浓度在 20% 以上），在无流动水的条件下，进行厌氧发酵生成沼气的工艺。秸秆干发酵技术既适用于农村户用沼气，也适用于农场秸秆大批量集中处理或以村为单元的秸秆沼气集中工程。秸秆沼气干发酵技术的主要优点是节约用水、节省管理沼气池所需的工时，池容产气率也高于湿发酵。在生产清洁燃料的同时，又可获得较多的肥料，为我国秸秆资源高效利用开辟了一条渠道。

邹元良等在生产实际中，将干发酵的产气效果与常规湿发酵进行了试验对比，结果表明：在干、湿发酵原料浓度（TS）分别为 25.0% 和 6.1%，其他条件完全相同的情况下，干、湿发酵单位重量 TS 产气量和甲烷含量无明显差别，但前者的单位池容产气率是后者的 2.33 倍，一个 2m3 的干发酵沼气池总产气量比一个 4m3 的湿发酵沼气池的产气量还要高 45.85%，详见表 2-9。

表 2-9 干、湿发酵原料用量及产期率比较

发酵类型	池容（m³）	发酵原料量（kg）		清水量（kg）	发酵液 TS（%）	总产气量（m³）	池容产气率（m³/天）	单位重量 TS 产气量（L/kg）
		玉米秸秆	马粪					
干发酵	2	214	275	611	25.0	59.60	0.298	216.7
湿发酵	4	152	195	2853	6.1	40.86	0.128	209.5

注：湿发酵沼气池单位池容产气率按其池容的 80% 计算？（即 3.2m³），要留 20%（即 0.8m³）做气箱。

由于沼气干发酵的池容产气率较高，因此，干发酵沼气池的体积可以缩小，与 8 ~ 10m³ 的水压湿式沼气池相比，只要建 3 ~ 5m³ 的干发酵沼气池即可，而且持续产气的时间在 6 个月左右。由于干发酵的原料和发酵后的残渣呈固体状态，进料后不需要用大量的水来压封，所以既节约水资源，又出渣方便，还可省大量劳动力。

2. 国内秸秆干发酵技术研究与应用

我国是秸秆干发酵技术应用最早的国家之一，在 20 世纪 80 年代以前，我国农村户用沼气池普遍采用一次进、出料的"大换料"干法发酵工艺，但由于池型结构不合理、技术不够成熟，造成利用率低、报废率高，后来逐步被人、畜粪便沼气池所代替。

近 10 年来，随着农户分散养殖的萎缩，粪便类发酵原料的缺乏与不足，又成为制约沼气发展的瓶颈。如何再回归到从前，把人、畜粪便沼气由改造为秸秆沼气，已成为我国农村沼气产业发展所面临的重大课题。早在 1985 年，边文骅等就提出了应用水压式沼气池进行干发酵的方法，其所给出的干发酵原料预处理方式，除未提到菌剂外，基本涵盖了现行秸秆干发酵原料预处理的方方面面。1987 年，谢昭园设计出了粪草（稻草）两用沼气池。近年来，经过众多沼气科技人员的大力研究，我国户用秸秆沼气和大中型秸秆沼气工程技术更加先进，工艺更加实用、高效。

二、秸秆在食用菌栽培中的循环利用技术

食用菌是真菌中能够形成大型子实体并能供人们食用的一种真菌，它以鲜美的味

道、柔软的质地、丰富的营养和药用价值而备受人们青睐。食用菌品种很多，有蘑菇、平菇、木耳等，其培养基料通常由碎木屑、棉子壳和秸秆等构成。由于农作物秸秆中含有丰富的碳、氮、钙等矿物质营养及有机物质，加之资源丰富、成本低廉，因此很适合做多种食用菌的培养基质。

（一）秸秆直接栽培食用菌技术

目前，国内能够用作物秸秆（包括稻草、玉米秸秆、麦秸、油菜秸秆和豆秸等）生产的食用菌品种已达 20 多种，不仅可生产出草菇、平菇、香菇和双泡菇等一般品种，还能培育出黑木耳、银耳、猴头、金针菇等名贵品种。一般讲 100kg 稻草可生产平菇 160kg（湿菇）或 60kg 黑木耳；而 100kg 玉米秸秆可生产银耳或金针菇 50 ~ 100kg，可生产平菇或香菇 100 ~ 150kg。与棉子壳相比，玉米秸秆、玉米芯的粗蛋白、粗脂肪含量偏低，不适合平菇生长所需的最佳营养配比，在栽培拌料时需相应多加入一些魏皮、玉米粉、尿素等辅料，以增加平菇所需氮源。现以玉米秸秆为例，介绍平菇培养基料制作技术。

1. 培养基原料的配比

用玉米秸秆、玉米芯栽培平菇的配方主要有以下五种：①玉米芯 70%+ 棉子壳 20%+ 麸皮 5%+ 玉米粉 5%，每 100kg 混合料中再另加磷肥 2kg、尿素 0.4kg；②玉米芯 100kg+ 玉米粉 kg+ 麸皮 5kg+ 尿素 0.4kg；③玉米芯 100kg+ 棉子壳 3kg+ 麸皮 7kg+ 玉米粉 5kg+ 磷肥 0.5kg；④玉米芯 65%+ 花生壳 25%+ 玉米粉 5%+ 磷肥 2%+ 草木灰 3%；⑤玉米秸秆 250kg+ 牛粪 150kg+ 尿素 40kg+ 磷肥 50kg+ 石膏 50kg+ 钙镁磷肥 50kg+ 石灰 30kg。

2. 培养工艺及注意事项

将粉碎的玉米秸秆浸泡 24 小时，捞起沥干，堆成宽 1.8m、高 1.6m、长度不限的堆，并分层均匀加入石灰、尿素、过磷酸钙。玉米秸秆疏松透气，但堆温超过 70℃时，培养料中心部位会发生厌氧发酵，对蘑菇菌丝生长不利。一般经过 4 天左右堆积，料温达到 65 ~ 70℃时即可翻料，在翻料时应注意以下事项：①翻料时要将料抖松，以增加新鲜空气；②要迅速翻料，以防止堆内水分蒸发，若发现料内有白色菌丝密布且氨味消失时，即可消毒接种。

（二）秸秆栽培食用菌循环利用技术

1. 菌糠生产沼气技术

秸秆栽培食用菌后的废渣叫做菌糠或菌渣，菌糠中还含有一定量的有机物质，而且其 C：N 比由原来的（60 ~ 80）：1 降至（30 ~ 40）：1，因此可以用作沼气发酵的原料。据试验测定：不同秸秆类型的菌糠干物质产气率有一定的差别，据刘德江等的试验结果，干物质（TS）产气率的大小排序为：纯小麦秸秆＞棉籽壳菌渣＞稻草菌渣＞小麦秸秆菌渣，详见下表 2-10。

表 2-10 不同秸秆菌渣的产气率

秸秆菌渣类型	纯小麦秸秆	小麦秸秆菌渣	稻草菌渣	棉籽壳菌渣
TS 产期率 / (m³/kg)	0.198	0.055	0.079	0.102

2. 沼渣栽培食用菌技术

以农作物秸秆为主要原料发酵生产沼气后的残渣（沼渣）既可作农田肥料，还可用来栽培食用菌。沼气发酵残留物栽种食用菌，能提高一级菇的产量，增加粗蛋白、可溶性糖、维生素 C 和全磷的含量，改善食用菌的氨基酸组成。

三、秸秆青贮及氨化技术

（一）秸秆青贮技术

秸秆青贮处理法又叫自然发酵法，就是把新鲜的秸秆填入密闭的青贮窖或青贮塔内，经过微生物的发酵作用，达到长期保存其青绿、多汁、营养丰富和适口性较好的目的。适于青贮的秸秆主要有玉米秸、高粱秸或甜高粱和粟类作物的秸秆。该技术较为成熟，经济实用，已在全国广泛推广应用。

1. 秸秆青贮的原理

在适宜的条件下，通过给有益菌（乳酸菌等）提供有利的环境，使嗜氧微生物的活动减弱用至停止，从而达到抑制霉菌活动和杀死多种微生物、保存饲料的目的。由于在青贮过程中微生物发酵产生有用的代谢物，使青贮饲料带有芳香、酸、甜的味道，能大大提高牲畜的适口性从而增加采食量。

秸秆青贮发酵的过程大致可分为 m 个阶段：①预备发酵期（0.5～2 天）：又称好氧发酵期，此期产生乳酸、醋酸等有机酸，从而任饲料变为酸性。②乳酸菌发酵期：又称酸化成熟期，在 2～7 天内，青贮饲料内乳酸菌大量增殖，生成乳酸，同时产生二氧化碳、醋酸等成分；在 8～15 天里，青贮容器内二氧化碳占相当部分，此时以乳酸菌为主，pH 逐步下降到 4.2 以下。③稳定期（15～25 天）：随着乳酸菌的大量积累，乳酸菌本身也受到了抑制，并开始逐渐的死亡。到第 15 天前后，秸秆发酵过程基本停止，青贮料在厌氧和酸性的环境中成熟，并可长时间地保存下来，但此时还不能马上开窖饲喂，还需要 10 天左右的稳定发酵期，使秸秆变得柔软，营养分布得更加均匀。

2. 青贮秸秆应具备的条件

①必须选择有一定糖分的秸秆作为青贮原料，一般可溶性糖分含量应为其鲜重的 1% 或干重的 8% 以上；②青贮原料含水量可保持乳酸菌正常活动，适宜的含水量为 65%～75%；③青贮原料应切碎、切短使用，这不仅便于装填、取用，家畜容易采食，而且对青贮饲料的品质（pH、乳酸含量等）及干物质的消化率有比较重要的影响。

3. 青贮秸秆饲料的优点

第一，营养损失少，青贮时秸秆绿色不褪、叶片不烂，能保存秸秆中 85% 以上的养分，粗蛋白质及胡萝卜素损失量也较少；第二，饲料转化率高，由于秸秆经过乳酸发酵后，柔软多汁，气味酸甜清香且适口性好，所以牲畜喜欢采食并能促进消化液的分泌，对于提高饲料营养成分的消化率有良好作用；第三，便于长期保存，制作方法简单，基本不受气候限制，其营养成分可保存长时间不变，而且不受风、霜、雨、雪及水、火等灾害的影响；第四，祛病减灾，实践证明，饲喂青贮饲料的牲畜，其消化系统疾病和寄生虫明显减少，大部分寄生虫及其虫卵被杀死。

4. 秸秆青贮的方法：

根据青贮设施不同，可分为地上堆贮法、窖内青贮法、水泥池青贮法和土窖青贮法。

（1）地上堆贮法

选用无毒聚乙烯塑料薄膜，制成直径 1m、长 1.66m 的口袋，每袋可装切短的玉米秸秆 250kg 左右。装料前先用少量砂料填实袋底两角，然后分层装压，装满后扎紧袋口堆放。此法的优点是用工少、成本低、方法简单和取食方便，适宜一家一户储存。

（2）窖内青贮法

挖好圆形窖，将制好的塑料袋放入窖内，然后装料，原料装满后封口盖实。这种青贮方法的优点是塑料袋不易破碎、漏气和进水。

（3）水泥池青贮法

在地下或地面砌水泥池，将切碎的青贮原料装入池内封口。这种青贮方法的优点是池内不易进水，经久耐用，成功率高。

（4）土窖青贮法

选择地势高、土质硬、干燥朝阳的地方，而且要排水容易、地下水位低，距畜舍近、取用方便。根据青贮量多少挖一长方形或圆形土窖，在底部和周围铺一层塑料薄膜。装满青贮原料后，上面再盖塑料薄膜封土。不论是长方形窖还是圆形窖，其宽或直径不能大于深度，便于压实。此法的优点是贮量大、成本低、方法简单。

5. 青贮饲料添加剂

目前，生产上常用的青贮饲料添加剂主要有以下 8 种：

（1）氨水和尿素

这是较早用于青贮饲料的一类添加剂，适用于青贮玉米、高粱和其他禾谷类作物。用量一般为 0.3% ～ 0.5%。

（2）甲酸

是很好的有机酸保护剂，可抑制芽孢杆菌及革兰氏阳性菌的活性，减少饲料营养损失。添加 1% ～ 2% 的甲酸所制成的青贮饲料，颜色鲜绿，香味浓。

（3）丙酸

对霉菌有较好的抑制作用，在品质较差的青贮饲料中加入 0.5% ～ 6% 的丙酸，可防止上层青贮饲料的腐败。一般每吨青贮饲料需添加 5kg 甲酸、丙酸的混合物（甲酸：丙酸为 30 ： 70）。

（4）稀硫酸、盐酸

加入两种酸的混合物，能迅速杀灭青贮饲料中的杂菌，降低青贮饲料的pH，并使青贮饲料变软，有利于家畜消化吸收。方法是：用30%盐酸92份和40%硫酸8份配制成原液，在配制时一定要注意安全。使用时将原液用水稀释4倍，每吨青贮饲料中加稀释液50～60kg。

（5）甲醛

甲醛能抑制青贮过程中各种微生物的活动，在青贮饲料中加入甲醛后，发酵过程中基本没有腐败菌，青贮饲料中氨态氮和总乳酸含量明显下降，用其饲喂家畜，消化率就较高。甲醛的一般用量为0.7%，若同时添加甲酸和甲醛（1.5%的甲酸+2%的甲醛），则效果会更好。

（6）食盐

青贮原料水分含量低、质地粗硬、细胞液难以渗出，加入食盐可促进细胞液渗出，有利于乳酸菌发酵，还可以破坏某些毒素，提高饲料适口性，添加量一般为青贮原料的0.3%～0.5%。

（7）糖蜜

在含糖量较少的青贮原料中添加糖蜜，能增加可溶性糖含量，有利于乳酸菌发酵，以减少饲料营养成分的损失，提高适口性。一般添加量为青贮原料的1%～3%。

（8）活干菌

这是近年来有些地方使用的一种新方法。添加活干菌处理秸秆可将秸秆中的木质素、纤维素等酶解，使秸秆柔软，pH下降。糖分及有机酸含量增加，从而提高消化率。用量为每吨青贮原料添加活干菌3g。处理前，先将3g的活干菌倒入2kg水中充分溶解，常温下放置1～2小时复活，然后将其倒入0.8%～1%的食盐水中拌匀。

（二）秸秆氨化技术

1. 秸秆氨化的效果、

秸秆氨化就是在密闭的条件下，用尿素或液氨等氮肥对秸秆进行处理的方法。通常，秸秆氨化后消化率提高15%～30%以上，含氮量增加1.5-2倍，相当于9%～10%的粗蛋白，适口性变好，采食量增加。氨化后的秸秆可作为越冬牛、羊的主要饲料，肉牛每天采食4～6kg的氨化秸秆和3～4kg的精料，可获得1～10kg的日增重。在饲喂高产奶牛时要配合足够的精料，有人做过试验，高产奶牛合理搭配氨化秸秆，日产奶量可提高300g。据中国农业大学等单位试验，氨化处理1t农作物秸秆，可节省精饲料300kg以上，经济效益和社会效益非常明显。

2. 秸秆氨化的方法

（1）小型容器法

小型容器主要有窖、池、缸及塑料袋几种，氨化前可用铡草机将秸秆铡成细节，也可整株、整捆氨化。若用液氨，先将秸秆加水至含水率达30%左右，装入容器。留个注氨口，待注入相当于干秸秆3%的液氨后封闭；若用尿素作氮源，则先将相当于秸秆量 5% ～ 6% 的尿素溶于适当的水，与秸秆混合均匀，使秸秆含水率达 40% 左右，然后装入容器密封。小型容器法适合于个体农户的小规模生产，也是我国最为普及的一种方法，其优点是：一池多用，既可氨化，又可青贮，能够惜年使用。

操作方法：先将秸秆切至 2cm 左右，按每 100kg 秸秆（干物质）用 5kg 的尿素、40 ～ 60kg 水的比例，把尿素溶于水中搅拌，待完全融化后分数次均匀洒在秸秆上，入窖前后喷洒均可。如果在入窖前将秸秆摊开喷洒，则更为均匀。边装窖边踩实，等装满踩实后用塑料薄膜覆盖密封，再用细土等压好即可。

（2）堆垛法

先在地上铺一层厚度不少于 0.2mm 的聚乙烯塑料薄膜，长度依堆垛大小而定，然后在膜上堆成秸秆垛，膜的周边留出 70cm。再在垛上盖塑料薄膜，并将上下膜的边缘包卷起来，埋土密封。其他操作程序视使用的氮源不同而异，与小型容器法一样。堆垛法是我国目前应用最广泛的一种方法，其优点是：方法简单，成本较低。但是所需时间长、所占地盘大，从而限制了在大中型牛场的应用。

（3）氨化炉法

是将加氨的秸秆在密闭容器内加温至 70 ～ 90℃，保温 10 ～ 15 小时，然后停止加热保持密闭状态 7 ～ 12 小时，开炉后让余氨飘散一天，即可饲喂。基本上可做到一天一炉。

氨化炉可采用砖水泥结构，也可以是钢（铁）板结构。砖水泥结构可用红砖砌墙，水泥抹面，一侧安有双扇门，内衬石棉保温材料。墙厚 24cm、顶厚 20cm。如果室内尺寸为 30m×23m×23m，则一次氨化秸秆量为 600kg。

氨化炉的优点：24 小时即可氨化一炉，大大缩短了处理时间，不受季节限制，能均衡生产、均衡供应。但是，氨化成本较高，因而其推广应用受到限制。目前，挪威、澳大利亚等国家采用真空氨化处理秸秆，收到良好的效果。

3. 影响氨化饲料质量的因素
（1）秸秆原料的品质
（2）秸秆的含水率
（3）氨的用量
（4）压力
（5）环境温度和氨化时间

4. 氨化饲料的质量评定方法
（1）感官评定法
（2）化学分析法
（3）生物技术法

第三章 生态农业视角下农业高产技术创新

第一节 生态农业高产优质技术模式创新

一、作物关键期胁迫加营养模式

胁迫是开启植物次生代谢的重要条件，任何一次田间农耕操作活动和种子胁迫处理，以及施入有益微生物与植物共生（其活动可穿透细胞壁）等都是可开启次生代谢途径，而让次生代谢不空转的关键技术，就是在生产中用略带伤害性的胁迫后追加营养，特别是当作物长势弱时更要进行全营养补充，这时起到外在补充、内在激活的作用，田间扰动就是对作物进行人为胁迫，使植物体内积累更多的抗性和品质物质，具有生态稳定性。

（一）种子的胁迫＋营养

作物种子进行抗寒和抗热等胁迫处理后进行营养（含有益微生物菌剂）浸（拌）种，胁迫可提早开启作物的次生代谢，再加上必要的营养供应，作物的抗寒和抗热能力明显提高。

（二）作物苗期的胁迫＋营养

传统农业中的滚石压麦防止小麦冬前生长过旺，是很有效的胁迫措施；作物的苗期减少水分供应，使之经受适度缺水的锻炼，及浅松耕促使根系下扎，根冠比增大；蔬菜育苗期，当小苗长到 3 ～ 5 片真叶时进行适当低温炼苗，提高抗性。近年来发明的玉米割苗机是玉米生长至 5 ～ 6 叶时把玉米苗在从根部起第一个叶片以上全部割掉，这是用机械化手段实现对作物进行早期胁迫的实例。割叶的优势：抗倒伏、抗旱、根系发达、减少虫害、增产 20%～30%。

（三）作物营养生长期和生殖生长期的胁迫＋营养

在作物生长中进行的中耕除草、培土、环割、修剪、整枝、打叉、抹赘芽、落蔓、多次收割、多次采摘等适度胁迫后，添加适当营养，如滴灌肥、叶面肥、冲施肥、根施肥等，使植物次生代谢不空转，同时产生更多的代谢产物，可激活农作物自身抗性，提高作物耐冻、耐热、耐盐碱、耐涝、耐旱、抗病防虫、提高光合效率，这是自然界原本存在的，而不是用新技术创造出来的新物质，它们在生态系统中作用稳定，不会引发新的未知问题，对环境无污染，对人类健康更安全。

二、秸秆还田快速分解及配套技术

（一）大田作物秸秆全量还田快速分解技术实例

玉米、小麦、水稻、油料作物等大田作物秸秆全量还田快速腐熟，在收获时将秸秆粉碎为 3 厘米左右（越短越好），均匀撒施在地表，将复合有益微生物菌稀释后和土壤调理剂洒施在秸秆表面，深翻 30 厘米以上。

通过秸秆全量还田、矿物质元素和复合有益微生物菌群三种物料的使用，在较短的时间可以使秸秆快速软化及腐熟，由此快速提高土壤有机质的含量，从而减少化肥和农药的使用量，效果十分显著。

（二）大田作物残茬与绿肥还田快速分解技术实例

秸秆残茬与绿肥粉碎后，复合有益微生物菌稀释后和土壤调理剂直接施用，深翻30 厘米以上。

大田作物残茬和绿肥还田，不仅可以增加土壤有机质含量，改善土壤团粒结构和理化性状，还使土壤地力得到维持和提高。特别是利用秋闲田和冬闲田进行绿肥与粮食作物的轮作与间作，既培肥地力，又增加产量，还保护环境，避免了长期依靠化肥造成的环境污染，有利于生态农业和环保农业的发展。

（三）设施大棚种植残留物还田快速分解技术实例

番茄、黄瓜、茄子、辣椒、西葫芦、豆角、瓜类等设施种植残留物直接还田，将种植残留物粉碎为 2 厘米左右（越碎越好），均匀撒施在地表，复合有益微生物菌稀释后和土壤调理剂洒施在秸秆表面，深翻 25 厘米左右，不仅提高土壤有机质，还能改善土壤物理性状。

（四）露地蔬菜残留物还田快速分解技术实例

随着蔬菜种植面积的扩大，如何处理越来越多的蔬菜残留物已成为困扰菜农的一道难题。事实上蔬菜残留物养分含量与大田作物相近，可以进行还田处理，但由于其往往携带大量病菌、虫卵，直接还田会引起加剧作物病虫害及缺苗（僵苗）等不良现象。因此在还田之前时要经过粉碎，使用复合微生物菌群技术处理后直接还田，达到既肥沃土壤又避免病虫害传播的目的。

蔬菜收获后的残留物上施用复合有益微生物菌（稀释后）和土壤调理剂，深翻30厘米左右。

（五）果树的有机物料还田快速分解技术实例

果树（苹果、梨、桃、葡萄等）进行有机物还田快速腐熟及土壤改良，果实采摘后施底肥的同时，将果园剪下的枝条和有机物料或杂草粉碎为 3 厘米左右，在果树滴水线下开沟，沟宽 30 ～ 40 厘米，沟深 30 ～ 50 厘米，与复合有益微生物菌、土壤调理剂、有机肥和表层土壤混拌后施入施肥沟内，沟底土进行覆盖表面。

三、低温快速发酵有机肥技术

有机肥料富含有机物质和作物生长所需的营养物质以及有益生物菌群，不仅能提供作物生长所需养分，改良土壤，还可以改善作物品质，提高作物产量，促进作物高产稳产，保持土壤肥力，同时可提高肥料利用率，降低生产成本。

低温快速发酵生产有机肥技术在传统有机肥的基础上添加各种营养元素以及生物菌群而成，工艺简便，设备简单，发酵快速（环境温度为 20℃ 左右时，需 15 ～ 20 天）等特点，具体如下：

场地：可行走翻堆机、能遮风避雨的大棚；

材料：畜禽粪便、粉碎的秸秆等农业废弃物；

添料：矿物质肥料、有益微生物菌等；

温度：发酵堆控温 50 ～ 65℃，翻堆降温；

湿度：最佳持水量 60% 左右。

第二节 各类作物高产优质施肥模式

一、粮食作物施肥模式

为改变当前施肥技术现状，促进我国优质、高效、可持续农业的发展，基于生态农业高产优质的理论基础与技术原理，经过多年的研究，获得"植物氨基酸复合液肥的肥效和应用技术"和"植物氨基酸及多元素系列肥料施肥模式的建立和应用研究"两项科技成果鉴定，研发了拥有自主知识产权的技术与产品。其技术概要："土壤改良与修复，可以解决普遍存在的作物连作障碍、中低产田、重金属超标等问题；作物养分的均衡供应以保证高产优质，提升农产品内在的营养物质和风味物质，可以做到少用化肥而不影响产量"。此模式的集成技术体系为"五位一体 +4R"施肥技术，"五位一体"即充足的碳源是作物高产的基础；合理天然矿物质养分是不可或缺的现代农业生产物资；适量有益微生物菌群可以推动土壤物质流和能量流让土壤尽快成为"类生命体"；精准作物需肥关键时期的营养补充是作物高产优质的保证；适度打开植物次生代谢增强作物免疫力和维持其正常运转是少用农药与提高品质的重要举措。同时结合 4R 施肥技术：根据不同的土壤、不同的作物制定合理配方、合理用量、合适时间、合适方法。这五大要素和 4R 施肥技术是相辅相成的关系，缺一不可。

（一）水稻施肥模式

1. 秸秆还田

上茬秸秆（作物秸秆或其他有机物料）全量还田，秸秆粉碎为 2 ～ 3 厘米，有机肥料根据土壤情况酌情使用，秸秆和有机肥料均匀铺撒，每亩施用仲元复合菌剂（以下简称复合菌剂）3 ～ 5 千克稀释后喷施在秸秆和有机肥料上，深翻 30 厘米。

2. 浸种

使用复合菌（浸种剂）浸泡 48 小时后催芽，露白后播种。

3. 育秧

秧苗生长到两叶一心和三叶一心时，各喷施 1 次液肥，稀释浓度为 1：800 倍。

4. 大田基肥

备料：化肥根据土壤情况酌情使用，每亩施用土壤调理剂（颗粒）20 ～ 40 千克。

使用方法：化肥和土壤调理剂均匀地撒在种植区地表面，进行旋耕平田。

5. 大田追肥

（1）缓苗后：喷施 1 次液肥，稀释浓度为 1：500 倍（下同）

（2）拔节期：喷施 1 次液肥

（3）孕穗期（开花期不能喷施）：喷施 1 次液肥

（4）肥料追肥：追施肥料根据长势酌情使用

（二）玉米施肥模式

1. 秸秆还田

上茬秸秆（作物秸秆或其他有机物料）全量还田，秸秆粉碎为 2 ～ 3 厘米，均匀铺撒，每亩使用复合菌剂 3 ～ 5 千克稀释后喷施在秸秆上，深翻 30 厘米。

2. 拌种

播种前使用拌种剂喷在种子上，要求使种子湿润为宜。用塑料布盖严闷 3 ～ 5 小时，晾干后即可播种。

3. 种肥

备料：每亩施用土壤调理剂 20 ～ 30 千克，化肥根据土壤情况酌情使用。

使用方法：将土壤调理剂和化肥混拌均匀后装入播种机的肥料仓内进行使用。

4. 追肥

（1）苗期喷施 1 次液肥，稀释浓度为 1：500 倍（下同）

（2）拔节初期喷施 2 次液肥间隔时间 7 ～ 10 天

（3）追施肥料根据长势酌情使用

（三）小麦、青稞、谷子施肥模式

1. 秸秆还田

上茬秸秆（作物秸秆或其他有机物料）全量还田，秸秆粉碎为 2 ～ 3 厘米，均匀铺撒，每亩施用复合菌剂 3 ～ 5 千克，稀释后喷施在秸秆上，深翻 30 厘米。

2. 拌种

播种前使用拌种剂喷在种子上，要求使种子湿润为宜。用塑料布盖严闷 3 ～ 5 小时，晾干后即可播种。

3. 种肥

备料：每亩施用土壤调理剂（颗粒）15 ～ 30 千克，化肥根据土壤情况酌情使用；

使用方法：将土壤调理剂和化肥混拌均匀后装入播种机的肥料仓内进行使用。

4. 追肥

（1）苗期，喷施液肥 1 次，稀释浓度为 1：500 倍（下同）

（2）孕穗期，喷施液肥 2 次，间隔时间为 10 ～ 15 天

（3）追施肥料根据长势酌情使用

（四）马铃薯、甘薯施肥模式

1. 秸秆还田

上茬秸秆（作物秸秆或其他有机物料）全量还田，秸秆粉碎为 2 ～ 3 厘米，每亩施用复合菌剂 3 ～ 5 千克稀释后喷施在秸秆上，深翻 30 厘米。

2. 基肥

备料：有机肥料、化肥根据土壤情况酌情使用，每亩施用土壤调理剂（颗粒）30 ～ 80 千克。

使用方法：将有机肥料、化肥和土壤调理剂均匀撒施后旋耕。

3. 拌种

种薯切块后使用复合菌（浸种剂）浸泡 3 ～ 5 分钟后催芽或播种。

4. 追肥

（1）幼苗期，喷施 1 次液肥，稀释浓度为 1：500 倍（下同）

（2）现蕾期，喷施 2 次液肥，间隔时间 15 天左右

（3）追施肥料根据长势酌情使用

二、经济作物施肥模式

（一）棉花施肥模式

1. 秸秆还田

上茬秸秆（作物秸秆或其他有机物料）全量还田，秸秆粉碎为 2 ～ 3 厘米，有机肥料根据土壤情况酌情使用，秸秆和有机肥料均匀铺撒，每亩施用复合菌剂 3 ～ 5 千克稀释后喷施在秸秆和有机肥料上，深翻 30 厘米。

2. 大田基肥

备料：化肥根据土壤情况酌情使用，每亩施用土壤调理剂（颗粒）20 ～ 40 千克。

使用方法：化肥和土壤调理剂均匀地撒在种植区地表面，进行旋耕平田。

3. 拌种

使用拌种剂进行处理，以湿润为宜。

4. 大田追肥

（1）苗期，喷施液肥 1 次，稀释浓度为 1 1 500 倍（下同）

（2）开花期，喷施液肥 1 次

（3）结铃初期，喷施液肥 1 次

（4）追施肥料根据长势酌情使用

（二）烟草施肥模式

1. 秸秆还田

上茬秸秆（作物秸秆或其他有机物料）全量还田，秸秆粉碎为 2 ～ 3 厘米，有机肥料根据土壤情况酌情使用，秸秆和有机肥料均匀铺撒，每亩施用复合菌剂 3 ～ 5 千克稀释后喷施在秸秆和有机肥料上，深翻 30 厘米。

2. 大田基肥

化肥根据土壤情况酌情使用，每亩施用土壤调理剂（颗粒）30 ～ 40 千克。

使用方法：化肥和土壤调理剂均匀地撒在种植区地表面，进行旋耕后平田。

3. 拌种

使用拌种剂进行处理，以湿润为宜。

4. 秧苗灌根

移栽前的秧苗，使用营养调理剂和复合菌剂进行灌根或沾根处理。

5. 追肥

第一，缓苗后，喷施液肥 2 次，稀释浓度为 1：500 倍（下同），间隔时间 10 ～ 15 天

第二，伸根期开始，连续喷施液肥 4 次，间隔时间 15 天左右

第三，追施肥料根据长势酌情使用

（三）茶叶施肥模式

1. 基肥

备料：每亩施用充分发酵的有机肥料 100～200 千克、化肥根据土壤情况酌情使用，粉碎（2～3 厘米）的秸秆 3～5 千克，土壤调理剂 50～100 千克，复合菌剂 3～5 千克。

操作方法：秋茶采摘后沟施，沟宽 25 厘米、沟深 20 厘米，将复合菌剂稀释后均匀喷施在沟底、沟壁以及肥料和土壤中，有机肥料、秸秆、土壤调理剂、化肥和土壤均匀混拌后施入沟内，施肥沟表面覆 10 厘米生土。

2. 追肥

（1）春季萌芽前，喷施 1 次液肥，稀释浓度为 11500 倍（下同）

（2）每采摘一次茶叶，喷施 1～2 次液肥，间隔时间 7～10 天

（3）追施肥料根据长势酌情使用

（四）食用菌施肥模式

1. 适用范围

适用于各种菌菇及灵芝（栽培过程中不宜喷水的菌菇除外）。

2. 基料

备料：每 100 千克基质培养料中添加营养调理剂（固体）3 千克、营养调理剂（液体）80 克。

使用方法：将其他基质培养料与营养调理剂（固体）和营养调理剂（液体）混拌均匀；营养调理剂（液体）稀释浓度根据基质培养料用水量而定，稀释后均匀喷洒在基质培养料中，边喷洒边混拌，混拌均匀，基质培养料要调节到适宜的湿度和酸碱度。

3. 追肥

第一，子实体喷施：当子实体（单生）长出 1 厘米（高度或菇盖直径），当子实体（群生）长出 2 厘米（高度或出菇面积）即可喷施。

第二，稀释比例：稀释浓度按 1：500 倍（注：白灵菇稀释浓度按 1：800 倍）。

第三，喷施次数：第一潮菇喷施一次；第二潮菇喷施二次，即连续两天每天喷施一次；第三潮菇喷施三次，即连续三天每天喷施一次，以此类推。

第四，当基质培养袋第四潮出菇量减少时，可往菌袋内注射稀释后的营养调理剂（液体）；也可将基质培养袋放到稀释后的营养液中浸泡 5 分钟，稀释浓度按 1：500 倍。如是在土壤中栽培的可喷施在土壤表面上，稀释浓度按 1：300 倍。

4. 注意事项

第一，随用随稀释，稀释后立即喷施；

第二，喷施 8 小时内不能喷水；

第三，严格掌握液肥稀释浓度，100 克营养调理剂（液体）喷施 400 米 2 左右，浓度过大会抑制菌菇生长；

第四，如有沉淀，需摇匀后使用。

三、油料作物施肥模式

（一）大豆（含绿豆、红小豆）施肥模式

1. 秸秆还田

上茬秸秆（作物秸秆或其他有机物料）全量还田，秸秆粉碎为 2～3 厘米，有机肥料根据土壤情况酌情使用，将秸秆和有机肥料均匀铺撒，每亩施用复合菌剂 1～3 千克，稀释后喷施在秸秆和有机肥料上，深翻 30 厘米。

2. 拌种

播种前使用拌种剂均匀喷在种子上，要求使种子湿润为宜，用塑料布盖严闷 3～5 小时，晾干后即可播种。

3. 种肥

备料：每亩施用土壤调理剂 10～20 千克，化肥根据土壤情况酌情使用。

使用方法：播种时，将土壤调理剂和化肥混拌均匀后装入播种机的肥料仓内进行使用。

4. 追肥

（1）初花期，喷施 2 次液肥，稀释浓度为 1：500 倍，间隔时间为 10～15 天。

（2）追施肥料根据长势酌情使用。

（二）向日葵施肥模式

1. 秸秆还田

上茬秸秆（作物秸秆或其他有机物料）全量还田，秸秆粉碎为 2～3 厘米，有机肥料根据土壤情况酌情使用，将秸秆和有机肥料均匀铺撒，每亩施用复合菌剂 2～5 千克稀释后喷施在秸秆和有机肥料上，深翻 30 厘米。

2. 拌种

播种前使用拌种剂均匀喷在种子上，要求使种子湿润为宜。用塑料布盖严闷 3～5 小时，晾干后即可播种。

3. 种肥

备料：每亩施用土壤调理剂（颗粒）15～30 千克，化肥根据土壤情况酌情使用。

使用方法：播种时，将土壤调理剂和化肥混拌均匀后装入播种机的肥料仓内进行使用。

4. 追肥

（1）苗期喷施 3 次液肥，稀释浓度为 1：500 倍，间隔时间为 10～15 天

（2）追施肥料根据长势酌情使用

（三）油菜施肥模式

1. 秸秆还田

上茬秸秆（作物秸秆或其他有机物料）全量还田，秸秆粉碎为 2～3 厘米，有机肥料根据土壤情况酌情使用，将秸秆和有机肥料均匀铺撒，每亩施用复合菌剂 2～5 千克稀释后喷施在秸秆和有机肥料上，深翻 30 厘米。

2. 拌种

播种前使用拌种剂均匀喷在种子上，要求使种子湿润为宜。用塑料布盖严闷 3～5 小时，晾干后即可播种。

3. 基肥

备料：每亩施用土壤调理剂（颗粒）15～30 千克，根据土壤情况化肥酌情使用。

使用方法：沟施或撒施。

4. 追肥

（1）苗期

喷施 1～2 次液肥，稀释浓度为 1：500 倍（下同），间隔时间为 15 天

（2）现蕾期

喷施 2 次液肥，间隔时间为 10 天

（3）追施肥料根据长势酌情使用

（四）油茶树施肥模式

1. 基肥

备料：每株施充分发酵的有机肥料 5～15 千克、化肥根据土壤情况酌情使用，粉碎（2～3 厘米）的秸秆 2～5 千克，土壤调理剂 0.5-2 千克，每亩施用复合菌剂 3～5 千克。

操作方法：穴施，穴直径为 25～30 厘米、穴深 20～30 厘米，将复合菌剂稀释后均匀喷施在穴底、穴壁以及肥料和土壤中，有机肥料、秸秆、土壤调理剂、化肥和土壤均匀混拌后施入穴内，表面覆土。

2. 追肥

（1）盛花期

喷施 1 次液肥，稀释浓度为 1：500 倍（下同）。

（2）幼果期

喷施 1 次液肥，间隔 15 天左右。

四、蔬菜施肥模式

（一）大白菜、甘蓝、结球生菜施肥模式

1. 拌种

用拌种剂进行拌种．以湿润为宜。

2. 育苗

秧苗生长到三叶一心时，喷施 1 次液肥，稀释浓度为 1：800 倍（下同）；如直播，三叶一心时喷施 1 次液肥。

3. 基肥

备料：上茬秸秆或残茬（作物秸秆或其他有机物料）粉碎至 2 厘米以内、有机肥料、化肥根据土壤情况酌情使用，每亩施用土壤调理剂 15～25 千克、复合菌剂 1～3 千克。

使用方法：将秸秆、有机肥、土壤调理剂和化肥均匀撒施在地表，用复合菌剂稀释后喷施在秸秆和肥料上，先深翻（设施栽培 25 厘米，露地栽培 30 厘米），后旋耕（15～20 厘米）。

4. 定植

育苗移栽，使用复合菌剂和营养调理剂进浸根或灌根处理，分别稀释后混合。

5. 追肥

（1）缓苗后

喷施 1 次液肥，稀释浓度为 1∶1 500 倍（下同）。

（2）莲座期

喷施 3 次液肥，间隔时间为 10 天左右，并追施 1 次冲施肥。

（3）追施肥料根据长势酌情使用。

（二）花椰菜施肥模式

1. 拌种

用拌种剂进行拌种，以湿润为宜。

2. 育苗

秧苗生长到三叶一心时，喷施 1 次液肥，稀释浓度为 1：800 倍。如直播，三叶一心时喷施 1 次液肥。

3. 基肥

备料：上茬秸秆或残茬（作物秸秆或其他有机物料）粉碎至 2 厘米以内、有机肥料、化肥根据土壤情况酌情使用，每亩施用土壤调理剂 40～80 千克、复合菌剂 1～3 千克。

使用方法：将秸秆、有机肥料、土壤调理剂和化肥均匀撒施在地表，用复合菌剂稀释后喷施在秸秆和肥料上，先深翻（设施栽培 25 厘米，露地栽培 30 厘米），后旋耕（15～20 厘米）。

4. 定植

育苗移栽，使用复合菌剂和营养调理剂进行浸根或灌根处理，分别稀释后混合。

5. 追肥

（1）缓苗后

喷施液肥 2 次，稀释浓度为 1：500 倍（下同），间隔时间 7～10 天。

（2）莲座期

喷施液肥 2 次，间隔时间为 7～10 天。

（3）当花球形成 2 厘米大小时

喷施液肥 2 次，间隔时间为 7 天左右。

（4）追施肥料根据长势酌情使用

（三）芹菜、菠菜、茴蒿、菜薹、菜心、乌塌菜、芫荽、花叶生菜、施肥模式

1. 种肥

使用拌种剂进行拌种后掺入细沙或者细土进行播种。

2. 基肥

备料：上茬秸秆或残茬（作物秸秆或其他有机物料）粉碎至 2 厘米以内，有机肥料、化肥根据土壤情况酌情使用，每亩施用土壤调理剂 15～30 千克，复合菌剂 1～3 千克。

使用方法：将秸秆、有机肥料、土壤调理剂和化肥均匀撒施在地表，用复合菌剂稀释后喷施在秸秆和肥料上，先深翻（设施栽培 25 厘米，露地栽培 30 厘米），后旋耕（15～20 厘米）。

3. 追肥

苗期（3～5 叶）开始，使用液肥连续喷施 2～5 次，稀释浓度为 1!500 倍，间隔时间 7～10 天。

（四）韭菜施肥模式

1. 种肥

用拌种剂进行拌种，以湿润为宜。

2. 基肥

备料：上茬秸秆或残茬（作物秸秆或其他有机物料）粉碎至 2 厘米以内、有机肥料、化肥根据土壤情况酌情使用，每亩施用土壤调理剂 20～30 千克、复合菌剂 1～3 千克。

使用方法：将秸秆、有机肥料、土壤调理剂和化肥均匀撒施在地表，用复合菌剂稀释后喷施在秸秆和肥料上，先深翻（设施栽培 25 厘米，露地栽培 30 厘米），后旋耕（15～20 厘米）。

3. 秧苗灌根

移栽前的秧苗，使用营养调理剂和复合菌剂进行灌根或沾根处理。

4. 追肥

（1）缓苗后

使用液肥连续喷施 2 次，稀释浓度为 1：500 倍（下同），间隔时间 7 天。

（2）每茬韭菜收割后

喷施液肥 2 次，间隔时间 7 ～ 10 天。

（3）追施肥料根据长势酌情使用

5. 追施基肥

每收割 4 茬韭菜后沟底施肥；行间开沟，沟宽 8 ～ 10 厘米，沟深 8 ～ 10 厘米，每亩施用充分发酵的有机肥料 300 千克和土壤调理剂 10 千克，化肥根据土壤情况酌情使用，与沟底土壤进行混拌，然后覆土浇水。

（五）萝卜、胡萝卜、甜菜、芥菜头、苤蓝施肥模式

1. 基肥

备料：上茬秸秆或残茬（作物秸秆或其他有机物料）粉碎至 2 厘米以内、有机肥料、化肥根据土壤情况酌情使用，每亩施用土壤调理剂 50 ～ 100 千克、复合菌剂 1 ～ 3 千克。

使用方法：将秸秆、有机肥料、土壤调理剂和化肥均匀撒施在地表，用复合菌剂稀释后喷施在秸秆和肥料上，先深翻（设施栽培 25 厘米．露地栽培 30 厘米），后旋耕（15 ～ 20 厘米）。

2. 种肥

每亩地种子使用拌种剂进行拌种，用塑料布盖严闷 3 ～ 5 小时后即可播种。

3. 追肥

（1）定苗后

喷施 2 次液肥，稀释浓度为 1：500 倍（下同）。

（2）膨大期初期

喷施 2 ～ 3 次液肥，间隔时间为 7 天左右。

（3）膨大初期开始

追施 1 ～ 2 次冲施肥。

（4）追施肥料根据长势酌情使用。

（六）山药施肥模式

1. 基肥

备料：上茬秸秆或残茬（作物秸秆或其他有机物料）粉碎至 1 厘米左右，有机肥料、化肥根据土壤情况酌情使用，每亩施用土壤调理剂 80 ～ 150 千克，复合菌剂 3 ～ 5 千克。

使用方法：将秸秆均匀撒施在种植沟的地表，复合菌剂稀释后喷施；均匀撒施有机肥料、化肥和土壤调理剂在种植沟的地表面，与 30 ～ 50 厘米深土壤进行混拌。

2. 浸种

使用复合菌（浸种剂）将山药种块浸泡 1～5 分钟后即可播种。

3. 追肥

（1）蔓藤初期

喷施 3 次液肥，稀释浓度为 1：500 倍（下同），间隔时间为 7～10 天。

（2）蔓藤期

追施 1 次冲施肥。

（3）膨大初期开始

喷施 3 次液肥，间隔时间为 7～10 天。

（4）膨大初期开始

追施 1～2 次冲施肥。

（5）追施肥料根据长势酌情使用

（七）生姜施肥模式

1. 浸种

用复合菌（浸种剂）将生姜种块在浸种剂中浸泡 1～5 分钟后催芽。

2. 基肥

备料：上茬秸秆或残茬（作物秸秆或其他有机物料）粉碎至 1 厘米左右，有机肥料、化肥根据土壤情况酌情使用，每亩施用土壤调理剂 50～150 千克，复合菌剂 3～5 千克。

使用方法：将秸秆均匀撒施在种植沟的地表，复合菌剂稀释后喷施；均匀撒施有机肥料和化肥和土壤调理剂在种植沟的地表面，与 30～50 厘米深土壤进行混拌。

3. 追肥

（1）苗期（2 个分枝）

喷施液肥 2 次，稀释浓度为 1：500 倍（下同），间隔 10 天左右。

（2）2～3 个分枝

结合培土施用冲施肥。

（3）旺盛生长期（5～6 个分枝）

喷施液肥 2 次，间隔 15 天左右。

（4）膨大前期（6～8 个分枝）

喷施液肥 3 次，间隔 10 天。

（5）块茎膨大前期（6～8 个分枝）

结合培土施用冲施肥。

（6）追施肥料根据长势酌情使用

（八）地豆、鲜食毛豆、蚕豆施肥模式

1. 基肥

备料：上茬秸秆或残茬（作物秸秆或其他有机物料）粉碎至 2 厘米以内，有机肥料、化肥根据土壤情况酌情使用，每亩施用土壤调理剂 20～30 千克，复合菌剂 1～3 千克。

使用方法：将秸秆、有机肥料、土壤调理剂和化肥均匀撒施在地表，用复合菌剂稀释后喷施在秸秆和肥料上，先深翻（设施栽培 25 厘米，露地栽培 30 厘米），后旋耕（15～20 厘米）。

2. 种肥

播种前，使用拌种剂进行拌种，以湿润为宜，用塑料布盖严闷 3 小时后即可播种。

3. 追肥

（1）苗期（植株长到 20～30 厘米

喷施 1～2 次液肥，稀释浓度为 1∶500 倍（下同），间隔时间为 7～10 天。

（2）花蕾期开始

喷施液肥 2～3 次，间隔时间 7～10 天。

（3）结荚盛期

追施 1 次冲施肥。

（4）追施肥料根据长势酌情使用。

（九）菜豆、豇豆等蔓藤豆类施肥模式

1. 基肥

备料：上茬秸秆或残茬（作物秸秆或其他有机物料）粉碎至 2 厘米以内，有机肥料、化肥根据土壤情况酌情使用，每亩施用土壤调理剂 30～50 千克，复合菌剂 1～3 千克。

使用方法：将秸秆、有机肥料、土壤调理剂和化肥均匀撒施在地表，用复合菌剂稀释后喷施在秸秆和肥料上，先深翻（设施栽培 25 厘米，露地栽培 30 厘米），后旋耕（15～20 厘米）。

2. 种肥

播种前，使用拌种剂喷在种子上，以湿润为宜，用塑料布盖严闷 3 小时后即可播种。

3. 追肥

（1）苗期（植株长到 15～20 厘米

喷施 2 次液肥，稀释浓度为 1∶500 倍（下同），间隔时间为 7～10 天。

（2）结荚期开始

喷施液肥 5～8 次，间隔时间 7～10 天。

（3）结荚盛期

追施 2 次冲施肥。

（4）追施肥料根据长势酌情使用

（十）黄瓜、番茄（大、小）施肥模式

1. 浸种催芽

用复合菌（浸种剂）浸种 4 ～ 6 小时后催芽。

2. 基肥

（1）越冬茬

备料：每亩施用上茬秸秆（作物秸秆或其他有机物料）2 000 ～ 4 000 千克，粉碎至 2 厘米以内。有机肥料、化肥根据土壤情况酌情使用，土壤调理剂 60 ～ 80 千克，复合菌剂 3 ～ 5 千克。

使用方法：将秸秆均匀撒施在地表，复合菌剂稀释后喷施；均匀撒有机肥料、化肥和土壤调理剂在地表面，先深翻（设施栽培 25 厘米·露地栽培 30 厘米），后旋耕（15 ～ 20 厘米）。

（2）早春茬和秋延后茬

备料：每亩施用上茬秸秆（作物秸秆或其他有机物料）1 000 ～ 2 000 千克，粉碎至 2 厘米以内。有机肥料、化肥根据土壤情况酌情使用，土壤调理剂 60 ～ 80 千克，复合菌剂 1 ～ 3 千克。

使用方法：将秸秆均匀撒施在地表，复合菌剂稀释后喷施；均匀撒有机肥料、化肥和土壤调理剂在地表面，先深翻（设施栽培 25 厘米，露地栽培 30 厘米），后旋耕（15 ～ 20 厘米）。

3. 定植

育苗移栽，使用复合菌剂和营养调理剂进行浸根或灌根处理，分别稀释后混合。

4. 追肥

（1）定植后，使用复合菌剂、营养调理剂进行灌根 3 次，分别稀释后混合，间隔时间 5 ～ 7 天。

（2）缓苗后，喷施液肥 2 次，稀释浓度为 1∶500 倍（下同），间隔时间 7 天。

（3）见瓜（果）后，喷施液肥 6 ～ 8 次，间隔时间 7 ～ 10 天，并追施一次冲施肥。

（4）盛瓜（果）期（采收 1 ～ 2 次后），追施 2 次冲施肥，间隔时间 15 ～ 20 天。

（5）追施肥料根据长势酌情使用。

（十一）茄子、西葫芦施肥模式

1. 浸种催芽

用复合菌（浸种剂）浸种 4 ～ 6 小时后催芽。

2. 基肥

备料：每亩施用上茬秸秆（作物秸秆或其他有机物料）2 000 ～ 4 000 千克，粉碎至 2 厘米以内。有机肥料、化肥根据土壤情况酌情使用，土壤调理剂 60 ～ 80 千克，

复合菌剂 3 ~ 5 千克。

使用方法：将秸秆均匀撒施在地表，复合菌剂稀释后喷施；均匀撒有机肥料、化肥和土壤调理剂在地表面，先深翻（设施栽培 25 厘米，露地栽培 30 厘米），后旋耕（15 ~ 20 厘米）。

3. 定植

育苗移栽，使用复合菌剂和营养调理剂进行浸根或灌根处理，分别稀释后混合。

4. 追肥

（1）定植后

使用复合菌剂、营养调理剂进行灌根 3 次，分别稀释后混合，间隔时间 7 天左右。

（2）缓苗后

喷施液肥 2 次，稀释浓度为 1：500 倍（下同），间隔时间 7 ~ 10 天。

（3）见果后

喷施液肥 6 次，间隔时间 7 ~ 10 天。

（4）盛果期

追施 1 ~ 3 次冲施肥，间隔时间 15 ~ 20 天。

（5）追施肥料根据长势酌情使用。

（十二）青椒、尖椒、牛角椒、杭椒等施肥模式

1. 浸种催芽

用复合菌（浸种剂）浸种 4 ~ 6 小时后催芽。

2. 基肥

备料：每亩施用上茬秸秆（作物秸秆或其他有机物料）2 000-4 000 千克，粉碎至 2 厘米以内。有机肥料、化肥根据土壤情况酌情使用，土壤调理剂 30 ~ 80 千克，复合菌剂 3 ~ 5 千克。

使用方法：将秸秆均匀撒施在地表，复合菌剂稀释后喷施；均匀撒有机肥料、化肥和土壤调理剂在地表面，先深翻（设施栽培 25 厘米，露地栽培 30 厘米），后旋耕（15 ~ 20 厘米）。

3. 定植

育苗移栽，使用复合菌剂和营养调理剂进行浸根或灌根处理，分别稀释后混合。

4. 追肥

（1）定植后

使用复合菌剂、营养调理剂进行灌根 3 次，分别稀释后混合，间隔时间 5 ~ 7 天。

（2）缓苗后

喷施液肥 2 次，稀释浓度为 1：500 倍（下同），间隔时间为 10 天。

（3）盛花期

喷施 4 ~ 6 次液肥，间隔时间为 10 ~ 15 天。

（4）见门椒后

使用 1～2 次冲施肥。

（十三）草莓施肥模式

1. 基肥

备料：每亩施用作物秸秆或其他有机物料粉碎至 1 厘米左右 300 千克，有机肥料、化肥根据土壤情况酌情使用，土壤调理剂 80～100 千克，复合菌剂 3～5 千克。

使用方法：将秸秆、有机肥料、土壤调理剂和化肥均匀撒施在地表，用复合菌剂稀释后喷施在秸秆和肥料上，先深翻（设施栽培 25 厘米，露地栽培 30 厘米），后旋耕（15～20 厘米）。

2. 浸根

定植时使用复合菌（浸根剂）将定植苗根系浸泡 10 分钟后定植。

3. 追肥

（1）定植后

使用复合菌剂和营养调理剂进行灌根 3 次，间隔时间 5～7 天。

（2）缓苗后

使用液肥连续喷施 10 次，稀释浓度为 1∶500 倍（下同），间隔时间为 10～15 天。

（3）见果

追施 4 次滴灌肥。

（4）追施肥料根据长势酌情使用。

（十四）西甜瓜施肥模式

1. 基肥

备料：每亩施用上茬作物秸秆或其他有机物料粉碎至 1 厘米左右 300～500 千克，有机肥料 2 吨、化肥根据土壤情况酌情使用，土壤调理剂 60～100 千克，复合菌剂 3～5 千克。

使用方法：将秸秆、有机肥料、土壤调理剂和化肥均匀撒施在地表，复合菌剂稀释后喷施在秸秆和肥料上，旋耕后起垄。

2. 灌根

定植前，秧苗使用营养调理剂和复合菌剂，稀释后灌根。

3. 追肥

（1）定植后

使用营养调理剂和复合菌剂进行灌根 2 次，间隔时间为 7 天左右。

（2）蔓藤期

喷施 2 次液肥，稀释浓度为 1∶500 倍（下同），间隔时间为 10～15 天。

（3）花蕾期

喷施 1 次液肥。

（4）幼果期

喷施 2 次液肥，间隔时间为 10 ～ 15 天。

（5）瓜膨大前期

使用 1 次滴灌肥。

（6）追施肥料根据长势酌情使用。

五、果树施肥模式

（一）苹果、梨、桃树施肥模式

1. 基肥

备料：每株施用充分发酵的有机肥料 40 千克、化肥根据土壤情况酌情使用，粉碎（2 ～ 3 厘米）的秸秆 10 千克，土壤调理剂 1 ～ 5 千克，每亩施用复合菌剂 3 ～ 5 千克。

操作方法：深秋开沟施用，沟宽 40 厘米、沟深 40 厘米，将复合菌剂稀释后均匀喷施在沟底、沟壁以及肥料和土壤中，有机肥料、秸秆、土壤调理剂、化肥和土壤均匀混拌后施入沟内，施肥沟表面覆 10 厘米生土。

2. 追肥

（1）萌芽前（使用石硫合剂前）

喷施 1 次液肥，稀释浓度为 1：500 倍（下同）。

（2）花后幼果期

喷施 2 次液肥，间隔 7 ～ 10 天。

（3）果实膨大初期

中早熟品种喷施 3 次液肥，晚熟品种喷施 5 次液肥，间隔为 10 天左右。

（4）采摘后

根据中、早、晚熟品种采摘时间，喷施 2 ～ 4 次液肥，间隔 15 天。

（二）葡萄、猕猴桃施肥模式

1. 基肥

备料：每亩施用施充分发酵的有机肥料 1.5 ～ 2 吨、化肥根据土壤情况酌情使用，粉碎的秸秆 300 ～ 500 千克，土壤调理剂 80 ～ 150 千克，复合菌剂 3 ～ 5 千克。

操作方法：深秋开沟施用，沟宽 40 厘米、沟深 30 厘米，将复合菌剂稀释后均匀喷施在沟底、沟壁以及肥料和土壤中，有机肥料、秸秆、土壤调理剂、化肥和土壤均匀混拌后施入沟内，施肥沟表面覆 10 厘米生土。

2. 追肥

第一，葡萄出土后使用石硫合剂前，喷施 1 次液肥，稀释浓度为 1：300 倍，每次使用 100 克／亩。

第二，展叶期，喷施 2 次液肥，稀释浓度为 1：500 倍，间隔时间为 10 天左右，每次使用 200 克／亩（下同）。

第三，幼果期，喷施 2 次液肥，间隔时间为 5 ～ 7 天。

第四膨大期，喷施 3 次液肥，间隔时间为 7 ～ 10 天。

第五，采收后，根据中、早、晚熟品种采摘时间，喷施 1 ～ 4 次液肥，间隔 15 天。

（三）樱桃施肥模式

1. 基肥

备料：每株施用充分发酵的有机肥料 40 千克、化肥根据土壤情况酌情使用，粉碎（2 ～ 3 厘米）的秸秆 10 千克，土壤调理剂 2 ～ 5 千克，每亩施用复合菌剂 3 ～ 5 千克。

操作方法：深秋开沟施用，沟宽 40 厘米、沟深 30 ～ 40 厘米，将复合菌剂稀释后均匀喷施在沟底、沟壁以及肥料和土壤中，有机肥料、秸秆、土壤调理剂、化肥和土壤均匀混拌后施入沟内，施肥沟表面覆 10 厘米生土。

2. 追肥

（1）花蕾前（使用石硫合剂前）

喷施 1 次液肥，稀释浓度为 1：500 倍（下同）。

（2）花后幼果期

喷施 2 次液肥，间隔 5 ～ 7 天。

（3）果实膨大初期开始

喷施 3 次液肥，间隔为 5 ～ 7 天。

（4）采摘后

喷施 6 次液肥，间隔 15 天左右。

（四）柚子、橘子、橙子施肥模式

1. 基肥

备料：每株施用充分发酵的有机肥料 40 千克、化肥根据土壤情况酌情使用，粉碎（2 ～ 3 厘米）的秸秆 10 千克，土壤调理剂 1 ～ 5 千克，每亩施用复合菌剂 3 ～ 5 千克。

操作方法：深秋开沟施用，沟宽 40 厘米、沟深 40 厘米，将复合菌剂稀释后均匀喷施在沟底、沟壁以及肥料和土壤中，有机肥料、秸秆、土壤调理剂、化肥和土壤均匀混拌后施入沟内，施肥沟表面覆 10 厘米生土。

2. 追肥

（1）花蕾前

喷施 1 次液肥，稀释浓度为 1：500 倍（下同）。

（2）幼果期

喷施 2 ～ 3 次液肥，间隔时间为 7 ～ 10 天。

（3）果实膨大期

喷施 3 ～ 5 次液肥，间隔时间为 10 ～ 15 天。

（五）火龙果施肥模式

1. 基肥

备料：每亩施用充分发酵的有机肥料 1.5 吨、化肥根据土壤情况酌情使用，粉碎（2 厘米左右）的秸秆或有机物料 500 千克，一型土壤调理剂 100 ～ 200 千克，二型土壤调理剂 100 ～ 200 千克，复合菌剂 3 ～ 5 千克。

操作方法：每年 12 月开沟施用，距主干 20 厘米外延开沟，沟宽 25 ～ 30 厘米、沟深 20 厘米，将复合菌剂稀释后均匀喷施在沟底、沟壁以及肥料和土壤中，有机肥料、秸秆、土壤调理剂和沟底的土壤进行混拌。

2. 追肥

（1）现蕾期

喷施液肥 2 次，稀释浓度为 1 ∶ 500 倍（下同），间隔时间为 7 ～ 10 天。

（2）开花后

喷施液肥 3 次，间隔 5 ～ 7 天一次。

（3）每次现蕾后

按以上 1 和 2 循环喷施。

（4）每次浇水，使用滴灌肥和液肥

3. 基肥（5 ～ 6 月份）

备料：每亩施用充分发酵的有机肥料 1.5 吨、化肥根据土壤情况酌情使用，粉碎（2 厘米左右）的秸秆或有机物料 500 千克，一型土壤调理剂 100 ～ 200 千克，二型土壤调理剂 100 ～ 200 千克，复合菌剂 3 ～ 5 千克。

操作方法：开沟施用，距主干 20 厘米外延开沟，沟宽 25 ～ 30 厘米、沟深 20 厘米，将复合菌剂稀释后均匀喷施在沟底、沟壁以及肥料和土壤中，有机肥料、秸秆、土壤调理剂和沟底的土壤进行混拌。

滴灌带的铺设距主干 30 厘米。

（六）芒果施肥模式

1. 基肥

备料：每株施用充分发酵的有机肥料 40 千克、化肥根据土壤情况酌情使用，粉碎（2 ～ 3 厘米）的秸秆 10 千克，土壤调理剂 1 ～ 5 千克，每亩施用复合菌剂 3 ～ 5 千克。

操作方法：深秋开沟施用，沟宽 30 ～ 40 厘米、沟深 40 厘米，将复合菌剂稀释后均匀喷施在沟底、沟壁以及肥料和土壤中，有机肥料、秸秆、土壤调理剂和土壤均匀混拌后施入沟内，施肥沟表面覆 10 厘米生土。

2. 追肥

（1）花蕾前 10 天

喷施 2 次液肥，稀释浓度为 1 ：500 倍（下同），间隔时间为 7 ～ 10 天。

（2）幼果期

喷施 2 次液肥，间隔时间为 10 ～ 15 天。

（3）果实膨大初期

开始喷施 3 次液肥，间隔时间为 7 ～ 10 天。

（4）采收后

喷施 2 次液肥，间隔时间为 15 天。

（七）桂圆、荔枝施肥模式

1. 基肥

备料：每株施用充分发酵的有机肥料 40 千克、化肥根据土壤情况、酌情使用，粉碎（2 ～ 3 厘米）的秸秆 10 千克，土壤调理剂 1 ～ 5 千克，每亩施用复合菌剂 3 ～ 5 千克。

操作方法：采摘前后沟施或穴施，沟宽 40 厘米、沟（穴）深 40 厘米，将复合菌剂稀释后均匀喷施在沟（穴）底、沟（穴）壁以及肥料和土壤中，有机肥料、秸秆、土壤调理剂和土壤均匀混拌后施入沟（穴）内，施肥沟（穴）表面覆 10 厘米生土。

2. 追肥

（1）花蕾前 20 天

喷施 2 次液肥，稀释浓度为 1 ：500 倍（下同），间隔时间为 7 ～ 10 天。

（2）落花后幼果期

喷施 2 次液肥，间隔时间为 5 ～ 7 天。

（3）果实膨大初期

开始喷施 3 次液肥，间隔时间为 7 ～ 10 天。

（4）采收后

喷施 2 次液肥，间隔时间为 15 天。

（八）香蕉施肥模式

1. 基肥

备料：每株施用充分发酵的有机肥料 20 千克、化肥根据土壤情况酌情使用，粉碎（2 ～ 3 厘米）的秸秆 5 千克，土壤调理剂 1 ～ 5 千克，每亩施用复合菌剂 3 ～ 5 千克。

操作方法：定苗后沟施，沟宽 40 厘米、沟深 30 厘米，将复合菌剂稀释后均匀喷施在沟底、沟壁以及肥料和土壤中，有机肥料、秸秆、土壤调理剂和土壤均匀混拌后施入沟内，施肥沟表面覆 10 厘米生土。

2. 追肥

（1）现蕾期

喷施 2 次液肥，稀释浓度为 1：500 倍（下同），间隔时间为 7 ～ 10 天。

（2）幼果期

喷施 4 次液肥，间隔时间为 7 ～ 10 天。

（3）定苗后

以上喷施时连同基部小苗一同喷施。

（九）菠萝施肥模式

1. 种肥

每亩地种子使用复合菌（浸种剂）进行浸种 10 分钟，后晾干。

2. 假植

备料：每亩施用充分发酵的有机肥料 1 ～ 2 吨，化肥根据土壤情况酌情使用，土壤调理剂 50 千克，复合菌剂 3 ～ 5 千克。

使用方法：将复合菌剂稀释后喷施；均匀撒施有机肥料和化肥和土壤调理剂在地表面，旋耕后整地。

3. 基肥

备料：每亩施用充分发酵的有机肥料 2 ～ 3 吨，化肥根据土壤情况酌情使用，土壤调理剂 50 ～ 100 千克，复合菌剂 3 ～ 5 千克。

使用方法：开沟施用，将复合菌剂稀释后喷施在施肥沟内。均匀撒施有机肥料和化肥和土壤调理剂在施肥沟内，与沟内土壤混拌即可。

4. 定植

定植前，使用复合菌剂和营养调理剂进行浸根处理，分别稀释后混合。

5. 追肥

第一，缓苗后，喷施 3 ～ 5 次液肥，稀释浓度为 1：500 倍（下同），间隔时间为 10 ～ 15 天。

第二，花蕾抽生前，追施 3 ～ 5 次冲施肥或其他肥料。

第三，花蕾期，喷施 2 次液肥，间隔时间为 7 ～ 10 天。

第四，幼果期，喷施 2 ～ 3 次液肥，间隔时间为 10 天左右。

第五，果实膨大期后，喷施 2 ～ 3 次液肥，间隔时间为 10 ～ 15 天。

第六，追施肥料根据长势酌情使用。

第四章 生态农业视角下农作物次生代谢的作用

第一节 作物次生代谢运转的充分条件

生态农业高产优质栽培技术，就是传承我国数千年的农耕文化和天人合一的理念，在作物栽培中充分利用植物的次生代谢（应激反应）能力，进行适度人造胁迫诱导的同时提供全面营养，让作物提早开启次生代谢并正常运转，这样既可以积累抗性物质，使作物能抵抗病、虫、草害和灾害性天气，又可以生产出品质好和风味醇厚的农产品。

必需营养元素和有益元素是作物生长特别是次生代谢运转的充分条件，生态农业的技术关键就是要开启和运转作物的次生代谢。如何实现这一目标呢？下面进行分述。

一、碳的作用

（一）作物从空气中获得的碳只能满足1/5的需要

事实上碳在作物体内约占45%，光合作用所需的最佳植物冠层（植物群落顶层空间的组成）空气的 CO_2 浓度为0.1%，而一般白天植物冠层的二氧化碳（CO_2）浓度为0.03%，远远达不到作物需要量，作物靠天补碳方式仅能满足作物大约五分之一的需要量。大气中的 CO_2 是植物光合作用的原料，植物叶绿体通过光合作用吸收太阳能，实现对 CO_2 的固定和对水（H_2O）的光解；植物是地球上能将太阳能变为化学能的最主要生物，二氧化碳的固定过程本质上是由多个酶接力进行的一系列酶促反应，植物体经过光合作用固定的碳在酶的参与下形成碳骨架，进一步合成生命体的糖类、蛋白质、氨基酸、酶、激素、信号传递等物质。因此提高光合效率就是在光合作用的暗反应中捕获更多的 CO_2。在生态栽培体系中，我们用中药制剂的植物诱导剂处理种子和作物苗期的灌根，可以有效地提高植物的光合效率。

（二）秸秆（快速降解）还田是给土壤和作物补碳的最佳途径

从自然界已存在的有机废弃物、再经过微生物降解成为小分子态的有机碳。这种有机碳可被植物直接吸收到体内，这一过程也同样需要酶的参与。秸秆快速还田最终转化成有机碳，如葡萄糖、寡糖、氨基酸、维生素、生长素及其衍生物。有机碳能够被作物直接利用无需再消耗光能。

我国每年产生农作物秸秆9亿吨，涉及20种主要作物，其中稻谷、小麦和玉米的秸秆占总量70%以上。作物秸秆与叶片是支撑作物生长、制造养分和运输养分的介质，成熟后秸秆中尚保留大致一半的养分，包括有机化合物、维生素、矿物质和次生代谢产物，是很珍贵的可再利用的农业资源（表4-1）。

表4-1　不同作物的草谷比和秸秆养分含量（风干）

作物	草／谷比	秸秆养分含量（%）		
		N	P_2O_3	K_2O
水稻	0.9	0.869	0.305	1.340
小麦	1.1	0.617	0.163	1.225
玉米	1.2	0.869	0.305	1.340
高粱	1.6	1.201	0.348	1.647
谷子	1.6	0.766	0.215	1.962
大麦	1.6	0.509	0.174	1.527
其他谷物	1.6	1.051	0.309	1.785
大豆	1.6	1.633	0.389	1.272
薯类	0.5	0.310	0.073	0.555
花生	0.8	1.658	0.341	1.193
油菜	1.5	0.816	0.321	2.237
向日葵	3.0	0.734	0.236	1.926
棉花	9.2	0.941	0.334	1.096
麻类	0.78	1.248	0.131	0.581
甘蔗	0.3	1.001	0.293	1.211
甜菜	0.18	1.001	0.293	1.211
烟草	1.6	1.295	0.346	1.995
蔬菜	0.1	2.372	0.642	2.093
瓜类	0.1	2.346	0.476	2.156

目前仍有近1/3的秸秆直接在地里燃烧。秸秆焚烧直接受损的是农民，因为燃烧过程烤焦了3～5厘米土壤、使土壤有机质大量损失、土壤中有益的生物也不复存在，更损害了土壤的墒情，燃烧后的灰分只有极少磷钾元素还可被再利用。

土壤中最适合微生物生存的碳氮比是（25～30）：1。以玉米为例，其秸秆中含碳46.1%～46.7%，含氮0.69%～0.89%，其碳氮比等于58：1。以一亩地大约产生1 500千克玉米秸秆（干）计算，秸秆中含碳大约696千克、含氮11.85千克，还需要另外加入相当于约35千克的尿素才能完成1 500千克秸秆的分解任务。有益微生物可提供具有活性氮，即铵态氮和降解有机物产生的小分子有机氮，可替代尿素化肥。而使用有固氮能力的微生物菌剂可替代化学氮肥，可以使土壤的碳氮比趋于合理。粉碎后的秸秆，同时补充矿物质和有益微生物菌剂。上述物料经充分混拌后深翻到 25～30 厘米土层，让粉碎的秸秆与土壤充分接触，这样就可以使秸秆在微生物作用下迅速降解，过去秸秆直接还田的量仅为每亩 200 千克（干）左右，而现在的技术，在秸秆分解过程中增加矿物质和微生物菌剂，秸秆分解量提高到每亩 1 000～1 500 千克。

（三）叶面喷施有机碳是直接给作物供碳的有效途径

作物光合作用所需的二氧化碳可以从土壤和空气中获得，作物需要更多的碳可从土壤吸收碳酸盐和有机碳。叶面补充有机碳也是另一个重要途径，在作物生长中也可直接喷洒腐殖酸、氨基酸等有机碳类液体肥料，它们 4 小时内被作物吸收利用，及时满足作物对碳的需要。这种多途径补充碳是作物获得高产的基础。腐殖酸、氨基酸中含有植物需要的有机碳直接供给植物，还含有多种小分子有机物，可以起到保护膜系统，免受自由基攻击的作用。在作物生长的全过程，有必要定期在叶面补充植物源的氨基酸液肥。

二、矿物质的作用

（一）作物对矿物质的需要

作物所必需元素中除碳、氢、氧、氮（占所有必需营养元素总量的 97.5%）外都是矿物质元素。作物对矿物质营养素的需要量相差悬殊，但元素之间有着不可替代性，都遵循着一个少量有效、适量最佳、过量有害原则（表 4-2）。

表 4-2　植物必需营养元素的可利用形态和占干物质的大致含量

元素	符号	利用形态	占干物重（%）
碳	C	有机碳、CO_2	45
氧	O	O_2、水	45
氢	H	H_2O	6
氮	N	有机氮 NO_3^-　NH_4^+	1.5
钾	K	K^+	1
钙	Ca	Ca^{2+}	0.5
镁	Mg	Mg^{2+}	0.2
磷	P	$H_2PO_4^-$　HPO_4^{2-}	0.2
硫	S	SO_4^{2-}	0.1
以下微量元素的剂量单位占干物重（毫克／千克）			
氯	Cl	Cl^-	100
铁	Fe	Fe^{2+}　Fe^{3+}	100
锰	Mn	Mn^{2+}	50
硼	B	$H_2BO_3^-$　$B_4O_7^{2-}$	20
锌	Zn	$Zn2+$	20
铜	Cu	Cu^{2+}　Cu^-	6
钼	Mo	MoO_4^{2-}	0.1
镍	Ni	Ni^-	0.005

（二）均衡的营养是植物能抵抗病虫害的前提

从栽培和生理角度看，植物如果已经受到病原生物的侵染，对此我们用营养也比用药更有效。一般来讲病虫害以糖类和氨基酸为食物。当植物体内营养不均衡时，会导致光合作用的产物不能及时转化为纤维素、木质素或蛋白质等害虫不爱吃的形态，碳水化合物含糖高的物质就是害虫的美味佳肴。害虫在啃食作物的同时还传播各种病害。当一些养分低于某一水平时，植物叶片、茎干或者根系容易泄露或散发出多种化合物，其中含有较多的糖和氨基酸，害虫、细菌和真菌等被吸引，从而入侵植物，在植物体中生存、繁殖引起植物的病害。而当养分过多，特别是氮素过多时，植物组织中也含有更多的氨基酸和其他含氮化合物，形成有利于病菌存活和繁殖的环境，让植物遭受病害。在氮营养过盛和干旱天气下，青椒易发生螨虫危害聚集于新梢顶部，中位叶现零星白斑．随后叶脉间的叶片黄化、萎蔫脱落。

（三）某些矿物质元素是植物次生代谢关键酶的组成

微量矿物质元素参与植物的酶催化活动，酶作为活性蛋白的一种存在于所有生命体中，缺少它植物代谢就会停怠乃至凋亡。酶为生命体提供能量，制造新细胞，修复老化细胞。植物的很多生理过程需要酶的参与，这些酶带有金属离子，比如说过氧化氢酶和过氧化物酶中都需要铁（Fe^{2+}）离子，固氮酶所需要的金属离子,有二价铁（Fe^{2+}）、三价铁（Fe^{3+}）、硫（S^{2-}）、钒（V^{2+}）、钼（Mo^{3+}）离子等；己糖激酶和蛋白激酶都含有镁（Mg^{2+}）和猛（Mm^{2+}）；超氧化物歧化酶（SOD）是植物体中重要的活性蛋白懈．其辅基含有金属离子铜（Cu^{2+}），铁（Fe^{2+}）、锰（Mn^{2+}）、锌（Zn^{2+}），在植物体内生成 Fe-SOD，Mn-SOD，CuZn-SOD。如果土壤和植物中缺乏铜、铁、锭、锌离子，植物体就不可能生成超氧化物歧化酶。植物中的 SOD 对人类健康意义重大。如今全球 118 位科学家发表联合声明，生物体受到环境干扰所产生的自由基是致病中介因子、百病之源，植物源的 SOD 能消除自由基；SOD 在人体内的活性越高，人的免疫力越强，寿命就越长。

（四）土壤中矿物质不足导致农产品只收获形态物质

过去几十年我国土壤中投入过量高浓度的氮、磷、钾化肥，高浓度的速效肥料施入到土壤中，其与土壤颗粒的结合是瞬间完成的，多余的养分溶解在土壤水溶液中，被作物根系奢嗜吸收，收获的农作物也协同带走了所需的其他营养，致使土壤中碳和矿物质（除磷钾元素外）的耗竭，农产品中只收获了形态物质．而其本身应该具有的对人类健康有益的矿物质、维生素：风味物质和抗氧化物质却在减少和消失。以磷过量为例，会发生"代谢控制与控制代谢"的负反馈反应，最终在植物储藏器官中就会有植素（植素是磷脂类化合物）、淀粉还有磷酸葡萄糖和磷酸的混合物，造成果实不耐贮存，且易感病。微量元素不足，致使植物的次生代谢不能运转,产生不了抗性物质。

（五）营养失衡影响果实着色

栽培中若没注意促进植物次生代谢运转，最终影响到果实的着色，次生代谢产物不足其类胡萝卜素、黄酮类，如花青素、花色苷的产生不足，会使其果实缺乏色泽。氮肥抑制花色苷的积累，尤其是果实生长后期施氮肥会引起旺长，营养分配不当，影响着色。磷有利于果实着色，促进果实成熟，调节激素产生和激素平衡，为生长提供能量，磷能直接促进花色苷的积累，花色苷积累与细胞分裂和磷有关。试验表明果实中缺磷，细胞分裂和花青素的积累均不发生。钾有助葡萄着色，施钾促进着色调节代谢，促进糖的合成运输和果实着色。钾本身可能不增加花色苷合成。

（六）生态农业需要怎样的矿物质高效材料

矿物质高效材料。环境矿物材料是指由矿物及其加工产物组成的与生态环境有良好协调关系，并有防治污染和修复环境功能的一类矿物材料。天然矿物通过高温焙烧，温度控制在350℃～580℃之间，能够清除空穴和孔道的有机物等。近几十年国内外的研究表明，对原生矿物质进行改性并进行复配的土壤调理剂，应该有很好的应用前景。人们发现对自然矿物进行爆烧加工可以保持其矿物质的原本属性，还能使元素活化为枸溶性（只在弱酸柠檬酸中能被溶解）的，使其在土壤中缓慢释放并长期有效；同时矿物质的孔道空间加大，形成新的物相（物相是物质中具有特定的物理化学性质的相）形态，增加了离子间的吸附能力。

根据土壤和作物的需要调节元素比例。事实证明在农业生产中应用改性的矿物质比直接用天然矿物肥料作用更大。采用多种矿物质材料改性和复配技术，研发出一种实用有效的多功能土壤营养调理剂，在选择各种原矿物质材料和有机物料时就需要下大功夫。接下来需要研究这些矿物燃烧的改性技术，研究人工矿物和有机物料的加料顺序和比例。天然矿物质材料的选择涉及多种天然矿物，钾长石、白云母、方解石、石灰石、白云岩、蛇纹石、硫铁矿石、磷灰石、沸石、蛭石、凸凹棒、黏土、膨润土、稀土等，经过500-1 500℃的高温燃烧5～20小时，冷却后粉碎，过150～200目筛。各种天然矿物质所占比例，钾长石或白云母占50%～70%，方解或白云岩或石灰岩或蛇纹石占5%～20%，硫铁矿占5%～10%，磷灰石占15%～40%，其他矿物占3%～5%，稀土占2%～5%。选择的天然植物材料，涉及万寿菊、续随子、丁香、苦参、百部、川芎、黄荆、五倍子、烟草、蓖麻、苍耳、水蓼、狼毒、大蒜、艾叶、香蕉皮、核桃皮等材料或加工废弃料以及植物提取混合物，经烘干，粉碎，过100目筛。按照重量百分比，上述植物性材料占整个植物性材料的30%～60%，植物氨基酸粉占40%～70%。植物氨基酸粉以棉籽粕、豆粕、油菜粕、花生粕、葵花籽粕、油茶粕、乌桕粕、蓖麻粕等原料生产氨基酸原粉。天然动物材料牡蛎粉、贝壳粉等的几种或全部，经烘干，过100目筛，还需要甲壳素及其衍生物壳聚糖、甲壳胺等。产品各种物料百分比（按照重量），加工矿物组分占50%～80%（钾≥4%、钙≥20%、镁≥7%、硅≥15%、微量元素≥3%、有益元素和生命元素微量）、天然植物组分占10%～40%、天然动物组分6%～10%，将上述材料按照比例导入搅拌器，经机械充分搅拌均匀，含水量（质量比）在8%～10%；由此完成了土壤营养调理剂的制作。土壤调理剂是按照土壤和作物所需来进行原材料配伍的产品，从选料到加工成为成品其生产工艺都很严苛，给作物全面的矿物质营养，矿物质广泛参与植物的新陈代谢特别是次生代谢过程：镁、氮、磷和铁元素是叶绿素的组成，氯、锰、锌、铜、钼元素参与或促进光合作用；钙、镁、硫元素参与植物的次生代谢的开启；铜、铁、锰、锌金属元素是植物抗自由基攻击的第一道防线、超氧化物歧化酶（SOD）的金属辅基；钙、镁、锰、铁二价阳离子是形成土壤有机无机胶体复合体的搭桥物质。土壤调理剂对化学合成的肥料有替代作用。

三、有益微生物菌的作用

生态农业为开启作物的次生代谢准备了足量的碳和矿物质，这些物质只有在微生物的帮助下，才能为作物所利用，因为微生物是土壤物质流和能量流的推动者。大自然的微生物中还有很多固氮微生物，可以帮助农作物固定空气中的氮。

（一）有益微生物能提高土壤的酶活性

土壤酶是由土壤中动物、植物根系和微生物的细胞分泌物以及残体的分解产生的，是具有高度催化作用的一类蛋白质。土壤酶参与了土壤的发生和发育以及土壤肥力的形成和演化的全过程。土壤学研究中报道的土壤酶多达 50 种，与养分利用有关，和有机质分解和转化有关的土壤酶有 20 种，通常分析不多于 10 种酶的活性，土壤酶的活性标志着农田生态状况。土壤生物活性的主要表现形式就是土壤酶的活性，这也是土壤作为类生命体的一个重要特征。土壤酶活性的强弱与土壤供肥能力之间存在着密切关系，可以作为土壤肥力指标，很多农业措施如施用有机肥、秸秆还田、施用绿肥、采取轮作、进行灌溉等在多数情况下能够提高土壤酶活性，从而促进土壤中的物质能量转化，提高土壤供肥能力，以提高作物产量。土壤微生物是土壤中物质能量转化的推动者，是土壤酶的主要来源，因此施用菌剂会增强土壤酶活性。

（二）土壤中的强固氮菌对生态农业意义巨大

1. 氮素对生命的意义重大

植物对营养的需求除了碳、氢、氧外，植物对氮的需要量就排在前面了，氮合成植物体内各种蛋白质、核酸、磷脂，是原生质、细胞核、细胞生物膜、酶、激素、维生素和叶绿素的重要组成。没有氮就没有生命。植物体逆境蛋白对植物的抗逆防御起关键作用。

2. 全球都很重视对固氮微生物的研究

近年来世界各国都高度重视对固氮微生物的研究和应用。自然界具有生物固氮能力的细菌有 100 多个属。1984 年，琉球大学比嘉照夫教授撰写《拯救地球大变革》一书，向世界介绍"有效微生物群"的作用，简称"EM"。对世界有机农业的发展产生重大影响。

3. 我国在非豆科固氮领域研究与应用已经走在前列

近年来人们通过各种技术手段，从自然界筛选固氮能力较强的高效固氮菌。发现自生固氮和联合固氮（定殖于植物根表的细胞间隙，宿主植物并不形成特异分化的结构，因此被称为联合固氮菌）体系可以选育出高效固氮微生物菌种，为非豆科作物提供氮素养分。

4. 高活性强固氮的地衣芽孢杆菌的发现

山西临汾氨基酸厂的王天喜厂长有着20年研发微生物菌剂经验。2012年7月在他经常做试验的玉米地里发现有几株玉米长势特别好，他随后挖出玉米根部的土样，带回菌种实验室进行分离。结果是在无氮培养基的平板上长出了菌落，提纯后邮寄给中国农科院刘立新研究员。刘立新凭直觉感到该菌非同一般，将此菌种迅速转到微生物研究室孙建光博士手中。经测定，菌剂中"地衣芽孢杆菌"的固氮酶活性达到85.583　nmolC$_2$H$_4$/h•mg蛋白，显著高于常用固氮菌"圆褐固氮菌"的固氮酶活性25.100　nmol　C$_2$H$_4$/h•mg蛋白。王天喜分离出的地衣芽孢杆菌的固氮酶活性，是目前市面上常用的圆褐固氮菌的三倍多，且易于培养，增产提质效果明显。具有强固氮能力固氮菌的发现填补了我们固氮菌市场的一项空白。

5. 高活性复合微生物菌的菌种组成

高活性复合微生物菌剂中配比共有10种菌（液体9种）分别为：枯草芽孢杆菌、地衣芽孢杆菌、巨大芽孢杆菌、凝结芽孢杆菌、嗜酸乳杆菌（占比90%）；侧孢芽孢杆菌、5406放线菌、光合细菌、胶冻样芽孢杆菌、绿色木霉菌占（占比10%）。组合菌剂中的每一种菌都有其特有的作用。复合微生物菌剂的原菌中的高固氮活性的地衣芽孢杆菌是自有专利产品，其余部分均来自中国农业微生物菌种保藏管理中心（AC-CC）。菌种扩繁培养的菌株高活性，复合菌产品活菌数达到20亿个/克，远高于国家标准2亿个/克。（注释：枯草芽孢杆菌——代谢产生枯草菌素、多粘菌素、短杆菌肽等活性物质，对致病菌有抑制作用，如对作物的黄萎病有一定防治效果。地衣芽孢杆菌——抑制土壤中病原菌的繁殖和对植物根部的侵袭，减少植物土传病害；提高种子的出芽率和保苗率，预防种子自身的遗传病害，提高作物成活率，促进根系生长；改良土壤，改善土壤团粒结构，提高土壤蓄水能力。巨大芽孢杆菌——拥有解磷、固钾功能。其具有很好的降解土壤中有机磷的功效，可防治生姜细菌性青枯病、兰花炭疽病病，施用到烟叶上对提高烟叶发酵增香效果独特。凝结芽孢杆菌——对植物具有抗虫功能；改善植物体免疫功能，提高抗病能力。嗜酸乳杆菌——能够分解在常态下不易分解的木质素和纤维素，合成各种氨基酸，维生素、产生消化酶、促进新陈代谢，还有融化不溶性无机磷的能力。侧孢芽孢杆菌——有解磷的功能。可有效降解土壤中的有机磷。5406放线菌——有固氮、解磷、释钾、抗病等功能，对难分解的物质，如木质素、纤维素、甲壳素等有降解作用，放线菌也会促进固氮菌增殖。光合细菌——是肥沃土壤和促进动植物生长的主力部队。胶冻样芽泡杆菌——可以促进土壤无效磷钾的转化，增加土壤磷钾的供给，提高作物产量，其解磷、解钾、解硅的强度超强。绿色木霉菌——绿色木霉菌可直接杀死作物根部和土壤中的根结线虫和地下害虫，能消灭耕层病菌及害虫，可抑制多种植物真菌病，如根腐病、立枯病、猝倒病、枯萎病等土传病害。）

6. 竞争关系与互为基质建立优质菌群的新理论

微生物菌组合菌形成完整食物链。它们土壤中能以集团作战的方式快速占领优势生态位。对土壤和植物的作用是多方面的。复合微生物菌是多种菌组合而成的，用好氧菌和厌氧菌共存的原理组建。土壤中有光合菌和固氮菌都有固氮能力，但两者生存条件相反，光合菌是厌氧菌，而固氮菌是需氧菌，当固氮菌利用氧气繁殖过度会缺氧，缺氧环境又是厌氧光合菌生存条件。而固氮菌排泄物是光合菌的食物，光合菌排泄物有机酸又是固氮菌的食物。这种生存竞争和互为基质的特性是建立优质菌群的依据。

（三）高活性有益微生物组合菌的主要功能

1. 固氮作用

有益微生物的生命代谢过程可以将空气中的分子态氮固定转化为化合态，供植物吸收利用。芽孢杆菌属是联合固氮菌，可为非豆科作物提供铵态氮，另一种是有益微生物菌群还降解有机物（秸秆和有机肥）生成的小分子高活性的有机氮。有益微生物固氮菌的广泛应用有望替代尿素化肥。把土壤中有机物降解为作物可再利用的矿物质、氨基酸、糖类、有机酸、小分子多肽、腐殖质、二氧化碳等（二氧化碳充足使作物的光合效率高，创造的养分多）。

2. 促进生长

生物菌代谢会分泌赤霉素、细胞分裂素、生长素等活性物质，刺激、调节作物生长和提高产量。

3. 抗病抗虫

微生物代谢物有直接杀虫、杀菌的作用且进入土壤会在根际定殖，微生物代谢产生的生物酶可使土壤中所有生命体都紧密联系，形成菌膜屏障组成的一道防线，阻止病菌病毒占位，有效地防止各种细菌和真菌性病害，抢占生态位点让线虫及真细菌无法侵染。不发生诸如蚜虫、红蜘蛛、白粉虱、菜青虫、玉米螟虫、根结线虫等。

4. 促进植物次生代谢

有益菌群与作物共生联合固氮，其活动不断地穿透细胞壁给作物以胁迫，以"侵染"方式使植物受到胁迫打开次生代谢，这种胁迫是伴随其终生的，因此可以不断地促使作物打开次生代谢，产生化感物质。化感物质就是各种抗击病虫草害和抗击灾害性天气的物质，同时还产生品质物质和风味物质。

5. 促进团粒结构

土壤固碳就是形成生物化学稳定的腐殖质碳。过去谈到碳库（全球气候变化名词，指碳循环中地球的储碳能力），较少考虑到土壤微生物作用，事实上土壤碳固定就是在微生物的作用下形成大团聚体，当然还需要二价元素钙、镁、锰、铁起搭桥作用，土壤有机质是人可以参与调节的物质，若让土壤有机质从 1.5% 增至 2% 就等于土壤保肥能力升 14%；从 1% 增至 3% 就等于土壤保水能力就要增 6 倍。并能抵抗土壤侵蚀和抗击灾害。让土壤成为类生命体，使土壤变得松软，土壤通透性和对水分、养分的吸持能力增强，也为各种土壤中的多种生物提供生存环境，土壤中各种生命体的呼吸可为植

物提供 CO_2 土壤渐渐成为在土中生存的生物和植物根系和谐相处的类生命体。土壤腐殖质的形成，是由有机物残体在微生物的作用下快速降解纤维素、半纤维素、木

质素，合成的有机弱酸是以芳香族为主体附以酚羟基、羧基、甲氧基的功能团。其阳离子交换量（CEC）大，与土壤黏土结合成微团聚体的腐殖质碳。腐殖质是含有多个功能团的大分子，其中碳、氮、磷、硫比值大约为 100 ： 10 ： 1 ： 1。腐殖质占有机质的 50% ～ 70%，按照 0 ～ 20 厘米土层的有机质提升 1% 计算，相当于给土壤固碳量 13.2 吨 / 公顷，如能在我国 20% 的耕地上应用此技术相当于每年碳减排 3 亿吨。

有益微生物本身的生命活动所产生的代谢产物，是形成腐殖质的重要组成部分，代谢产物包括芳香族化合物（多酚类）、含氮化合物（氨基酸或肽）和糖类物质等。微生物群分泌的酶是多酚氧化酶，经氧化成为醌，醌又与氨基酸或肽缩合形成腐殖质。当碳氮比（C/N）在 20 ： 1 时有机物分解速度快。土壤有机胶体包括土壤腐殖质、土壤微生物、土壤酶。土壤腐殖质带有的负电荷具有较大的交换容量，其交换量是矿物质的几倍到十几倍，增加土壤腐殖质可弥补作为搭桥物质的二价阳离子的不足，提高土壤胶体的协调能力。土壤微生物和土壤酶都是具有蛋白质胶体的活性物质，这些蛋白质胶体的活性物质在土壤中可以处于游离状态或处于吸附状态，蛋白质胶体的活性物质被吸附于黏土矿物表面后，仍能较为稳定不易失活。有益微生物可以有效地分解有机物，使之成为植物可利用的形态。使土壤的团粒结构好，渐渐成为各种土壤动物、微生物和植物根系和谐相处的类生命体。

总之，有益微生物是生态农业土壤物质流和能量流的推动者。

第二节 开启作物次生代谢的必要条件和方法

一、胁迫是开启次生代谢的必要条件

（一）从植物生理角度看胁迫

从植物生理学角度来看，植物在逆境环境中很容易被打开植物次生代谢途径，但如果没有适当的营养供应，也就是说没有给予植物参与复杂的生化反应过程的必要养分，就会使植物次生代谢处于空转状态，次生代谢产物不会产生，使植物的自身免疫能力无法提高。如果我们对植物次生代谢有一个清醒的认识，利用各种现代技术将次生代谢加以引导和利用，人们就有可能在减少农业投入成本（特别是减少农药的投入）同时，获得高品质、高产量的农产品。

（二）次生代谢的开启和运转过程的共同机制

作物形成抗逆性的过程就是开启和运转次生代谢的过程，此过程被人们发现这其中有着一个共同机制，这一结论已经得到植物生理学和基因组学界的认可，即指作物在逆境中用共同的受体、共同的信号传递途径，传递不同的逆境信号，诱导共同的基因，调控共同的酶和功能蛋白，产生共同的代谢物质。在不同的时空抵御不同的逆境，这就是植物最经济高效的抗逆防御体系。

这就是生态农业强调开启次生代谢并促进其运转，从而获得优质农产品的理论基础。

（三）不断地胁迫是打开次生代谢的技术关键

我国的生态农业把诱导胁迫放在首位，该技术重视传统农业传承，用胁迫加营养的方法在作物生长全程不断开启植物次生代谢途径，使作物生长早期就有免疫力。早期胁迫包括种子抗性锻炼、营养拌种（用有益复合微生物菌拌种可早期进入植物体内，其中联合固氮作用可伴随植物终生，并与植物进行物质和能量的互换，这一活动可等同为人造胁迫）和在作物生长期间不断进行略带伤害性的操作，作物生长过程用植物氨基酸液肥、有益微生物菌剂（富含非豆科固氮菌）、植物诱导剂等进行叶面喷施，可以替代农药、激素、除草剂等物资，使作物各个器官都产生抗病虫草害和抗灾害性天气的化感物质和内源激素。这种人造胁迫可产生诱导性的系统抗性，因为植物在遭受逆境攻击的数分钟内，局部的防御反应就已被激活，几小时内在离攻击部位很远的组织内防御反应也被激活。提早胁迫可以使作物在病、虫、草害和灾害性天气到来之前开启次生代谢，添加必需的矿物质营养，让作物自动调控体内共同的酶和功能蛋白，从而积累起系统抗性物质，建立起最经济有效的逆境防御系统，减轻各种逆境的伤害。也可以代替施用农药，起到四两拨千斤的效果。

次生代谢产物在植物如何协调与环境的关系上充当着重要角色。胁迫是开启植物次生代谢的重要条件，任何一次间苗、铲、趟、耘、剪枝、打叉、采摘等，都可打开次生代谢途径。而让次生代谢不空转的关键技术，就是追加营养素，特别是当作物长势弱时，更要进行全营养补充，这时起到外在补充内在激活的作用。田间扰动就是对作物进行人造胁迫，施入土壤的有益微生物与植物共生，固氮共生微生物为植物提供铵态氮，同时从植物体获取碳。喷施时间在日落前效果好。

（四）对诱导抗逆的研究

对诱导抗逆的研究是国内外很多学者，包括植物生理学家、化学生态学家、植物保护学家为之奋斗了几十年的事业。近年来，刘立新研究员发现各种胁迫对植物都有诱导抗逆作用，也就是激活沉睡的基因使其表达，这是植物与生俱来的特性，不需要转基因。从植物生理学视角看，农作物抗性和品质的提高完全可以通过胁迫和营养解决。因为植物在进化过程中为了适应环境，其次生代谢会产生抗逆性物质和品质物质；次生代谢是在胁迫中产生，人类从事的农业生产活动如果能够充分利用这一功能，可少走很多弯路。难怪有学者称"农业是唯一使人们经常与所有的宇宙和生命定律打交道的职业。"

二、打开作物次生代谢的植物诱导技术

（一）植物诱导剂（GPIT）的研发及其效果

作物基因表型诱导调控表达技术（GPIT）。作物全程使用 GPIT 一年后其根系发

达、土壤有益菌群活跃。植物诱导剂原料采自与大自然中草药，这些植物常年生长在各种逆境胁迫中，其逆境促进其次生代谢产物的生成，主要有生物碱、菇类和酚类物质，其中赤霉素、脱落酸、生长素、细胞分裂素、乙烯、油菜素类固醇、多胺、茉莉酮酸和水杨酸等内源激素含量丰富，采集后经处理、提纯、浓缩成为天然植物提取物，人畜都可食用（无毒无副作用）。植物诱导剂（GPIT）可以激活农作物自身免疫力，表现出对逆境双向抗性，如既耐旱又耐涝，既耐冷又耐热，既节肥又增产，既耐阴又耐光氧化；产生超敏应激控制病害、强超敏应激非毒性机理、快速式触击杀害虫等。大幅度提高光合效能（包括光、肥、水效应）。不仅能使农作物早熟、高产、优质，还能抗逆高光效节省水、肥、基本不用化学农药，高活性大根系的强根面效应既能向土壤提供更多的碳氢能量，又能激促大群体高活性的微生物使土壤保持活性、恢复自修复良循环，且能发挥生物多态性潜能治理高盐碱地。是农业增产与生态和谐途径的创新技术。可广泛用于粮食作物、经济作物、蔬菜、水果、花卉、药材及特色种植等领域。能够促进作物大幅提高双向自调控能力，功能表现有促使种子先生根后发芽（成活率高），控幼苗不旺，小苗慢促长，根系发达，主根粗且长（耐旱耐涝），茎粗节短，穗大粒饱（高产优质）。植物诱导剂采用叶面喷施、浇芯叶等方法，可替代用农药，达到抗逆、早熟、优质、高产、高效的结果。全程使用一年后土壤得到净化、有益菌群增加，作物的根系更发达，农产品品质好风味足。在作物早期使用植物诱导剂．根系发达产生的分泌物通过改变根际环境，同时也提高根系对营养元素的吸收利用率。作物的根系分泌物有聚多糖和多糖醛酸、有机酸、糖、酚及各种氨基酸（包括非蛋白氨基酸），还有酚类、有机酸、脂肪酸、留醇类、蛋白质、生长因子。一般来说高等植物光合作用固定的碳 20% ～ 60% 被转移到根部。植物诱导剂（GPIT）在作物生长早期促进根系生长，生长期间提高作物抗逆性和促进光合利用率方面效果明显，是阳光农业。

（二）使用植物诱导剂（GPIT）农产品的检测结果

科研人员对使用过植物诱导剂的农产品的生理指检测，其中的蛋氨酸增加25%（蛋氨酸是乙烯的前体。植物体的蛋氨酸多，当逆境来临时乙烯就能迅速产生，乙烯传递逆境信号给第二信使钙离子，钙离子将信号转导到更广泛的远端组织，植物次生代谢就开启了）；检测结果还包括农产品的酪氨酸（酪氨酸是大麦芽碱一类生物碱类物质的前体）含量增加 43% ～ 55%。证实植物诱导剂（GPIT）对激发和诱导沉睡的基因，使次生代谢充分运转，提高作物的抗逆性和提高光合效率等方面均有效。植物诱导剂（GP1T）还能将作物的潜在基因激活为表现型，并实现获得性好性状的遗传，从而为人类培育新型优良作物品种开创了新方法和技术路线。

三、让作物次生代谢充分运转的条件

（一）胁迫加上营养来激活植物的次生代谢

胁迫加营养就是在对作物进行胁迫管理时，也会给病原微生物的入侵作物提供了一个机会．这时作物会发出应激反应产生自由基。为了防止病原生物的攻击和自由基对植物细胞膜的伤害，最经济有效的办法是马上在叶面喷施植物氨基酸液肥和有益微生物菌剂。这些营养物质的补充和有益微生物菌剂的喷施．可以快速给作物补充营养并使之闭合伤口，起到防护的作用。

在生产中用略带伤害性的胁迫和增加营养，让植物开启的次生代谢不空转，积累更多的抗性物质、品质物质和风味物质。

这些代谢产物具有生态稳定性，不是用新技术创造出来的新物质，是自然界原本已存在的物质。它们在生态系统中作用稳定，不会引发新未知问题，不会污染环境，对人类健康来说是最安全的。

叶面喷洒的肥料诸如：植物氨基酸液肥／酵素／植物营养调理剂／有益复合菌剂／各种酶制剂／腐殖酸钾肥／生化黄腐酸／某些特定的中草药制剂——植物诱导剂（GPIT）或称那氏778。上述有机矿物质营养之所以有效，这是因为植物为完成生命过程和繁衍后代合成多种有机物，形成组织构成物（纤维素、半纤维素、木质素）；储藏物（淀粉、蛋白质、脂肪）；生命活动能源（葡萄糖、磷脂、激素、维生素）；抵御环境胁迫（生物碱、黄酮、酚类、菇稀类）。植物因为需要而合成多种有机物，那么，外源供应能被植物直接吸收的同类有机物必然具有同样的生物效应。小分子有机活性物对植物生长发育的生物学作用也同等重要、不可替代。植物能够而且必须吸收有机营养。

（二）保护作物的膜系统是田间管理的重点

植物的新陈代谢离不开细胞的膜系统，因为植物的生理生化反应都与膜系统密切相关。植物的细胞内存在众多的亚细胞器，每个亚细胞器都有膜保护（高尔基体、线粒体、叶绿体……），每个细胞内的膜至少有17种之多，被科学家称为细胞的膜系统。作物受到任何一种胁迫的很短时间内，其体内细胞会从初生代谢转到多种次生代谢，从而激活新的防御物质，次生代谢运转中还同时产生品质和风味物质。细胞的膜系统与细胞的骨架一起为生命活动提供了次生代谢物质，细胞内各种反应的高效发挥都有赖于细胞膜结构的完整。（"植物细胞膜系统"的内容请看"扩展阅读"部分）科学研究表明，各种逆境因子对植物的最先伤害都是发生在细胞的膜系统中。逆境因子引起代谢紊乱与自由基增加，并且加速了膜的生物化学和生物物理结构破坏，从而破坏了膜的生理功能，保护膜就是保护生命。栽培中下如何保护植物的细胞膜系统呢？科学家Mitchell的化学渗透学说就是一个最典型的描述。细胞内的线粒体和叶绿体在将电子传递的氧化还原反应的能量转化为三磷酸腺甘（ATP）时，膜结构必须完整，膜系统受损必然导致细胞能量转化效率降低。膜结合酶的活化能和膜的生物物理状态密切相关，只有在膜相变范围内，膜结合酶才能发挥相应的生理功能。

（三）阻止毒素在膜上建立通道

膜系统结构的完整性是影响细胞生理生化反应效率的最重要因素，膜系统的完整性是作物产量最直接相关的指标，因而保护细胞膜系统免受或少受伤害。

保护植物的细胞膜系统，可以使细胞的生理活动效率更高，比如：光合作用效率更高、呼吸作用能量损失最少、酶促反应的效果最佳，这些对任何生命现象都是至关重要的。因此说栽培管理的关键点是保护膜。保护膜结构，使其在胁迫情况下不受伤害或少受伤害，就能提高植物的抗逆性。许多病原生物对植物细胞的伤害是通过产生毒素起作用，很多毒素是通过在膜上形成通道，进入植物体。因此不让病原生物的毒素进入植物体内，应该成为我们保护植物健康的关键环节。

（四）全营养液材料的选择

研发保护细胞生物膜的植物营养液研发植物氨基酸液肥是用于叶面喷施，考虑用植物制剂对农作物来讲更有亲和力，一举多得。所选主要原料为植物氨基酸原粉、壳聚糖（壳聚糖是由自然界广泛存的几丁质经过脱乙酰作用得到的高端衍生物，其结构与植物纤维相似，它是天然多糖中唯一带正电荷的小分子物质具有稳定的三维结构，壳聚糖具有激活机体系统和免疫调节作用；可抑制真菌、细菌、和病毒病害）、矿物质以及螯合剂和渗透剂，

（五）全营养液的完美配伍

原材料配伍，堪比老中医开出的中药方，即从多元论角度来选择物料，使其成为"君、臣、佐、使"的完美配伍，所谓君即对主症起作用物质；臣是辅助君加强主症的物质；佐助用于次要兼症的物质；使就是引方中诸物质达最佳效果。矿物质元素按照作物的需要比例配置。加上两种助剂，EDTA 是一种有机化合物是螯合剂，它能与 Mg^{2+}，Ca^{2+}，Mn^{2+}、Fe^{2+} 等二价金属离子螯合。EDTA 能和碱金属、稀土元素和过渡金属形成稳定的水溶性络合物；和植物油表面活性剂甲基化葵花油的加入，大大降低了溶液的表面张力。再加上该产品使用了小分子技术，作物可以 100% 的叶面吸收。植物氨基酸液肥已通过国家鉴定。植物氨基酸液肥可在作物生长的全过程，可以起到保护细胞膜，免受自由基攻击的作用，在作物生长全程进行定期或不定期的叶面补充。用植物氨基酸液肥对作物生长进行跟踪补充；这些物资的综合作用可有效修复土壤、增强土壤有益微生物和土壤酶的活性、实现对作物的生理性病害和土传病害的有效控制，提高农产品的品质和风味，可替代农药和化肥，是生态和有机农业的首选物资。

四、利用作物问化感作用减少生产投入

（一）利用化感在作物间、混、套作中的意义

植物的化感作用是广泛存在的，无论是粮食作物、园艺作物，还是经济作物或者饲料作物，作物之间都存在一定的化感作用。如：油菜植物花中含有的油菜素内酯被淋溶到土壤中，常常能对邻近或下茬作物产生有益生长的促进作用。番茄和黄瓜种在一起，会使黄瓜的开花率和结果率下降，研究表明，番茄的菇类挥发性化感物质对黄瓜有抑制作用。大豆和玉米的混作试验，发现其中一方的根系分泌物能促进另一方的离子吸收和积累，较单作增加 1.5 ～ 7 倍。科学地搭配种植，对作物进行间、混、套作，

或轮作倒茬，可以充分将植物化感物质为其他作物或者下茬作物所用。

近年来化感物质的研究进一步促进了构建植物自身抗病、虫、草害的农林生态系统。在种植上采用轮作或间、混、套作等方式，以便充分利用不同作物之间的相生相克关系。化感作用是农作物释放到环境中的化感物质，在不同物种之间就会产生相生相克的关系。

（二）利用轮作、间作的化感作用抑制虫害

利用植物轮作的化感物质能够抑制食性专一和活动能力小的害虫，如大豆与禾谷类作物轮作能防治大豆食心虫，麦稻轮作能控制小麦吸浆虫，稻棉轮作可以减轻小地老虎、棉铃虫和棉红蜘蛛的危害。但不合理的轮作却会加重虫害。比如水稻与玉米轮作加重大螟的为害，大豆与高粱轮作加重小黑棕金龟子的为害。合理的间作套种，如高矮杆作物搭配，可改变通风透光条件，抑制喜湿或郁闭条件的粘虫、玉米螟等。但不合理的棉豆间作可能使先发生于豆株上的棉红蜘蛛转移到棉苗而加重危害。

第三节 高产优质栽培技术实施规程

一、水稻生态有机高产优质生产技术规程

（一）种子前处理和育苗期间的早期胁迫

水稻选种杜绝转基因品种，选适合当地气候和条件的多抗高产优质品种。晒种2～3天。拌种用植物诱导剂（"那氏778"）或地力旺益生菌按说明使用，亦可用生石灰，10斤凉水2两生石灰，8斤稻种往里兑，水上薄膜保护好，杀菌效果会提高，浸3天。豫北地区育秧在每年5月1日前后，育秧畦面撒种量每平方米50～70克，轻抿轻压露半谷，盖上过筛细粪土。用薄膜覆盖小苗长到3～4叶时及时揭膜。秧龄的头10天怕淹，后10天怕窜，中间15天怕干。湿润间歇灌溉，达到干不裂缝、湿不积水。人为胁迫就是喷高浓度那氏778加益生菌加氨基酸营养液，可起到控上促下的作用。秧高6～7寸。7片叶10条白根，秧苗墩实不起身，茎基扁粗带分蘖，叶片青秀不披叶（1斤=500克）。

（二）适当的底肥和水分管理为次生代谢的运行打好基础

秧田和大田都需要全营养，施腐熟发酵的羊粪或牛粪3方，施钙镁磷肥100斤，施硫酸钾50斤，施土壤调理剂50斤，喷地力旺益生菌10斤，然后旋耕。采用干湿交替进行水分的胁迫管理，先要大水泡田，薄水插秧，深水返青，露泥分蘖。前期不宜灌深水，中期不能常有水，后期不能早断水。栽后5天要断水3天，让泥浆下沉，控水供气。水稻不能一路黑，三黑三黄属特色。

（三）胁迫加营养是形成水稻抗性和品质的条件

移栽本身就是对作物的胁迫，插秧的疏密取决于薄地稠、肥地稀、晚栽稠、早栽稀、弱秧稠、壮秧稀。还要看品种，分蘖力强宜栽稀、分蘖力弱宜栽密，株距密行距宽行便于通风。用胁迫加营养处理的目标是要壮根、蹲节、催穗、护叶，采用随水冲施地力旺益生菌每亩5千克，还要交替着进行叶面喷施益生菌、氨基酸、那氏778、腐殖酸钾等肥料，起到外在补充和内在激活的作用。豫北地区7月下旬水稻从营养生长向生殖生长的转移时期，要重晒田进行人工协迫，此时出现倒三叶伸长叶色略黄属于常态，叶上卷也不会影响产量。水稻全生育期采用胁迫加营养的管理，不用化肥农药、除草剂和激素，常规粳稻产量可达625千克／亩。

二、冬小麦生态有机高产优质生产技术规程

（一）豫北地区冬小麦生态有机高产优质种植技术规程

1. 冬小麦种子播种前的胁迫处理

提前2～3天晒种，播种前用地力往拌种剂200克加水2斤搅匀拌种，闷种2～3小时，免晒，凉干。

2. 重施深施底肥和水分管理为次生代谢的运行打好基础

冬小麦前茬玉米，在玉米收割后秸秆粉碎，每亩施发酵好的羊粪3～4方施菜籽饼60千克，施钙镁磷肥50千克，施地力旺土壤调理剂25千克，随后即用地力旺益生菌5千克加水30～50升均匀喷湿地表即深犁细耙。

3. 生长期间的胁迫加营养是形成小麦抗性和品质的条件

（1）越冬前的胁迫十营养管理。一般10月中旬播种，7～8日全苗。冬小麦幼苗初期，为控旺长用高浓度混合液（每亩用"那氏778"原液250克＋地力旺益生菌250克＋兑水30千克）下午4点后喷施一次。可起到控上促下的作用。第二次胁迫在8～10天后，人工深锄断根控旺长，既除草又保墒。墒情适中可不浇封冻水。

（2）返青期的胁迫＋营养管理。冬小麦开春后（大约2月下旬）返青期进行一次叶面喷施复合营养液（每亩用"那氏778"原液200克＋益生菌500克＋氨基酸营养液250克＋磷酸二氢钾100克）。同时进行一次浅锄断表层根胁迫，控春季无效分结合人工拔草。

（3）起身到成熟期的胁迫＋营养管理。清明节前后浇拔节水，同时冲施地力旺益生菌5千克／亩．随后进行叶面喷施复合营养液（每亩用益生菌100克＋氨基酸200克＋食用红糖300克十磷酸二氢钾150克＋兑水30千克）。4月下旬，浇一次水随水冲施地力旺益生菌5千克／亩。随后每亩喷施复合营养液（每亩用"那氏778"原液150克＋益生菌250克＋氨基酸300克＋磷酸二氢钾150克＋兑水30千克）。请注意此时用的"那氏778"不可高浓度，否则抑制生长。5月上中旬可观叶色凭经验，上述配方可补喷一次。此时扬花结束刚开始灌浆。

（4）用营养加胁迫的四位一体技术效果。全程不施化肥，农药，激素和除草剂。由于生理调节，自然胁迫和人为胁迫，后期麦叶绿中带黄，既不贪青，也不早衰，对往年易发的白粉病、纹枯病、锈病都没发生，穗螨极少没形成危害。经县科协组织人测产，测产结果 634 千克／亩。

（二）西北地区冬小麦生态有机高产优质种植技术规程

第一，冬小麦种子播种前的胁迫处理浸种用 100 毫升"那氏 778"＋100 毫升热水，混后水温控制在 45～50℃，倒入 10 千克麦种，再加入 200 毫升"地力旺"拌种剂，搅拌均匀，浸泡 8 至 10 小时，摊开晾干待播。适当减少播种量。施用上述投入品，以及用微生物菌剂和"那氏 778"浸种，增加分蘖的作用明显，故要减少播量，一般较当地常规种植减少播量 2。%～30%，亩播量 7～10 千克，宁少勿多。另外，因浸种后种子发胀，播种机播种时需调大子眼 20% 左右。总之，减少播量，避免冬前发旺。因其他影响推迟播期的，则要适当增加播量。

第二，重施深施底肥结合水分管理为次生代谢的运行打基础

1. 有水浇条件田。

麦的前茬是玉米，可在收获玉米时趁绿粉碎秸秆还田，均匀撒施农家肥 2 000～3 000 千克／亩，或蚯蚓有机肥 1 000 千克／亩，矿物质肥和钙镁磷肥客 50 千克／亩，罗布泊钾肥 15 千克／亩，深翻整地，上虚下实。7～10 天后播种。小麦前茬是其他作物，在农作物收获后亩撒施腐熟农家肥 3 000～5 000 千克／亩，或蚯蚓有机肥 1 000 千克／亩，矿物质肥和钙镁磷肥各 50 千克／亩，罗布泊钾肥 15 千克／亩。前茬是空茬田需要撒施地力旺固体菌 100 千克／亩、矿物质肥和钙镁磷肥各 50 千克／亩，罗布泊钾肥 20 千克／亩，撒匀、深翻、整地、播种。

2. 无水浇条件田

要根据夏季降水情况复种夏闲豆科绿肥，或者复种黑豆黄豆等养地，秸秆还田的同时再撒施腐熟好的农家肥 3 000-5 000 千克／亩，或蚯蚓有机肥 1 000 千克／亩，地力旺固体菌 20 千克／亩，矿物质肥和钙镁磷肥各 50 千克／亩，罗布泊钾肥 15 千克／亩，全地撒匀，深翻、整地，播种。

3. 生长期间的胁迫加营养是形成小麦抗性和品质的条件

第一，越冬前的胁迫＋营养管理。结合冬春灌溉冲施地力旺液体菌 1 次，每次 2 千克／亩。

第二，返青后的胁迫＋营养管理。拔节期亩用"那氏 778"和地力旺菌剂各 250 毫升＋苦参碱（根据有效成分含量浓度确定用量）＋益微复合菌粉 100 克，兑水 50 千克喷施。

第三，孕穗期的胁迫十营养管理。孕穗期 150 毫升"那氏 778"＋地力旺液体菌 250 毫升＋苦参碱（根据有效成分含量浓度确定用量）＋益微菌粉 50 克，兑水 50 千克喷施。

三、苹果生态有机优质高产种植技术规程

（一）环境条件

果园大气、土壤和灌水质量要分别符合《保护农作物的大气污染物最高允许浓度GB 9137—88》《土壤环境质量标准 GB 15618—1995X 农田灌溉水质标准 GB 5084—92》的要求。基地田块要相对集中连片，其附近农业生态环境良好（远离化工厂、水泥厂、石灰厂、矿厂、交通要道、养殖场、居民居住区等），有机果园四周不得有常绿树木越冬。土层较深厚，土壤有机质含量较高，无水土流失等。

（二）新园建设

在前2年未使用过化学投入品，或者自建园时开始进行转换。选用适宜当地栽培的有机苗木，或未用禁用物品处理、非转基因的常规苗木。栽前进行土壤改良培肥，亩用10 000千克充分腐熟的有机肥或3 000千克蚯蚓有机肥+300千克钙镁磷肥+300千克矿物质肥，与挖出的土混匀，回填栽植坑／沟，灌水沉实。树苗栽植时用地力旺液体菌50倍+"那氏778"100倍混合液蘸根处理。

老园改造已成龄园3年内未使用禁用化学投入品，或自改造时起进行36个月转换。为适应有机栽培要求，按照"稀高草"技术要求进行间伐、提干、修剪，种草与生草相结合，改良培肥土壤。

（三）休眠期的管理

间伐，提干，整枝，刮老翘皮，清园（将清理的枝柴、树皮、落叶移出，粉碎，与其他有机物一起用微生物发酵处理），涂白。3～4月份喷1～2次5波美度石硫合剂。距地面20～30 cm处涂一宽为10 cm左右的黏虫胶环状胶带。秋季未施基肥者此时应抓紧时间补施基肥，亩施充分腐熟的农家肥5 000千克，或者蚯蚓有机肥2 000千克，+地力旺固体菌100千克+钙镁磷肥100千克+矿物质肥100千克，全园撒匀深翻。未种草果园结合此次施基肥种植毛苕子或者箭舌豌豆。春施基肥和种草以刚化冻为宜，施基肥和种草时间早比晚好。

（四）花露红期的植保措施

刮治腐烂病斑，并用地力旺液体菌原液翠抹保护伤口，人工摘除白粉病梢和卷叶虫苞。主干涂黏虫胶：每亩放置黄板、蓝板诱虫板各20张，悬挂于树冠中间高度。每亩放置诱集金纹细蛾性诱剂4～6个。糖醋液诱杀金龟子。释放捕食蟎、赤眼蜂等天敌。花芽膨大期，全园喷施1次1～3波美度石硫合剂或45%石硫合剂晶体40～60倍液，也可选用益微复合微生物菌粉500倍+苦参碱或除虫菊素（有机专用，喷施浓度按说明配制）十"那氏778"200倍，人工摘除白粉病梢和卷叶虫苞。补充营养，提高座果率亩用地力旺液体菌10千克+"那氏778**3千克，兑水配成混合液，冲施或施肥枪注施。地上喷施地力旺液体菌100倍+"那氏778"200倍混合液。

（五）谢花后—套袋前期

第一，疏果

谢花后 7 ～ 10 天开始疏果，20 天内疏完，留果间距一般为 20-30 厘米（目标产量 2 500-3 000 千克）。

第二，病虫害防治

在释放赤眼蜂、捕食螨，开启杀虫灯，安放粘虫板、性诱器、黏虫胶、糖醋液、人工捕捉等措施的基础上，针对腐烂病、早期落叶病、轮纹病、红蜘蛛叶螨、野虫、桃小食心虫、卷叶蛾等，用益微菌粉 500 倍 + 苦参碱或除虫菊素（有机专用，喷施浓度按说明配制）+ "那氏 778" 的 200 倍混合液防治。先用少量水稀释成母液后再倒入药桶（池），混药顺序为先兑杀菌剂，再兑杀虫剂，最后兑叶面营养剂；用雾化好的喷头，并远离果面，打一次药换一次喷片。

第三，套袋

套袋时间为定果后 10 ～ 15 天（5 月下旬至 6 月上中旬）。在落花后到套袋前应连续喷喷 2-3 次 400 倍农抗 120 等生物制剂预防果实黑点病。纸袋选用符合标准的双层袋最好，外层袋外表为蓝灰色或新闻纸袋，里表为黑色；内层袋为蜡质红色袋。套袋时果实应置果袋中央，袋口必须密封，免伤果柄。早晨有露水或遇高温时不能套袋，确保打开纸袋下方通气孔。

（六）套袋后 —— 摘袋前期

植保措施：针对褐斑病、落叶病、炭疽病与轮纹病，及金纹细蛾、叶螨及蛤壳虫，兼治射虫、桃小食心虫、及卷叶蛾等；在前述农业措施和物理措施的基础上，继续用益微菌粉 500 倍 + 苦参碱或除虫菊素（有机专用，喷施浓度按说明配制）+ "那氏 778" 的 200 倍混合液防治。间隔 10 ～ 15 天一次，其中秋梢生长期，"那氏 778" 用 60 倍，以抑制秋梢生长。6 ～ 8 月每月冲施或施肥枪注施 1 次地力旺液体菌 + 腐殖酸钾或麦饭石钾各 5 千克。

（七）割草与种草

草高 50 厘米以上或影响果园作业时，割刈后覆于树盘或就地覆盖，在其上喷 100 倍地力旺液体菌促其快速腐烂。6 月或 7 月时，中耕除去果园所有草，亩撒 1 ～ 2 千克甘蓝型油菜籽，防干旱、草荒。

（八）摘袋

套袋果实于成熟前 20 ～ 30 天摘除外袋（高海拔地区可迟几天），外袋去后 5 ～ 7 天再摘去内袋。除袋最好选择阴天或晴天的早晨和傍晚。除袋后喷布 1 ～ 2 次益微菌粉 500 倍，防治果实病害。中熟品种果实成熟前 10-15 天，晚熟品种在 20 ～ 30 天，采取摘叶、转果、铺反光膜等措施，促进着色，提高果品品质。

（九）适时采收

中熟品种适宜采收期为 9 月下旬，中晚熟品种为 9 月底至 10 月初；晚熟品种为

10月下旬，一般可分期采收2～3次，采后10天，再采下次。采摘时应带纯棉手套，分期分级采收，第一批先采树冠外围着色好、个大、果型正的果实；间隔3～5天后，再摘第二批、第三批，采果时要轻拿轻放严防人为损伤，尽量减少转箱、倒箱次数。分级包装严防二次污染，带纯棉手套一次分级，整齐分级包装、封箱前认真核对规格、数量、合格证、产品质量追溯卡、生产户（产品）编号，且随机抽样检测，经双方核对无误后，签字交接，当天采摘的果实当天入库保鲜，最终产品检测结果永久存档。

（十）采收后—落叶前

抓紧时间施基肥：于10月下旬至11月上旬亩施腐熟农家肥或沼渣肥5 000千克，或蚯蚓有机肥2 000千克，加地力旺固体菌、矿物质肥和钙镁磷肥各100千克，全园撒匀深翻。

（十一）烂果利用

无商品价值的果子，做果醋或苹果酵素。在苹果生长时期作为杀菌剂和营养剂使用。

四、冬枣生态有高产优质种植技术规程

（一）环境条件

基地田块要相对集中连片，其附近农业生态环境良好（远离化工厂、水泥厂、石灰厂、矿厂、交通要道、养殖场、居民居住区等），有机果园四周不得有常绿树木越冬。土层较深厚，土壤有机质含量较高，无水土流失等。

（二）秋施底肥

腐熟农家肥5 000千克或蚯蚓有机肥2 000千克＋地力旺固体菌100千克＋矿物肥100千克＋钙镁磷肥100千克。全园撒匀深翻。清园越冬修剪后，最晚不退于萌芽前15天，喷施5度石硫合剂。

（三）种植绿肥

土壤化冻即顶凌播种，亩播5千克毛苕子，播深2～3 cm。草高50 cm左右影响田间作业时，在地上5～10 cm处割刹、覆盖树行，并在其上喷100倍地力旺液体菌促其快速腐烂。

（四）萌芽期

冲施或施肥抢注施：地力旺液体菌5千克＋"那氏778"3千克。一周后喷施苦参碱一次。萌芽有0.5 cm时，喷施"那氏778"150毫升＋洗衣粉150克/15千克水。刮刀刮平树干，粘贴诱虫胶带。悬挂黄色诱虫板（每亩地30个/亩）。

（五）枣吊生长期

萌芽后第一月喷施"那氏778"200倍＋益微菌粉300倍混合液＋苦参碱（倍率参见说明书）一次。释放捕食蛾。去掉诱虫胶带。

（六）花期前后

授粉前 20 天，"那氏 778" 100 倍 + 益微菌粉 300 倍混合液 + 苦参碱（倍率参见说明书）一次。与叶面喷肥结合。

（七）种植绿肥

每年的 7 月份前割刹毛苕子并中耕，亩撒 1 ～ 2 千克甘蓝型油菜籽，盖薄土。草高时在地上 5 ～ 10 厘米处割刹、覆盖树行，喷菌。

（八）果实膨大期

亩追施罗布泊钾肥 50 千克，冲施地力旺液体菌 5 千克 + 腐殖酸钾或麦饭石钾 5 千克。"那氏 778" 100 倍 + 益微菌粉 300 倍混合液 + 苦参碱，与叶面喷肥结合，膨大期喷 3 次，间隔 20 天一次。棚内温度过高时候，采取遮光措施降低温度。

（九）果实白熟期

喷施"那氏 778" 100 倍 + 益微菌粉 300 倍混合液 + 苦参碱（倍率参见说明书）一次。与叶面喷肥结合。

（十）果实采收后

喷施"那氏 778" 100 倍 + 益微菌粉 300 倍混合液 + 苦参碱（倍率参见说明书）一次。与叶面喷肥结合。

说明：自制有机肥如遇养殖场含水量过大的畜禽粪便，需加入同量碎秸秆或者干菇渣与粪便掺匀混合，以此增加通透性和调节水分，水分控制在 50% ～ 60%，加入适量发酵菌种，堆成 1 ～ 2 米高的粪堆，用塑料薄膜封闭发酵，待粪堆内温度达到 50 ～ 60℃ 5 ～ 7 天后．翻堆，再发酵。苦参碱可以与益微菌剂和植物诱导剂混用，但必须现配现用不要久置。凡是使用捕食螨的冬枣园不使用苦参碱。

五、猕猴桃生态有机高产优质种植技术规程

（一）1 月整形修剪

整形修剪过程中将带病枝条修剪带出果园进行枝条粉碎，用微生物菌剂堆湛发酵。或与有机肥一起堆灌发酵。

（二）2 月新建园栽植新苗

栽植密度为 3 米 ×4 米。栽植前，用地力旺液体菌 30 倍 + "那氏 778" 100 倍混合液对根系浸泡 30 分钟，浇完定植水后，用益微菌粉 300 倍液对植株进行喷雾杀菌。

（三）3 月

上年未来得及施基肥的果园抓紧时间补施基肥（参见 11 月的施肥方案），并及时种植豆科绿肥（箭舌豌豆 15 千克 / 亩，或者毛苕子 5 千克 / 亩．播深 2 ～ 3 厘米）。用播种机播种的出苗均匀，保证播种质量。草长到 50 ～ 70 厘米时割掉覆于树盘，并

喷施菌剂促其腐烂。萌芽前冲施或施肥抢注施地力旺液体菌 10 千克＋"那氏 778" 3 千克。

（四）4 月及时安装黑光诱虫灯（每盏灯可控制 15 ～ 20 亩地范围）

不具备条件的及时配制悬挂糖醋液，选择颜色鲜亮（最好是红色）的敞口容器装 2/3 容器糖醋液对直翅目、鳞翅目、半翅目、鞘翅目昆虫进行诱杀；每周更换清理一次，对虫进行深埋处理。在 4 月 20 日之前喷施一次益微菌粉 300 倍＋"那氏 778" 200 倍液。

（五）5 月

花期结束后一周内，喷施一次益微菌粉 300 倍＋"那氏 778" 200 倍混合液。

（六）6 月

追施 50 千克氯化钾。喷施一次益微菌粉 300 倍＋"那氏 778" 200 倍混合液。

（七）7 月 7 月 5 ～ 10 日之间

喷施一次益微菌粉 300 倍＋"那氏 778" 200 倍混合液。利用墒情种植甘兰型油菜籽 2 千克／亩，先除草，后撒种，扫土覆盖。

（八）8 月

观察果园红蜘蛛虫口基数，如果虫口基数大，单独用药一次，虫口基数小无需用药；用药方案：0.5% 苦参碱 400 倍液 +3 000 倍有机硅单独喷雾一次。8 月中旬喷施一次益微菌粉 300 倍＋"那氏 778" 200 倍混合液。

（九）9 月 9 月 15 日前后

喷施一次益微菌粉 300 倍＋"那氏 778" 200 倍混合液。

（十）10 月收获的季节

不进行操作。

（十一）11 月施基肥

每亩农家肥 5 000 千克，或者纯牛羊粪 2 000-3 000 千克，或蚯蚓有机肥 1 000 ～ 2 000 千克，生物钾 120 千克，钙镁磷 100 千克。全园撒匀，翻地深度 25 ～ 30 厘米。

（十二）12 月灌溉封冻水

六、红薯生态有机高产优质种植技术规程

（一）育苗施肥

育苗用生石灰处理苗床，充分腐熟牛马驴粪＋加酿热物铺底，摆好种薯后喷益微复合菌粉或解淀粉芽泡杆菌，再灌水。2 叶 1 心叶喷一次益微复合菌粉 300 倍＋"那氏 778" 80 倍混合液。

（二）大田基肥

基肥腐熟农家肥 3 000-5 000 千克，或者蚯蚓有机肥 1 000 千克，+ 矿物质肥 60-100 千克 + 钙镁磷肥 50 千克 + 地力旺固体菌 25 千克 / 亩。肥料撒匀深翻或者施在种植沟内，深翻地（25 ～ 30 厘米）、高起垄（垄高 25 厘米）。

（三）移栽定植水

每亩用 3 千克白僵菌 +"那氏 778"500 毫升 + 地力旺液体菌 2 000 毫升，随定植水一并灌入，每窝 0.5-1 千克。

追肥植株成活后，"那氏 778"200 倍 +"地力旺"液体菌 100 倍，喷施一次；茎叶旺长期，"那氏 778"60 倍 + 地力旺液体菌 100 倍喷施一次（控制旺长）；膨大期，"那氏 778"100 倍 +"地力旺"液体菌 100 倍喷施一次。有灌溉条件随水灌入亦可。

（四）转作倒茬

有机红薯前茬禾本科作物（小麦、玉米、谷子等）、豆科（各种豆子和花生）最佳。前茬收获后立即秸秆还田，种植越冬绿肥毛苕子。第二年春季 4 月底 5 月初施基肥结合翻压绿肥。

（五）田间管理

垄上覆黑地膜防草，人工除行间草。

（六）植物保护

集中连片地块，每 20 亩安装一个太阳能诱虫灯诱杀害虫。零碎地块用糖醋液诱杀，在金龟子和地老虎发生时，亩放置 6-10 个口径 20 厘米左右的红色小塑料桶盛糖醋液，高于地面 50 厘米左右，诱杀之。糖醋液的配方：红糖 1 份，醋 2 份，白酒 0.4 份，敌百虫 0.1 份，水 10 份。配制方法：先把红糖和水放在锅内煮沸，然后加入醋闭火放凉。再加入酒和敌百虫搅匀既成。益微复合菌粉或解淀粉芽孢杆菌、或皮尔瑞俄防病。生长期的其他害虫可用苦参碱防虫。

七、莲藕生态有机高产优质种植技术规程

（一）藕田选择

种植浅水藕的田块以土质较为疏松、有机质含量丰富为宜，土壤保水保肥力强，排灌方便，土壤 pH 在 5.6-7.5 之间，含盐量在 0.2% 以下。如是重茬藕田，亩施 50 ～ 100 千克生石灰撒施深翻处理。

（二）优质藕种

选用高产、优质、抗病虫能力强和适应性强的品种。新鲜、完整无缺、具有 2 节以上、芽壮、无病虫害、后把粗短的大藕。种藕要新鲜。随挖、随选、随喷（喷 100 倍"那氏 778"处理藕种）、随栽，当天栽不完的应洒水覆盖保湿，以防芽头失水干萎。外地调运藕种从挖出到栽植，带泥覆草帘保湿，一般不要超过 5 ～ 6 天。

（三）种子处理

藕种处理亩藕种用 1 000 毫升"那氏 778"，兑水 30-60 倍（以藕种均匀喷湿为宜），随喷随栽。

毛苕子种子处理每 25 千克毛苕种子，用"那氏 778"500 毫升，置于非金属容器中，加入 1～2 千克开水，待水温降到 45℃时，倒入种子，加入地力旺拌种剂 150 毫升，搅拌均匀闷种 24 小时，晾干播种。

（四）重施基肥

亩施充分腐熟的农家肥 3 000-5 000 千克，或蚯蚓有机肥 1 000 千克，矿物质肥 60 千克，地力旺固体菌 60 千克，钙镁磷肥 50 千克。撒匀深翻。追肥：6 月冲施地力旺液体菌 5 千克／亩；7 月冲施地力旺液体菌 5 千克＋罗布泊或盐湖氯化钾 15 千克／亩。

（五）适期种植

日平均气温稳定在 15℃以上的 4 月上旬种植浅水藕。早熟品种适当密植，中晚熟品种应适当稀植。

（六）水分管理

浅水藕的水分管理一般遵守由浅到深，再由深到浅的原则。即定植后萌芽期田间保持 3-5 厘米的浅水层，最深不超过 10 厘米，以便使土壤和水层易于晒暖增温，促进种藕萌芽。当植株长出 1～2 片立叶后水位逐渐加深到 20～30 厘米，最深不得超过 50 厘米，以促进立叶生长，并抑制细小分枝发生。后期立叶满田，开始出现后栋叶时，表明地下茎开始结新藕，应在 3-5 天内把水位落浅到 10～15 厘米，最深不超过 25 厘米，结藕时水位不宜过深，以控制立叶生长，促进结藕。整个生长期内都要保持水位涨落缓和，不能猛涨猛落，时旱时涝，到新藕成熟时，水位应逐渐降至 3-5 厘米。

（七）中耕除草

出苗后开始中耕除草，不得使用化学除草剂，杂草应人工拔除，整个生长季除草 3-5 次，间隔 10 天左右，直到立叶封行为止，将拔除后的杂草埋入泥中作肥料。

（八）生态调控

经过藕肥水旱轮作、降低栽植密度、重施有机肥、固体菌和矿物质肥料等措施，会减轻莲藕多种病虫草害。

诱杀：太阳能诱虫灯和诱虫板诱杀多种害虫。

（九）药物防治

1. 早防病

连续降雨达到 20 毫升时，雨后即喷益微菌粉或者波尔多液（50 升水，加硫酸铜 250 克，石灰 500 克）喷洒预防。

2. 早防虫

用 1.3% 苦参碱 1 000～1 500 倍＋有机硅 2 000 倍喷雾，防治多种害虫；每亩 50 克 7% 贝螺杀，加水 1 000 倍喷雾灭螺。

3. 控制水绵

加深水层会减少水绵。发生水绵时，在晴天用硫酸铜溶液浇泼，每 7 天一次，共 2～3 次。硫酸铜用量根据水深而定，每亩田的用量，按每 10 厘米水深 0.5 千克硫酸铜的用量计算。或亩用石膏 2.5 千克加水 200 升喷洒。或用 0.5% 硫酸铜在青泥苔生长处局部喷杀。

（十）轮作倒茬

1. 腾地模式

秋季挖莲后抢种毛苕子（亩撒种子 4-5 千克），次年春栽莲前 10～15 天施基肥时一起翻压。

2. 不腾地模式

莲藕成熟后暂时不采挖，清除荷叶和荷秆，直接在莲藕田内配茬种植毛苕子。水旱轮作"莲菜＋绿肥"模式连作 2～3 年，轮作 2～3 年玉米、花生、大豆、西瓜、洋葱、葵花籽、油菜等或旱生蔬菜。

（十一）藕鱼混作

适宜的鱼类如黄鳝、泥鳅、鲫鱼、鲤鱼、鲶鱼、黑鱼等。藕田养鱼时，宜在藕田周围开挖宽 80 厘米、深 60 厘米的溜鱼沟或占地面积约为田块面积的 2%～3% 鱼溜（深 60～80 厘米），田块中间按"井"字形或"非"字形开挖宽 35 厘米、深 30 厘米的鱼沟。一般溜鱼沟或鱼溜和鱼沟，占田块面积的比例以 5%～10% 为宜。每亩藕田内养鱼数量应视鱼的种类和鱼苗大小而定，如 10 厘米左右规格的鲤鱼可为 150 尾，25 克左右鲤鱼可放养 700 尾左右。养鱼时应适当投料。藕田养鱼，可有效改善田间生态环境，有利于减轻病虫害危害，综合效益明显。

八、葡萄生态有机高产优质种植技术规程

（一）改造复壮

建立好的果园环境、健康肥沃的土壤和健康的植株，就要从改造树体和改良土壤着手，提倡"稀高草"技术，即减少每亩株数，让树稀下来，以果树树冠下见光 30%～40% 为好。第一，结果第一枝位提高到 80 厘米以上，最好提高到 1 米，扩大树下空间。第二，在保留果园杂草的基础上，每年秋天种植毛苕子，夏季种油菜作为绿肥，这既增加了生物多样性，给害虫和天敌提供了栖息地，还保护了土壤，提高果园湿润度，降低酷夏时候的果园温度。

（二）基肥

普通农家肥 3 000-5 000 千克，或者蚯蚓有机肥 2 000 千克，加矿物质肥 100 千克，钙镁磷肥 100 千克，把这几种肥料均匀撒在地面上，深翻。如果没有农家肥或蚯蚓有机肥，亩用地力旺固体菌 400 千克，矿物质肥和钙镁磷肥用量同上。

（三）追肥

萌芽期亩用地力旺液体菌 10 千克 +"那氏 778" 3 千克，兑水 200-300 倍用施肥枪追入。6～8 月份，每月追一次水溶肥，其配方是：地力旺液体菌 + 腐殖酸钾（或者麦饭石钾）各 5 千克，兑水用施肥枪追入或随水冲施。

（四）种草

秋施基肥的同时亩种 5 千克毛苕子种子，条播或撒播，深 2-3 厘米。绿肥越冬，次年春季返青，生长到 50 厘米以上时，离地面 3～5 厘米处割掉，覆于树盘，并喷液体菌促其快速腐烂。可连续割刈 2～3 次。6～7 月中耕除草，然后亩撒甘蓝型油菜籽 1～2 千克，扫土覆盖。长到 50 厘米以上时割刈。

（五）防病

第一，霜霉病在 6～8 月份开始发病，9-10 月份为发病盛期；白粉病发病期在 5～10 月前；褐斑病 5～6 月始发、7～9 月严重；黑腐病和黑痘病在幼梢和幼果时期发病；灰霉病在新稍时期发生；葡萄炭疽病在树势弱高温高湿时易发生；根癌病在冬季埋树时受伤引起。

第二，复壮树势增强抗性。间伐提干去枝，地面至少有 30%～40% 的地方照到阳光，通风，排水降湿；增施有机肥、矿物质肥和微生物肥料；果园种草，改善果园小生态环境。

第三，预防为主防重于治

冬季 12 月和元月各喷一次 5 波美度石硫合剂，杀灭大部分病菌；另外在病初发期喷布 0.3～0.5 波美度石硫合剂，连续喷 2～3 次，可以防治霜霉病、白粉病、褐斑病、黑腐病和黑痘病。

未发病期间，每月喷施 1～2 次益微菌粉 300～500 倍 +"那氏 778" 100～200 倍进行保护。

叶面喷施比例是 1：0.7：200（硫酸铜：生石灰：清水）的波尔多液 2～3 次，对防治葡萄霜霉病有特效；或用 10 升水 + 木醋液 40 毫升 + 米醋 20 毫升，2～3 天一次，连续 2～3 次；10 升水 + 米醋 50 毫升，2～3 天一次，连续 2～3 次，可以防治各种叶部果实病害。

葡萄根癌病要减少树体受伤；所有树体伤口抹 2 次 5 波美度石硫合剂再埋土；做好排水设施，避免积水；减少氮素，减少挂果；通风透光；果园生草。或用 100～200 倍的益微菌粉 +100～200 倍的"那氏 778" +100-200 倍腐殖酸钾 +100-200 倍的麦饭石钾灌根．并涂抹树干病部。

（六）防虫

葡萄的害虫主要有绿盲蝽、叶蝉、斑衣腊蝉、叶甲、卷叶象甲、吉丁甲、蓟马、白星花金龟子、康氏粉蚧、东方盔蚧、葡萄透翅蛾、葡萄虎天牛、螨类等。诱虫灯—频振式杀虫灯：利用害虫趋光的特性，引诱成虫扑灯。灯外配以频振式高压电网触杀，使害虫落入灯下的接虫袋内。可以诱杀金龟子、棉铃虫等箴虫。诱虫板—带颜色的粘板：树上悬挂黄色和蓝色诱虫板各20～30张/亩，黄板可诱杀叶蝉、蛇虫等；蓝板可诱杀蓟马、种蝇等。性诱剂：利用昆虫的性信息素引诱异性昆虫进入诱捕器将其杀死。如使用性诱剂诱捕葡萄透翅蛾。

保护利用天敌和生物农药：植物源杀虫剂藜芦碱、复合烟碱、氧化内酯水剂（苦参碱）、天然除虫菊素（云菊）和复合棟素杀虫剂有较好的防治效果。根据产品说明使用。另外益微菌粉和"那氏778"对害虫也有一定的预防控制作用．这样就大大减少了害虫爆发和猖獗危害的几率，正常年份可能不需要药物防治，植物源农药、生物源农药和矿物源农药治虫慢，所以相对化学农药来说，用药要提前几天，治早治小。

第五章　生态农业视角下种植主推栽培技术

第一节　水稻栽培技术

一、水稻集中育秧技术

（一）水稻集中育秧的主要方式

（1）连栋温室硬盘育秧，又称智能温室育秧或大棚育秧

（2）中棚硬（软）盘育秧

（3）小拱棚或露地软盘育秧

（二）技术总目标

提高播种质量（防漏播、稀播），提高秧苗素质（旱育秧，早炼苗），提高成秧率（防烂种、烂芽、烂秧死苗）。

（三）适合于机插的秧苗标准

要求营养土厚 2 ～ 2.5 厘米，播种均匀，出苗整齐。营养土中秧苗根系发达，盘结成毯状。苗高 15 ～ 20 厘米，茎粗叶挺色绿，矮壮。秧块长 58 厘米，宽 28 厘米，叶龄三叶左右。

（四）水稻集中育秧技术

1. 选择苗床，搭好育秧棚

选择离大田较近，排灌条件好，运输方便，地势平坦的旱地作苗床，苗床与大田

比例为1：100。如采用智能温室，多层秧架育秧，苗床与大田之比可达1：200左右。如用稻田作苗床，年前要施有机肥和无机肥腐熟培肥土壤。选用钢架拱形中棚较好，以宽6～8米，中间高2.2～3.2米为宜，棚内安装喷淋水装置，采用南北走向，以利采光通风，大棚东南西三边20米内不宜有建筑物和高大树木。中棚管应选用4分厚壁钢管，顺着中棚横梁，每隔3米加一根支柱，防风绳、防风网要特别加固。中棚四周开好排水沟。整耕秧田：秧田干耕干整，中间留80厘米操作道，以利运秧车行走，两边各横排4～6排秧盘，并留好厢沟。

2. 苗床土选择和培肥

育苗营养土一定要年前准备充足，早稻按亩大田125千克（中稻按100千克）左右备土（一方土约1 500千克，约播400个秧盘）。选择土壤疏松肥沃，无残茬、无砾石、无杂草、无污染、无病菌的壤土，如耕作熟化的旱田土或秋耕春耖的稻田土。水分适宜时采运进库，经翻晒干爽后加入1%～2%的有机肥，粉碎后备用，盖籽土不培肥。播种前育苗底土每100千克加入优质壮秧剂0.75千克拌均匀，现拌现用，黑龙江省农科院生产的葵花牌、云杜牌壮秧剂质量较好，防病效果好。盖籽土不能拌壮秧剂，营养土冬前培肥腐熟好，忌播种前施肥。

3. 选好品种，备足秧盘

选好品种，选择优质、高产、抗倒伏性强品种。早稻：两优287、鄂早17等。中稻：丰两优香1号、广两优96、两优1 528等。常规早稻每亩大田备足硬（软）盘30张，用种量4千克左右。杂交早稻每亩大田备足硬（软）盘25张，用种量2.75千克。中稻每亩大田备足硬（软）盘22张，杂交中稻种子1.5千克。

4. 浸种催芽

（1）晒种

清水选种：种子催芽前先晒种1～2天，可提高发芽势，用清水选种，除去秕粒，半秕粒单独浸种催芽。

（2）种子消毒

种子选用"适乐时"等药剂浸种，可预防恶苗病、立枯病等病害。

（3）浸种催芽

常规早稻种子一般浸种24～36小时，杂交早稻种子一般浸种24小时，杂交中稻种子一般浸种12小时。种子放入全自动水稻种子催芽机或催芽桶内催芽，温度调控在35度档，一般12小时后可破胸，破胸后种子在油布上摊开炼芽6～12小时，晾干水分后待播种用。

5. 精细播种

（1）机械播种

安装好播种机后，先进行播种调试，使秧盘内底土厚度为2～2.2厘米。调节洒水量，使底土表面无积水，盘底无滴水，播种覆土后能湿透床土。调节好播种量，常规早稻每盘播干谷150克，杂交早稻每盘播干谷100克，杂交中稻每盘播干谷75克，若以芽谷计算，乘以1.3左右系数。调节覆土量，覆土厚度为3～5毫米，要求不露籽。采用电动播种设备一小时可播450盘左右（1天约播200亩大田秧盘），每条生产线需工人8～9人操作，播好的秧盘及时运送到温室，早稻一般3月18日开始播种。

（2）人工播种

①适时播种：3月20～25日抢晴播种。②苗床浇足底水：播种前一天，把苗床底水浇透。第二天播种时再喷灌一遍，确保足墒出苗整齐。软盘铺平、实、直、紧，四周用土封好。③均匀播种：先将拌有壮秧剂的底土装入软盘内，厚2～2.5厘米，喷足水分后再播种。播种量与机械播种量相同。采用分厢按盘数称重，分次重复播种，力求均匀，注意盘子四边四角。播后每平方米用2克敌克松兑水1千克喷雾消毒，再覆盖籽土，厚约3～5毫米，以不见芽谷为宜。使表土湿润，双膜覆盖保湿增温。

6. 苗期管理

（1）温室育秧

①秧盘摆放：将播种好的秧盘送入温室大棚或中棚，堆码10～15层盖膜，暗化2～3天，齐苗后送入温室秧架上或中棚秧床上育苗。②温度控制：早稻第1～2天，夜间开启加温设备，温度控制在30～35℃，齐苗后温度控制在20～25℃。单季稻视气温情况适当加温催芽，齐苗后不必加温，当温度超过25℃时，开窗或启用湿帘降温系统降温。③湿度控制：湿度控制在80%或换气扇通风降湿。湿度过低时，打开室内喷灌系统增湿。④炼苗管理：一定要早炼苗，防徒长，齐苗后开始通风炼苗，一叶一心后逐渐加大通风量，棚内温度控制在20～25℃为宜。盘土应保持湿润，如盘土发白、秧苗卷叶，早晨叶尖无水珠应及时喷水保湿。前期基本上不喷水，后期气温高，蒸发量大，约一天喷一遍水。⑤预防病害：齐苗后喷施一遍"敌克松"500倍液，一星期后喷施"移栽灵"防病促发根，移栽前打好送嫁药。

（2）中、小棚育秧

①保温出苗：秧苗齐苗前盖好膜，高温高湿促齐苗，遇大雨要及时排水。②通风炼苗：一叶一心晴天开两档通风，傍晚再盖好，1～2天后可在晴天日揭夜盖炼苗，并逐渐加大通风量，二叶一心全天通风，降温炼苗，温度20～25℃为宜。阴雨天开窗炼苗，日平均温度低于12℃时不宜揭膜，雨天盖膜防雨淋。③防病：齐苗后喷一次"移栽灵"防治立枯病。④补水：盘土不发白不补水，以控制秧苗高度。⑤施肥：因秧龄短，苗床一般不追肥，脱肥秧苗可喷施1%尿素溶液。每盘用尿素1克，按1：100兑水拌匀后于傍晚时分均匀喷施。

7. 适时移栽

由于机插苗秧龄弹性小，必须做到田等苗，不能苗等田，适时移栽。早稻秧龄20～25天，中稻秧龄15～17天为宜，叶龄3叶左右，株高15～20厘米移栽，备栽秧苗要求苗齐、均匀、无病虫害、无杂株杂草、卷起秧苗底面应长满白根，秧块盘根良好。起秧移栽时，做到随起、随运、随栽。

（五）机插秧大田管理技术要点

1. 平整大田

用机耕船整田较好，田平草净，土壤软硬适中，机插前先沉降 1 ～ 2 天，防止泥陷苗，机插时大田只留瓜皮水，便于机械作业，由于机插秧苗秧龄弹性小，必须做到田等苗，提前把田整好，田整后，亩可用 60% 丁草胺乳油 100 毫升拌细土撒施，保持浅水层 3 天，封杀杂草。

2. 机械插秧

行距统一为 30 厘米，株距可在 12 ～ 20 厘米内调节，相当于可亩插 1.4 万～ 1.8 万穴。早稻亩插 1.8 万穴，中稻亩插 1.4 万穴为宜，防栽插过稀。每蔸苗数早杂 4 ～ 5 苗，常规早稻 5 ～ 6 苗，中杂 2 ～ 3 苗，漏插率要求小于 5%，漂秧率小于 3%，深度 1 厘米。

3. 大田管理

（1）湿润立苗

不能水淹苗，也不能干旱，及时灌薄皮水。

（2）及时除草

整田时没有用除草剂封杀的田块，秧苗移栽 7 ～ 8 天活蔸后，亩用尿素 5 千克加丁草胺等小苗除草剂撒施，水不能淹没心叶，同时防治好稻蓟马。

（3）分次追肥

分蘖肥做两次追施，第一次追肥后 7 天追第 2 次肥，亩用尿素 5 ～ 8 千克。

（4）晒好田

机插苗返青期较长，返青后分蘖势强，高峰苗来势猛，可适当提前到预计穗数的 70% ～ 80% 时自然断水落干搁田，反复多次轻搁至田中不陷脚，叶色落黄褪淡即可，以抑制无效分蘖并控制基部节间伸长，提高根系活力。切勿重搁，以免影响分蘖成穗。

（5）防治好病虫害。

二、水稻湿润育秧技术

水稻湿润育秧技术作为手工插秧的配套育秧方法，适宜不同地区、水稻种植季节及不同类型水稻品种育秧。该技术操作方便、应用广泛、适应性强。

（一）主要技术要点

1. 秧田准备

选择背风向阳、排灌方便、肥力较高、田面平整的稻田作秧田，秧田与本田的比例为 1：（8 ～ 10）。在播种前 10 天左右，干耕干整，耙平耙细，开沟做畦，畦长 10 ～ 12 米，畦宽 1.4 ～ 1.5 米，沟宽 0.25 ～ 0.30 米，沟深 0.15 米畦面要达到"上糊下松，沟深面平，肥足草净，软硬适中"的要求。结合整地做畦，每亩秧田施用复合肥 20 千克，施后将泥肥混匀耙平。

2. 种子处理与浸种催芽

播种前，选择晴天晒种 2 天。采用风选或盐水选种。浸种时用强氯精、咪鲜胺等进行种子消毒。浸种时间长短视气温而定，以种子吸足水分达透明状并可见腹白和胚为主，气温低时浸种 2～3 天，气温高时浸种 1～2 天。催芽用 35～40℃ 温水洗种预热 3～5 分钟，后把谷种装入布袋或落筐，四周可用农膜与无病稻草封实保温，一般每隔 3～4 小时淋一次温水，谷种升温后，控制温度在 35～38℃.。如果温度过高要翻堆。谷种露白后要调降温度到 25～30℃，适温催芽促根，待芽长半粒谷、根长 1 粒谷时即可。播种前把种芽摊开在常温下炼芽 3～6 小时后播种。

3. 精量播种

早稻 3 月中下旬抢晴播种。早稻常规稻 30 千克/亩，杂交稻秧田播种量 20 千克/亩为宜。单季常规稻 10～12 千克/亩，杂交稻秧田播种量 7～10 千克/亩。双季晚稻常规稻播种量 20 千克/亩，杂交稻秧田播种量 10 千克/亩。播种时以芽长为谷粒的半长，根长与谷粒等长时为宜。播种要匀播，可按芽谷重量确定单位面积的播种量。播种时先播 70% 的芽谷，再播剩余的 30% 补匀。播种后进行塌谷，塌谷后喷施秧田除草剂封杀杂草。

4. 覆膜保温

南方早稻一般采用拱架盖塑料薄膜保温的方法，也可用无纺布保温，采用高 40～50 厘米的小拱棚，然后盖上膜，膜的四周用泥压紧，防备大风掀开。单季稻和连作晚稻秧田搭建遮阳网，防止鸟害和暴雨对播种影响，出苗后撤网。

5. 秧苗管理

早稻：出苗期保持畦面湿润，畦沟无水，以增强土壤通气性。出苗后到揭膜前，原则上不灌水上畦，以促进发根。揭膜时灌浅水上畦，以后保持畦面上有浅水，若遇寒潮可灌深水护苗。早稻播种到齐苗，若低于 35℃ 一般不要揭膜。若高于 35℃，应揭开两头通风降温，齐苗到 2 叶期应开始降温炼苗，晴天上午 10 点到下午 3 点揭开两头，保持膜内在 25℃ 左右。早上揭膜，傍晚盖膜，进行炼苗。揭膜时每亩秧田施尿素和氯化钾各 4～6 千克做"断奶肥"，以保证秧苗生长对养分的需求，秧龄长的在移栽前还可再施尿素和氯化钾各 2～3 千克做"送嫁肥"。

单季稻和连作晚稻：播种后到一叶一心期，保持畦面无水而沟中有水，以防"高温烧芽"。一叶一心到二叶一心期，仍保持沟中有水，畦面不开裂不灌水上畦，开裂则灌"跑马水"上畦。三叶期以后灌浅水上畦，以后浅水勤灌促进分蘖，遇高温天气，可日灌夜排降温。晚稻一叶一心期追施"断奶肥"和 300 ppm 浓度多效唑每亩药液 75 千克喷施一次，四至五叶期施一次"接力肥"，移栽前 3～5 天施"送嫁肥"，每次施肥量不宜过多，以每亩尿素和氯化钾各 3～4 千克为宜。

6. 病虫草害防治

塌谷后及时喷施秧田除草剂封杀杂草，秧苗期应及时拔除杂草。早稻注意防治立枯病、稻瘟病，单季稻和晚稻防治稻蓟马、稻纵卷叶螟、苗稻瘟等病虫危害。移栽前用螟施净 100 毫升兑水 45 千克喷施，做到带药移栽。

三、水稻抛秧栽培技术

水稻抛秧栽培技术是指利用塑料育秧盘或无盘抛秧剂等培育出根部带有营养土块的水稻秧苗，通过抛、丢等方式移栽到大田的栽培技术。根据育苗的方式，抛秧稻主要有塑料软盘育苗抛栽、纸筒育苗抛栽、"旱育保姆"无盘抛秧剂育秧抛栽和常规旱育秧手工掰块抛栽等方式。湖北省主要以塑料软盘育苗抛秧和无盘旱育抛秧为主。

（一）塑料软盘育苗抛成技术

1．播前准备

（1）品种选择

选择秧龄弹性大、抗逆性好的品种。双季晚稻要根据早稻品种熟期合理搭配品种，一般以"早配迟""中配中""迟配早"的原则，选用稳产高产、抗性强的品种，保证安全齐穗。

（2）秧盘准备

每亩大田需备足 434 孔塑料 50 张。秧龄短的早熟品种可备 561 孔塑料育秧软盘 40 ～ 45 张。

（3）确定苗床

选择运秧方便、排灌良好、背风向阳、质地疏松肥沃的旱地、菜地或水田作苗床。苗床面积按秧本田 1∶（25 ～ 30）的比例准备。营养土按每张秧盘 1.3 ～ 1.4 千克备足。

2．播种育秧

（1）播期

一般早稻在 3 月下旬至 4 月上旬播种。晚稻迟熟品种于 6 月 5 ～ 10 日播种，中熟品种于 6 月 15 ～ 20 日播种，早熟品种 7 月 5 ～ 10 日播种。

（2）摆盘

在苗床厢面上先浇透水，再将塑料软盘 2 个横摆，用木板压实，做到盘与盘衔接无缝隙，软盘与床土充分接触不留空隙，无高低。

（3）播种

将营养土撒入摆好的秧盘孔中，以秧盘孔容量的三分之二为宜，再按每亩大田用种量，将催芽破胸露白的种子均匀播到每具孔中，杂交稻每孔 1 ～ 2 粒，常规稻每孔 3 ～ 4 粒，尽量降低空穴率，然后覆盖细土使孔平并用扫帚扫平，使孔与孔之间无余土，以免串根影响抛秧，盖土后用喷水壶把水淋足，不可用瓢泼浇。

（4）覆盖

早稻及部分中稻需要覆盖地膜保温。晚稻需覆盖上秸秆防晒、防雨冲、防雀害，保证正常出苗。

（5）苗床管理

①芽期：播后至第 1 叶展开前，主要保温保湿，早稻出苗前膜内最适温度

30～32℃，超过35℃时通风降温，出苗后温度保持在20～25℃，超过25℃时通风降温。晚稻在立针后及时将覆盖揭掉，以免秧苗徒长。②2叶期：一叶一心到二叶一心期，喷施多效唑控苗促蘖。管水以干为主，促根深扎，叶片不卷叶不浇水。早、中稻膜内温度应在20℃左右，晴天白天可揭膜炼苗。③3叶至移栽：早稻膜内温度控制在20℃左右。根据苗情施好送嫁肥，一般在抛秧前5～7天亩用尿素2.5千克均匀喷雾。在抛栽前一天浇一次透墒水，促新根发出，有利于抛栽和活蔸，抛栽前切忌不能浇水。晚稻秧龄超过25～30天的，对缺肥的秧苗可适当施送嫁肥，但要注意保证秧苗高度不超过20厘米。

3. 大田抛秧

（1）耕整大田

及时耕整大田，要求做到"泥融、田平、无杂草"。在抛栽前用平田杆拖平。

（2）施足基肥

要求氮、磷、钾配合施用，以每亩复合肥40～50千克作底肥。

（3）适时早抛

一般以秧龄在30天内、秧苗叶龄不超过4片为宜。晚稻抛栽期秧龄长（叶龄5～6叶）的争取早抛，尽量争取在7月底抛完。

（4）抛秧密度

早稻每亩抛足2.5万穴，中稻每亩1.8万穴左右，晚稻每亩2万穴左右，不宜抛秧过密过稀。

（5）抛栽质量

用手抓住秧尖向上抛2～3米的高度，利用重力自然入泥立苗。先按70%秧苗在整块大田尽量抛匀，再按3米宽拣出一条30厘米的工作道，然后将剩余30%的秧苗顺着工作道向两边补缺。抛栽后及时均免匀苗。

4. 大田管理

（1）水分管理

做到"薄水立苗、浅水活蘖、适期晒田"。抛栽时和抛栽三天内保持田面薄水，促根立苗。抛栽三天后复浅水促分蘖。当每亩苗达到预期穗数的85%～90%时，应及时排水晒田，促根控蘖。后期干干湿湿，养根保叶，切忌长期淹灌，也不宜断水过早。

（2）施肥

抛秧后3～5天，早施分蘖肥，每亩追尿素10千克。晒田后复水时，结合施氯化钾7～8千克。

（3）防治病虫害

主要防治稻蓟马、稻纵卷叶螟，重点防治第四代三化螟危害造成白穗。

（二）水稻无盘旱育抛秧技术

水稻无盘旱育抛秧技术是水稻旱育秧和抛秧技术的新发展，利用无盘抛秧剂（简称旱育保姆）拌种包衣，进行旱育抛秧的一种栽培技术。旱育保姆包衣无盘育秧具有操作简便、节省种子、节省秧盘、节省秧地、秧龄弹性大、秧苗质量好、拔秧方便、秧根带土易抛、抛后立苗快等技术优势及增产作用，一般每亩大田增产 5% ～ 10%。尤其是对早稻因为干旱或者前期作物影响不能及时移栽，需延长秧龄以及对晚稻感光型品种要求提前播种，延长生育期，确保晚稻产量，显得特别重要。

技术要点：

1. 秧田准备

应选用肥沃、含沙量少、杂草较少、交通方便的稻田或菜地作无盘抛秧的秧床秧田。一般 1 亩大田需秧床 30 ～ 40 平方米。整好秧厢，翻犁起厢时一并施入足够的腐熟农家肥，同时，还应施 2 ～ 2.5 千克复合肥与泥土充分混合，培肥床土。按 1.5 米开厢，起厢后耙平厢面。

2. 选准型号

无盘抛栽技术要选用抛秧型的"旱育保姆"，袖稻品种选用釉稻专用型，粳稻品种选用粳稻专用型。

3. 确定用量

按 350 克"旱育保姆"可包衣稻种 1 ～ 1.2 千克来确定用量。"旱育保姆"包衣稻种的出苗率高、成秧率高、分蘖多，因此需减少播种量。大田用种量杂交稻每亩 1.5 千克左右，常规稻 2 ～ 3 千克，秧大田比 1：（12 ～ 15）。

4. 浸好种子

采取"现包即种"的方法。包衣前先将精选的稻种在清水中浸泡 25 分钟，温度较低时可浸泡 12 小时，春季气温低，浸种时间长，夏天气温高，浸种时间短。

5. 包衣方法

将浸好的稻种捞出，沥至稻种不滴水即可包衣。将包衣剂倒入脸盆等圆底容器中，再将浸湿的稻种慢慢加入脸盆内进行滚动包衣，边加种边搅拌，直到包衣剂全部包裹在种子上为止。拌种时，要掌握种子水分适度。稻种过分晾干，拌不上种衣剂。稻种带有明水，种衣剂会吸水膨胀粘结成块，也拌不上或拌不匀。拌种后稍微晾干，即可播种。

6. 浇足底水

旱育秧苗床的底水要浇足浇透，使苗床 10 厘米土层含水量达到饱和状态。

7. 匀播盖籽

将包好的种子及时均匀撒播于秧床，无盘抛秧播种一定要均匀，才能达到秧苗所带泥球大小相对一致，提高抛栽立苗率。播种后，要轻度镇压后覆盖 2 ～ 3 厘米厚的薄层细土。

8. 化学除草

盖种后喷施旱育秧专用除草剂，如旱秧青、旱秧净等。

9. 覆盖薄膜、增温保湿

为了保证秧苗齐、匀、壮，播种后要盖膜，齐苗后逐步揭膜，揭膜时要一次性补足水分。

10. 拔秧前浇水

在拔秧前一天的下午苗床要浇足水，一次透墙，以保证起秧时秧苗根部带着"吸水泥球"，利于秧立苗，但不能太湿。扯秧时，应一株或两株秧苗作一莞拨起。

11. 旱育抛秧方法

大田田间管理及病虫害防治等同塑盘抛秧栽技术。

四、水稻直播栽培技术

水稻直播栽培（简称直播稻）是指在水稻栽培过程中省去育秧和移栽作业，在本田里直接播上谷种，栽培水稻的技术。与移栽稻相比，具有减轻劳动强度，缓和季节矛盾，省工、省力、省本、省秧田，高产高效等优点，已逐渐成为水稻生产的重要栽培方式。

直播栽培有水直播、旱直播和水稻旱种3种，其中水直播已成为目前水稻直播栽培的主要方式。水直播是在土壤经过精细整地，田平沟通，在浅水层条件下或在湿润状态下直接播种。

（一）主要技术要点

1. 选用优良品种

应选苗期耐寒性好、前期早生快发、分蘖力适中、株型紧凑、茎秆粗壮、抗倒力强、抗病性强、植株较矮的早熟、中熟品种。早稻可选用两优287、两优42、鄂早18等，中稻可选用广两优香66号、扬两优6号、天两优616、Y两优1号、丰两优香1号、Q优6号、珞优8号等。

2. 精细整地，田平沟通

直播水稻做到早翻耕，田面平，田面泥软硬适中，厢沟、腰沟、围沟三沟相通，排灌通畅，使厢面无积水。平整厢面要在播种前一、两天完成，待泥沉实后再播种。

3. 适时播种，确保全苗

一般直播水稻比移栽水稻迟播7～10天，直播早稻一般在4月上中旬，日均温度在12℃以上播种。直播早稻常规稻亩用种量5千克，杂交稻亩用种量2.5～3千克。直播中稻播期视茬口而定，一般中稻常规品种亩用种量3千克左右，杂交稻亩用种量2千克左右为宜。直播稻浸种催芽以破胸播种较为适宜。播种方法有撒播、点播和条播，大面积的直播可用机械条播。播种采取分厢定量的办法，先稀后补，即先播70%种子，后用30%种子补缺补稀，关键要确保均匀，播后轻埋芽。点播的不少于每亩2万穴。当秧苗3～4叶期时要及时进行田间查苗补苗，进行移密补稀，使稻株分布均匀。

4. 平衡施肥

直播水稻要以施有机肥为主，适当配施氮、磷、钾肥。施肥原则是"两重两轻一补"，即重底、穗肥，轻施断奶、促蘖肥，看苗补粒肥。基肥占施肥量的40%，追肥占60%，底肥一般每亩施农家肥2 500千克，复合肥30～40千克。苗期追肥在3叶期，亩施尿素5千克，钾肥5千克。中期控制施肥，防止群体过大而引起倒伏。看苗酌施穗肥，如晒田后苗落黄较重，则每亩可施尿素2～4千克，钾肥3～5千克，落色不重可不施。穗粒肥于拔节后至齐穗期，每亩叶面喷施磷酸二氢钾150克。

5. 科学管水

管水要结合施肥、除草进行干湿管理，浅水勤灌，够苗后重晒田，促深扎根防倒伏。一般二叶一心前湿润管理促扎根，切忌明水淹苗。二叶一心后浅水促分蘖。中期适度多次搁田，可采用"陈水不干、新水不进"的方法，封行够苗后重晒田，防倒伏。抽穗灌浆期采用间歇灌溉法，成熟期干湿交替，切忌过早断水，收割前7天断水。

6. 化学除草

直播前5天整好田、开好沟，撒施除草剂"丁草胺"或"草甘麟"，保水4～5天后再排水播种。播种后1～3天，喷雾或撒施"扫弗特"除草。当秧苗三叶一心时，视田间稗草密度，如需要可再选择"二氯喹琳酸可湿性粉剂"除稗草，如阔叶草及莎草杂草大量发生时，加"苄黄隆可湿性粉剂"，结合追肥撒施，药后保水5～7天。

7. 综合防治病虫

在重视种子消毒，预防恶苗病等种传病害的基础上，根据病虫情报及时地做好稻飞虱、稻纵卷叶螟、二化螟、稻瘟病、稻曲病、纹枯病等水稻病虫害的防治工作。

五、水稻免耕栽培技术

水稻免耕栽培技术是指在水稻种植前稻田未经任何翻耕犁耙，先使用除草剂摧枯灭除前季作物残茬或绿肥、杂草，灌水并施肥沤田，待水层自然落干或排浅水后，将秧苗抛栽或直播到大田中的一项新的栽培技术。

水稻免耕栽培田块要求：选择水源条件好、排灌方便、耕层深厚、保水保肥性能好、田面平整的田块进行。易旱田、砂质田和恶性杂草多的田块不适宜作免耕田。

（一）主要技术要点

1. 水旱轮作田免耕栽培

水稻水旱轮作免耕栽培是指油菜、早熟西瓜、小麦、蔬菜等田块，收获后不用翻耕，喷施克瑞踪除草后，即可抛秧、插秧、直播水稻。

（1）免耕抛秧

免耕抛秧就是秧苗直接抛在未经耕耙的板田上，操作程序是：①种子用"适乐时"包衣、浸种，旱育秧苗。②收割油菜、小麦等前茬作物后，排干田水，喷施克瑞踪除草。③施土杂肥，沟内填埋秸秆，灌水泡田，施复合肥或有机氮素肥作底肥，整理田坡。

④田水自然落干到适宜水深后进行抛秧或丢秧。⑤抛秧 3 天后复水，灌水时缓慢，以防止漂秧。⑥返青后按照常规施用稻田除草剂。⑦常规管理。免耕抛秧每亩抛秧穴数比翻耕多 5%～10%，秧龄比移栽稻短，叶龄不超过 3 叶，苗高以不超过 10～15 厘米为宜。大田基肥要腐熟，防止出现烧根死苗现象。最好不用或少用碳酸氢铵。

（2）免耕插秧

免耕插秧就是在未经耕耙的田块上直接栽插秧苗。采用板田直插，应选用土质较松软的壤土、轻壤土。免耕插秧的程序是：①种子用"适乐时"包衣、浸种，培育壮苗。②收割油菜、小麦等前茬作物后，排干田水，喷施克瑞踪除草。③施土杂肥，沟内填埋秸秆，灌水泡田，施复合肥或有机氮素肥作底肥，整理田埂。④田水自然落干到适宜水深后进行插秧。⑤插秧 3 天后复水，灌水时应缓慢，以防止漂秧。⑥返青后按照常规施用稻田除草剂。⑦常规管理。

（3）免耕直播

免耕直播就是将稻种直接播在未经翻耕的板田上。免耕直播的操作程序是：①种子用"适乐时"包衣，浸种催芽。②收割油菜、小麦等前茬作物后，排干田水，喷施克瑞踪除草，要喷匀喷透。③施土杂肥，灌水泡田，施复合肥或有机氮素肥作底肥，整理田坡，整平田面。④田水基本落干后进行播种。亩用种量杂交稻 1.25 千克，常规稻 4.0 千克。⑤播种 1 天后喷施或撒施"扫弗特"除草。⑥常规管理。

免耕直播要注意：第一，不要选用漏水田和水源不足的田块。第二，播种量比翻耕田稍多。第三，双季晚稻不宜采用直播。

（4）秸秆还田

具体做法是：油菜收获后不要平沟，将油菜秸秆全部埋入沟中踩实，将高于田面的土耙在秸秆上，压住秸秆，防止上水后飘起。到了秋季，再将 30%～50% 的水稻秸秆埋入沟中，在沟的左侧犁出一条新沟，犁出的土顺势填入沟内，埋在秸秆上。每年如此，每年将沟往左移动一次，3～5 年后可将全田埋秸秆一遍，这是提高地力的有效途径。早晚稻连作田收后即脱粒、喷药，24 小时后灌水、施肥、抛秧。

2. 冬干田免耕栽培

冬干田杂草容易防除，地块平整，适宜免耕抛秧和免耕直播，操作程序是：

（1）种子用"适乐时"包衣、浸种催芽培育壮苗

（2）喷施克瑞踪防除冬干田杂草

（3）灌水泡田，整理田埂，以复合肥或有机氮素肥作底肥

（4）田水自然落干到适宜水深后进行播种、抛秧、丢秧或插秧

（5）3 天后复水，灌水时应缓慢，以防止漂秧

（6）按照常规方法，施用稻田除草剂

（7）进行常规管理

3. 双季晚稻免耕栽培

双季晚稻田是连作水稻田，适合免耕抛秧，土质较松软的也可免耕插秧。双季晚稻免耕要解决的关键问题是早稻稻桩产生的自生稻。技术上要掌握两点：一是齐泥割

稻浅留稻桩。二是必须喷施克瑞踪杀灭稻桩。早稻收割后稻桩冒浆时尽快喷药，喷雾时雾滴要匀要粗，使药水渗入稻桩内，提高灭茬效果；灌深水淹稻桩。

双季晚稻的免耕栽培程序：

（1）选择适宜品种的高质量种子，进行浸种催芽，培育壮苗

（2）齐泥收割早稻，浅留稻桩

（3）排干田水，喷施克瑞踪灭稻桩

（4）复水，灌水泡田，施用复合肥或有机氮素肥作底肥

（5）田水自然落干到适宜水深后进行抛秧或插秧

（6）灌深水淹稻桩，灌水时应缓慢，以防止漂秧

（7）返青后按照常规施用稻田除草剂

（8）常规管理

4. 除草剂（克瑞踪）在水稻免耕栽培中使用要点

在水稻免耕栽培技术中，化学除草和灭茬是技术的核心环节之一。选用的灭生性除草剂要具备安全、快速、高效、低毒、残留期短、耐雨性强等优点。湖北省在水稻免耕栽培中使用克瑞踪除草剂效果较好，应用较广泛。克瑞踪在免耕栽培中使用要点如下：

（1）喷药水量以将杂草全部喷湿为标准

（2）田间积水要尽量放干后再喷药，积水深影响除草效果

（3）不要用混浊的泥水兑药，泥水会降低克瑞踪的效果

（4）喷施克瑞踪后一天就可上水

六、超级稻高产栽培技术

超级稻是指采用理想株型塑造与杂种优势利用相结合等有效技术途径育成的单产大幅度提高、品质优良、抗性较强的水稻新品种。现阶段的超级稻即超高产水稻，是能够大幅度提高单产，兼顾品质与抗性的水稻新品种。根据超级稻穗大、粒多、粒大的特点，其高产栽培在选择适宜品种的基础上，结合前期保证足够的基本苗，科学管理促大穗，后期注意提高结实率等配套技术，发挥品种高产潜力。

（一）双季稻1 000千克高产栽培技术

1. 选择田块

应选择排灌方便、耕层深厚、耕性良好、肥力较高的田块。

2. 选用品种

根据当地的气候特点、栽培管理水平和土壤肥力，选用适宜当地种植的超级稻品种。早晚连作稻区要选用早、晚稻中熟品种，进行合理搭配。早稻选用两优287等，晚稻选用T优207等。

3. 适时播种，培育壮秧

早稻于 3 月下旬播种，亩用种量 2 千克。晚稻于 6 月 10 日左右播种，亩用种量 1 千克。浸种 2～3 小时后用"旱育保姆"拌种，以培育壮秧。

4. 宽行窄株，合理密植

早稻秧龄 30 天以内移栽，晚稻秧龄 35 天以内移栽。株行距均为 13.3 厘米 ×（20～26.7）厘米，每亩插 2.5 万穴，早稻每穴 2～3 粒谷苗，晚稻每穴 2 粒谷苗移栽，每亩插足基本苗 10 万。

5. 科学管水，适时晒田

水分管理原则：除薄水分蘖，寸水孕穗抽穗扬花外，一般以湿润管理为主。分蘖前期浅水插秧活棵，薄露发根促蘖。幼穗分化至抽穗开花期浅水促大穗，保持水层 2 厘米左右。当苗数达到预期穗数的 80% 时开始晒田，总苗数控制在有效穗数的 1.2～1.3 倍，保证足够的有效穗。灌浆结实期要保持田间湿润，灌跑马水直至收割前 1 周断水，做到厢沟有水，厢面湿润。生育后期切忌断水过早，避免空秋粒多、籽粒充实度差。

6. 科学施肥，提高结实率

农家肥与化肥相结合，且氮、磷、钾合理配比。一般亩施纯氮 10～14 千克，氮、磷、钾比为 2：1：（1.6～2）。氮肥的基肥、分蘖肥、穗肥施用比例为 5：3：2 要做到"减前增后，增大穗粒肥用量"。

（1）施足基肥

每亩施优质农家肥 800～1000 千克，纯氮 5～7 千克，五氧化二磷 5 千克，氧化钾 10 千克。

（2）巧施追肥

分蘖肥在移栽后 5～25 天内，分 2～3 次追施。抽穗后 10～15 天，视苗情施穗肥，若肥料不足，亩补施尿素 2～3 千克、氯化钾 3～5 千克。若贪青，则用火灰＋硫磺粉＋石灰配成黑白灰撒施控苗。在抽穗扬花期作叶面肥喷施磷酸二氢钾 150 克（兑水 75 千克）。

7. 综合防治病虫

坚持"预防为主，综合防治"的植保方针，在推行水稻健身栽培的基础上，加强病虫预测预报，抓住病虫防治适期，对症下药，确保防治效果。重点加强水稻"三虫"（即稻飞虱、稻纵卷叶螟、螟虫）和"三病"（稻瘟病、稻曲病、纹枯病）的防治，以物理、化学防治为主，结合生物防治。大力推广高效低毒低残留农药，在水稻生产后期尽量少施农药，减少农药在稻谷上的残留，实现高产、优质、高效目标。

（二）中稻 700 千克高产栽培技术

1. 选用品种

选择增产潜力大、品质优、抗逆性强的超级稻品种：扬两优 6 号、培两优 3076、II 优航 2 号、Q 优 6 号、II 优 7954 等。

2. 适时播种，培育壮秧

江汉平原、鄂东 4 月下旬至 5 月初播种，鄂北 4 月 20～25 日播种。大田亩用种量 1.25 千克，播种前催芽至破胸。采用旱育秧，秧龄控制在 35 天左右。

3. 合理密植，插足基本苗

亩插（抛）1.6 万～1.8 万穴，保证基本苗 8 万～10 万。

4. 施足基肥

亩施 30 千克复合肥或 50 千克碳铵、40 千克磷肥、10 千克钾肥作基肥。

5. 适时晒田

当苗主茎 12 叶以内，亩苗数达到 18 万～20 万时，及时排水晒田。最高苗数要控制在 30 万以内，成穗数达到 17 万左右，保证足够有效穗。

6. 肥水管理

（1）肥料管理

一般每亩施纯氮 12.5～14 千克，氮、磷、钾比为 2：1：2。注意氮磷钾肥配合施用。早施分蘖肥，亩施 3～5 千克尿素，促进早分蘖。巧施穗肥，亩追施尿素 3～4 千克作促花肥，亩施钾肥 5 千克或复合肥 5～10 千克作保花肥，提高结实率。叶面追肥，在始穗期、齐穗期各喷施一次磷酸二氢钾，以延缓衰老，提高千粒重Q

（2）水分管理

做到浅水栽插，寸水活棵，薄水分蘖，适时搁田。孕穗至抽穗扬花期保持浅水层，灌浆结实阶段干湿交替。水稻收获前 7 天断水。

7. 综合防治病虫

加强稻飞虱、稻纵卷叶螟、二化螟、三化螟等主要害虫和稻瘟病、稻曲病、纹枯病等病害的防治，以提高防治效果。第一，7 月上中旬纹枯病、二化螟、稻纵卷叶螟。第二，8 月上中旬三化螟、稻曲病、穗期综合征。第三，8 月下旬至 9 月上旬三（四）代稻飞虱、白叶枯病、稻瘟病等。

8. 适时收获

超级稻到灌浆黄熟后期，要适时收获。做好收割晾晒、贮放工作，以保证稻谷品质。

第二节　油菜栽培技术

一、优质油菜"一菜两用"栽培技术

（一）选择优良品种

选用双低高产、生长势强、整齐度好、抗病能力强的优质油菜品种，适合本地栽培的有中双 9 号、中双 10 号、华油杂 10 号、华双 5 号、中油杂 8 号等优质双低油菜品种。

（二）适时早播，培育壮苗

1. 精整苗床

选择地势平坦、排灌方便的地块作苗床，苗床与大田之比为 1 :（5～6）。苗床要精整、整平整细，结合整地亩施复合肥或油菜专用肥 50 千克，硼砂 1 千克作底肥。

2. 播种育苗

最佳播期为 8 月底至 9 月初。亩播量为 300～400 克，出苗后一叶一心开始间苗，三叶一心定苗，每平方米留苗 100 株左右。三叶一心时亩用 15% 多效唑 50 克兑水 50 千克均匀喷雾，如苗子长势偏旺，在五叶一心时按上述浓度再喷一次。

（三）整好大田，适龄早栽

1. 整田施底肥

移栽前精心整好大田，达到厢平土细，并开好腰沟、围沟和厢沟，结合整田亩施复合肥或油菜专用肥 50 千克，硼砂 1 千克作底肥。

2. 移栽

在苗龄达到 35～40 天时适龄移栽，一般每亩栽 8 000 株左右，肥地适当栽稀，瘦地适当栽密。移栽时一定要浇好定根水，以保证移苗成活率。

（四）大田管理

1. 中耕追肥

一般要求中耕 3 次，第一次在移栽后活株后进行浅中耕，第二次在 11 月上中旬深中耕，第三次在 12 月中旬进行浅中耕，同时培土壅蔸防冻。结合第二次中耕追施提苗肥，亩施尿素 5～7.5 千克。

2. 施好蜡肥

在 12 月中下旬，亩施草木灰 100 千克或其他优质有机肥 1 000 千克，覆盖行间和油菜要颈处，防冻保暖。

3. 施好薹肥

"一菜两用"技术的薹肥和常规栽培有较大的差别，要施 2 次。第一次是在元月下旬施用，每亩施尿素 5～7.5 千克，第二次是在摘薹前 2～3 天时施用，亩施尿素 5 千克左右。2 次羞肥的施用量要根据大田的肥力水平和苗子的长势长相来定，肥力水平高，长势好的田块可适当少施，肥力水平较低，长势较差的田块可适当多施。

4. 适时适度摘薹

当优质油菜薹长到 25～30 厘米时即可摘薹，摘薹时摘去上部 15～20 厘米，基部保留 10 厘米，摘薹要选在晴天或多云天气进行。

5. 清沟排渍

开春后雨水较多，要清好腰沟、围沟和厢沟，做到"三沟"配套，排明水，滤暗水，确保雨住沟干。

6. 及时防治病虫

油菜的主要虫害有蚜虫、菜青虫等，主要病害是菌核病，弱虫和菜青虫亩用毗虫灵 20 克兑水 40 千克或 80% 敌敌畏 3 000 倍液防治，菌核病用 50% 菌核净粉剂 100 克或 50% 速克灵 50 克兑水 60 千克选择晴天下午喷雾，喷施在植株中下部茎叶上。

7. 叶面喷硼

在油菜的初花期至盛花期，每亩用速乐硼 50 克兑水 40 千克，或用 0.2% 硼砂溶液 50 千克均匀喷于叶面，

8. 收获

当主轴中下部角果枇杷色种皮为褐色，全株三分之一角果呈黄绿色时，为适宜收获期。收获后捆扎摊于田坡或堆垛后熟，3 ～ 4 天后抢晴摊晒、脱粒，晒干扬净后及时入库或上市。

二、直播油菜栽培技术

（一）选择优良品种

选用双低高产、生长势较强、株型紧凑、整齐度好、抗病能力强的优质油菜品种，适合本地直播栽培的有中双 9 号、中油 112、中油杂 11 号、华油杂 9 号、华油杂 13 号等双低优质油菜品种。

（二）精细整地，施足底肥

1. 整田

前茬作物收获后，迅速灭茬整田，按包沟 2 米开厢，厢面宽 150 ～ 160 厘米，将厢面整平，并开好腰沟、围沟和厢沟，做到"三沟"相通。

2. 施底肥

结合整田亩施碳酸氢铵 40 千克、过磷酸钙 40 千克、氧化钾 10 ～ 15 千克、硼砂 1 千克，或复合肥 50 ～ 60 千克加硼砂 1 千克，或油菜专用肥 60 千克加硼砂 1 千克作底肥。

（三）适时播种，合理密植

1. 播种时间

直播油菜播种时间弹性比较大，从 9 月下旬至 11 月上旬均可播种，但不能超过 11 月 10 日。播种太迟在冬至前不能搭好苗架，产量太低。

2. 播种量

每亩播种量为 250 ～ 300 克，按量分厢称重播种，最好是每亩用商品油菜籽 0.5 千克炒熟后与待播种子混在一起播种，以播均匀。

3. 化学除草

播种后整平厢面，亩用 72% 都尔 100 ～ 150 毫升，兑水 50 千克均匀地喷于厢面，封闭除草。油菜出苗后，如田间杂草较多，可在杂草 3 ～ 5 叶时亩用 5% 高效盖草能 30 ～ 40 毫升或 50% 乙草胺 60 ～ 120 毫升兑水 40 千克喷雾防除。

（四）加强田间管理

1. 间苗定苗

三叶一心时，结合中耕松土进行一次间苗，锄掉一部分苗子，到五叶一心时定苗，播种较早的亩留苗 20000 ～ 25 000 株，播种较迟的亩留苗 25 000 ～ 30000 株。

2. 追施提苗肥

结合定苗，亩施尿素 5 ～ 7.5 千克提苗，提苗肥要根据地力水平，肥地少施，瘦地多施。

3. 化学调控

在三叶一心至五叶一心期间，亩用 15% 多效唑 50 克，兑水 50 千克喷雾进行化学调控，达到控上促下的目的 a

4. 施好薹肥和蕾肥

12 月中下旬施薹肥，亩施有机肥 1 000 千克或草本灰 100 千克，覆盖行间和油菜根颈处，防冻保暖。1 月下旬施蕾肥，亩施尿素 5 ～ 7.5 千克，按肥地少施瘦地多施的原则进行。

5. 清沟排渍

春后雨水较多，要清好腰沟、围沟和厢沟，做到"三沟"配套，排明水，滤暗水，确保雨住沟干。

6. 及时防治病虫

油菜的主要虫害有蚜虫、菜青虫等，主要病害是菌核病，蚜虫和菜青虫亩用吡虫灵 20 克兑水 40 千克或 80% 敌敌畏 3 000 倍液防治，菌核病用 50% 菌核净粉剂 100 克或 50% 速克灵 50 克兑水 60 千克选择晴天下午喷雾，喷施在植株中下部茎叶上。

7. 叶面喷硼

在油菜的初花期至盛花期，每亩用速乐硼 50 克兑水 40 千克，或用 0.2% 硼砂溶液 50 千克均匀喷于叶面，

8. 收获

当主轴中下部角果枇杷色种皮为褐色，全株三分之一角果呈黄绿色时，为适宜收获期。收获后捆扎摊于田坡或堆垛后熟，3 ～ 4 天后抢晴摊晒、脱粒，晒干扬净后及

时入库或上市。

三、油菜免耕直播栽培技术

（一）选择优良品种

选用双低高产、生长势较强，株型紧凑、整齐度好、抗病能力强的优质油菜品种，适合本地免耕直播栽培的品种有中双9号、中油112、中油杂11号、华油杂9号、华油杂13号等双低优质油菜品种。

（二）开沟施肥除草

1. 开沟作厢

前茬作物收获后，及时开沟作厢，按包沟1.8～2米开厢，沟宽20厘米左右，深20厘米，开沟的土均匀地铺洒在厢面上，同时要开好腰沟和围沟，沟宽30～35厘米，深30～35厘米，要做到三沟相通。

2. 施肥

结合开沟施足底肥，亩施碳酸氢铵40千克、过磷酸钙40千克、氯化钾10～15千克、硼砂1千克，或复合肥60千克加硼砂1千克，或油菜专用肥60千克加硼砂1千克均匀地施于厢面作底肥。

3. 播前除草

播种前3～5天，亩用50%扑草净100克加12.5%盖草能30～50毫升兑水60千克，或亩用41%农达水剂200～300毫升兑水50千克，或150～200毫升克无踪兑水50千克，均匀地喷雾，杀灭所有地面杂草，清理前茬。

（三）适时播种，合理密植

1. 播种时间

免耕直播油菜一般是接迟熟中稻、一季晚或晚稻茬，其播种时间在10月中旬至11月上旬，不得迟于11月10日。

2. 播种量

每亩播种量为200～250克，按量分厢称重播种，接中稻茬的田块亩播200克，按晚稻茬的田块亩播250克，力求播稀播均。

（四）加强田间管理

1. 及时间苗定苗

三叶一心时间苗，将过密的苗子拔掉，一般播种较早的田块留苗20000～25 000株，播种较迟的田块留25 000～30000株。

2. 田间除草

油菜出苗后，如田间杂草较多，可在杂草3～5叶期亩用5%高效盖草能

30 ～ 40 毫升或 50% 乙草胺 60 ～ 120 毫升兑水 40 千克喷雾防除。

3. 追施提苗肥

结合定苗，亩施尿素 5 ～ 7.5 千克提苗，提苗肥要根据地力水平，肥地少施，瘦地多施。

4. 化学调控

在三叶一心至五叶一心期间，亩用 15% 多效 U 坐 50 克，兑水 50 千克喷雾进行化学调控，达到控上促下的目的。

5. 施好薹肥和薹肥

12 月中下旬施薹肥，亩施有机肥 1 000 千克或草木灰 100 千克，覆盖行间和油菜根颈处，防冻保暖。1 月下旬施薹肥，亩施尿素 5 ～ 7.5 千克，按肥地力少施瘦地多施的原则进行。

6. 清沟排渍

开春后雨水较多，要清好腰沟、围沟和厢沟，做到"三沟"配套，排明水，滤暗水，确保雨住沟干。

7. 及时防治病虫

油菜的主要虫害有弱虫、菜青虫等，主要病害是菌核病。崎虫和菜青虫亩用毗虫灵 20 克兑水 40 千克或 80% 敌敌畏 3 000 倍液防治，菌核病用 50% 菌核净粉剂 100 克或 50% 速克灵 50 克兑水 60 千克选择晴天下午喷雾，喷施在植株中下部茎叶上。

8. 叶面喷硼

在油菜的初花期至盛花期，每亩用速乐硼 50 克兑水 40 千克，或用 0.2% 硼砂溶液 50 千克均匀喷于叶面。

9. 收获

当主轴中下部角果枇杷色种皮为褐色，全株三分之一角果呈黄绿色时，为适宜收获期。收获后捆扎摊于田埂或堆垛后熟，3 ～ 4 天后抢晴摊晒、脱粒，晒干扬净后及时入库或上市。

第三节　玉米栽培技术

一、鲜食玉米优质高产栽培技术

随着种植业结构的调整，"鲜、嫩"农产品成为现代化都市农业发展的方向，其中以甜糯为代表的鲜食玉米因其营养成分丰富，味道独特，商品性好，备受人们青睐，市场前景十分广阔，农民的经济效益很好，已逐渐发展成为武汉市优势农产品，种植面积逐年增大。根据近年来在生产上推广应用情况，现将鲜食玉米优质高产栽培技术总结如下：

（一）选用良种

一般要选用甜糯适宜、皮薄渣少、果穗大小均匀一致、苞叶长不露尖、结实饱满、籽粒排列整齐、综合抗性好且适宜于本地气候特点的优良品种。在选用品种时，应结合生产安排选用生育期适当的品种，如早春播种要选用早熟品种，提早上市；春播、秋播可根据上市需要，选用早、中、晚熟品种，排开播种，均衡上市；延秋播种以选早熟优质品种较好。

（二）隔离种植

以鲜食为主的甜、糯特用玉米其性状多由隐性基因控制，种植时需要与其他玉米隔离，以尽量减少其他玉米花粉的干扰，否则甜玉米会变为硬质型，糖度降低，品质变劣。糯玉米的支链淀粉会减少，失去或弱化其原有特性，影响品质，降低或失去商品价值。因此生产上常采用空间隔离和时间隔离。空间距离需在种植甜、糯玉米的田块周围 300 米以上，不要种与甜、糯玉米同期开花的普通玉米或其他类型的玉米，如有树林、山岗等天然屏障则可缩短隔离距离。时差隔离，即同一种植区内，提前或推后甜、糯玉米播种期，使其开花期与邻近地块其他玉米的开花期错开 20 天左右，甚至更长。对甜、糯玉米也应注意隔离。

（三）分期播种

鲜食玉米适宜于春秋种植。根据市场需要和气候条件，分期排开播种，对均衡鲜食玉米上市供应非常重要，特别是采用超早播种和延秋播种技术，提早上市和延迟上市，是提高鲜食玉米经济效益的一个重要措施。一般春播分期播种间隔时间稍长，秋播分期播种时间较短。

春播一般要求土温稳定在 12℃以上。为了提早上市，武汉地区在 2 月下旬播种，选用早熟品种，采用双膜保护地栽培，3 叶期移栽，5 月下旬至 6 月上中旬可收获，此时鲜食玉米上市量小，价格高。采用地膜覆盖栽培技术，武汉地区于 3 月中旬播种。露地栽培于清明前后播种。4 月下旬不宜种植。

秋播在 7 月中旬至 8 月 5 日播种。秋延迟播种于 8 月 5 日至 8 月 10 日播种，于 11 月上市，此时甜玉米市场已趋于淡季，产品价格同，但后期易受低温影响，有一定的生产风险。

（四）精细播种

鲜食甜、糯玉米生产，要求选择土壤肥沃、排灌方便的砂壤、壤土地块种植。鲜食甜、糯玉米特别是超甜玉米淀粉含量少，籽粒秕瘦，发芽率低，顶土力弱。为了保证甜玉米出全苗和壮苗，要精细播种。首先，要选用发芽率高的种子，播前晒种 2～3 天，冷水浸种 24 小时，以提高发芽率，提早出苗。其次，精细整地，做到土壤疏松、平整，土壤墒情均匀、良好，并在穴间行内施足基肥，一般每亩施饼肥 50 千克、磷肥 50 千克、钾肥 15 千克，或氮、磷、钾复合肥 50 ～ 60 千克，以保证种子出苗有足够的养分供应，促进壮苗早发。第三，甜玉米在播种过程中适当浅播，超甜玉米一般播深不能超过 3 厘米，普通甜玉米一般播深不超过 4 厘米，用疏松细土盖种。此外春季可利用地膜覆盖加小拱棚保温育苗，秋季可用稻草或遮阴网遮阴防晒防暴雨育苗。

（五）合理密植

鲜食玉米以采摘嫩早穗为目的，生长期短，要早定苗。一般幼苗 2 叶期间苗，3 叶期定苗。育苗移栽最佳苗龄为二叶一心。，

根据甜、糯玉米品种特性、自然条件、土壤肥力和施肥水平以及栽培方法确定适宜的种植密度。一般甜玉米的适宜密度范围在 3 000 ～ 3 500 株，糯玉米的适宜密度范围在 3 500 ～ 4 000 株，早熟品种密度稍大，晚熟品种密度稍小。采取等行距单株条植，行距 50 ～ 65 厘米，株距 20 ～ 35 厘米。

（六）加强田间管理

鲜食甜、糯玉米幼苗长势弱，根系发育不好，苗期应在保苗全、苗齐、苗匀、苗壮上下工夫，早追肥，早中耕促早发，每亩追施尿素 5 ～ 10 千克。拔节期施平衡肥，每亩尿素 5 ～ 7 千克。大喇叭口期重施穗肥，每亩施尿素 5 ～ 20 千克，并培土压根。要加强开花授粉和籽粒灌浆期的肥水管理，切不可缺水，土壤水分要保持在田间持水量的 70% 左右。

甜、糯玉米品种一般具有分蘖分枝特性。为保主果穗产量的等级，应尽早除蘖打杈，在主茎长出 2 ～ 3 个雌穗时，最好留上部第一穗，把下面雌穗去除，操作时尽量避免损伤主茎及其叶片，以保证所留雌穗有足够的营养，提高果穗商品质量，以免影响产量和质量。

在开花授粉期采用人工授粉，减少秃顶，提高品质。

（七）防治病虫害

鲜食甜、糯玉米的营养成分高，品质好，极易招致玉米螟、金龟子、蚜虫等害虫危害，且鲜果穗受危害后，严重影响其商品性状和市场价格，因此对甜玉米的虫害要早防早治，以防为主。在防治病虫害的同时，要保证甜玉米的品质，尽量不用或少用化学农药，最好采用生物防治。

玉米病虫害防治的重点是加强对玉米螟防治，可在大喇叭口期接种赤眼蜂卵块，也可用 Bt 乳剂或其他低毒生物农药灌心，以防治螟虫危害。苗期蝼蛄、地老虎危害常常会造成缺苗断垄，可用 50% 辛硫磷 800 倍液兑水喷雾预防。

（八）适时采收

采收期对鲜食甜、糯玉米的商品品质和营养品质影响较大，不同品种、不同播种期，适宜采收期不同，只有适期采摘，甜、糯玉米才具有甜、糯、香、脆、嫩以及营养丰富的特点。鲜食甜玉米应在乳熟期采收，以果穗花丝干枯变黑褐色时为采收适期；或者用授粉后天数来判断，春播的甜玉米采收期在授粉后 19 ～ 24 天，秋播的可以在

授粉后 20 ～ 26 天为好。糯玉米的适宜采收期以玉米开花授粉后的 18 ～ 25 天。鲜食玉米还应注意保鲜，采收时应连苞叶一起采收，最好是随米收，随上市。

二、鲜食玉米无公害栽培技术

鲜食玉米实行无公害栽培，可生产安全、安心的产品，满足人们生活的需要，实现农民增收、农业增效，对促进鲜食玉米产业的持续、健康发展有着重要意义。

（一）选择生产基地

选择生态环境良好的生产基地。基地的空气质量、灌溉水质量和土壤质量均要达到国家有关标准。生产地块要求地势平坦，土质肥沃疏松，排灌方便，有隔离条件。空间隔离，要求与其他类型玉米隔离的距离为 400 米以上。时间隔离，要求在同隔离区内 2 个品种开花期要错开 30 天以上。

（二）精细整地，施足基肥

播种前，深耕 20 ～ 25 厘米，犁翻耙碎，精细整地。单作玉米的厢宽 120 厘米，套种玉米厢宽 180 厘米，沟宽均为 20 厘米，厢高 20 厘米，厢沟、围沟、腰沟三沟配套。结合整地，施足基肥。一般亩施腐熟农家肥 2 000 千克，或饼肥 150 千克，或复合肥 60 千克，硫化锌 0.5 千克。

（三）分期播种，合理密植

根据市场需要和气候条件，分期排开播种。武汉地区春播一般要求土温稳定在 12℃时。如果采用塑料大棚和小拱棚育苗、地膜覆盖大田移栽方式，在 2 月上旬至 3 月上旬播种，二叶一心移栽，5 月下旬至 6 月上旬可收获。大田直播地膜覆盖栽培在 3 月中旬至 4 月上旬，6 月中下旬收获。露地直播在清明前后播种，7 月上旬采收。秋播在 7 月下旬至 8 月 5 日，秋延迟可于 8 月 5 日至 10 日播种，9 月下旬至 11 月中旬采收。

甜玉米大田直播亩用种量 0.6 ～ 0.8 千克，糯玉米亩用种量为 1.5 千克。育苗移栽，甜玉米亩用种量 0.5 ～ 0.6 千克，糯玉米亩用种量为 1 ～ 1.2 千克。采取宽窄行种植，窄行距 40 厘米，株距 30 厘米，种植密度 3 000 ～ 4000 株。

（四）田间管理

1. 查苗、补苗、定苗

出苗后要及时查苗和补苗，使补栽苗与原有苗生长整齐一致。二叶一心至三叶一心定苗，去掉弱小苗，每穴留 1 株健壮苗。

2. 肥水管理

春播玉米于幼苗 4 ～ 5 叶时追施苗肥，每亩追施尿素 3 千克。

7 ～ 9 叶时追施攻穗肥，在行间打洞，每亩追施 25 千克三元复合肥，并及时培土。在玉米授粉、灌浆期，亩用磷酸二氢钾 1 千克兑水叶面喷施。秋播玉米重施苗肥，补施攻穗肥。玉米在孕穗、抽穗、开花、灌浆期间不可受旱，土壤太干燥要及时灌跑马水，将水渗透畦土后及时排除田间渍水。多雨天气要清沟，及时排除渍水。

3. 及时去蘖

6～8叶期发现分蘖及时去掉。打苞一般留顶端或倒二苞，以苞尾部着生有小叶为最好，每株只留最大一苞。

（五）病虫害防治

鲜食玉米禁止施用高毒高残留农药，禁止施用有机磷或沙蚕毒素类农药与Bt混配的复配生物农药，采收期前10天禁止施用农药。

1. 主要虫害

玉米主要虫害有：地老虎、玉米螟、玉米蚜等。

（1）地老虎防治方法

第一，毒饵诱杀。播种到出苗前用90%敌百虫晶体0.25千克，兑水2.5千克，拌匀25千克切碎的嫩菜叶，于傍晚撒在田间诱杀。第二，人工捕捉，早晨在受害株根部挖土捕捉。第三，药物防治。可用2.5%敌杀死乳油3 000倍液、50%辛硫磷乳油1000倍液喷雾或淋根。

（2）玉米螟防治方法

①农业防治：第一，选用高产抗（耐）病虫品种。第二，也可以推广秸秆粉碎还田，或用作泌肥、饲料、燃料等措施，减少玉米螟越冬基数。第三，合理安排茬口，压低玉米螟基数。第四，利用玉米螟集中在尚未抽出的雄穗上危害特点，在危害严重地区，隔行人工去除雄穗，带出田外烧毁或深埋，以消灭幼虫。第五，在大螟田间产卵高峰期内，对五叶以上玉米苗，详细观察玉米叶鞘两侧内的大螟卵块，人工摘除田外销毁。②生物防治：在玉米螟产卵初期至产卵盛期，将"生物导弹"产品挂在玉米叶片的主脉上，或采摘杂木枝条，插在玉米地里，将"生物导弹"挂在枝条上，每亩按15米等距离挂5枚，于上午10点钟前或下午4点钟后挂。玉米螟重发田块，间隔10天左右每亩再挂5枚防治玉米螟。挂"生物导弹"后不宜使用化学农药。③理化诱控：第一，灯光诱杀物理防治技术。利用昆虫趋光性，使用太阳能杀虫灯、频振式杀虫灯诱杀大螟、玉米螟等。第二，性诱技术。利用昆虫性信息素，在性诱剂诱捕器中安放性诱剂诱杀玉米螟等害虫。④化学防治：发生严重田块，于5月上中旬，对4叶以上春玉米亩用0.2%甲维盐乳油20～30毫升，或55%特杀螟可湿性粉剂50克，或90%晶体敌百虫100克，兑水30千克，用喷雾器点喷玉米心叶部。玉米螟重发田块，于玉米心叶期施用1%辛硫磷颗粒剂或5%杀虫双大粒剂，加5倍细土或细河沙混匀，撒入喇叭口，杀灭心叶期玉米螟幼虫。在小麦与玉米间作田还可选用辛硫磷乳油主防玉米螟，兼治玉米螟、叶螨、黏虫等。

（3）玉米蚜防治方法

①清除杂草：结合中耕，清除田边、沟边、塘边和竹园等处的禾本科杂草，消灭滋生基地。②药剂拌种：用玉米种子重量0.1%的10%吡虫琳可湿粉剂浸拌种，防

治苗期蟥虫、稻蓟马、飞虱效果好。③药剂防治：在玉米心叶期，蚜虫盛发前，可用 50% 抗蚜威可湿性粉剂 3000 倍液或 10% 吡虫啉可湿性粉剂 2000 ～ 3 000 倍液喷雾，隔 7 ～ 10 天喷 1 次，连喷 2 次。

2. 主要病害

玉米的主要病害：玉米纹枯病、丝黑穗病、玉米大斑病、小斑病等。

（1）玉米纹枯病防治方法

①注意选择抗（耐）病品种，各地要因地制宜引进品种试种。②勿在前作地水稻纹枯病严重发病的田块种玉米，勿用纹枯病稻秆作覆盖物。③合理密植，开沟排水降低田间湿度，增施磷钾肥，避免偏施氮肥。④加强检查，发现病株即摘除病叶鞘烧毁，并用 5% 井冈霉素水剂 400 ～ 500 倍液喷雾，隔 7 ～ 10 天喷 1 次，连喷 2 次；或喷施速克灵可湿粉 1 000 ～ 1 500 倍液，或 50% 退菌特可湿粉 800 ～ 1 000 倍液，2 ～ 3 次，隔 7 ～ 10 天一次，着重喷植株基部。

（2）玉米丝黑穗病防治方法

①选用抗病品种。②精耕细作，适期播种，促使种子发芽早，出苗快，减少发病。③及时拔除病株，带出田外销毁。收获后及时清洁田园，减少田间初侵染菌源。实行轮作。④用粉锈宁可湿性粉剂，或敌克松 50% 可湿性粉剂，或福美双可湿性粉剂，进行药剂拌种，随拌随播。

（3）玉米大、小斑病防治方法

①选用抗病品种：这是防治大、小斑病的根本途径，不同的品种对病害的抗性具有明显的差异，要因地制宜引种抗病品种。②健身栽培：适期播种、育苗移栽、合理密植和间套作，施足基肥、配方施肥、及早追肥，特别要抓好拔节和抽穗期及时追肥，适时喷施叶面营养剂。注意排灌，避免土壤过旱过湿。清洁田园，减少田间初侵染菌源和实行轮作等。③药剂防治：可用 40% 克瘟散乳剂 500 ～ 1 000 倍液，或 40% 三唑酮多菌灵，或 45% 三唑酮福美双 1 000 倍液，或 75% 百菌清 +70% 托布津（1∶1）1000 倍液，也可选喷 50% 多菌灵可湿粉 500 倍液，或 50% 甲基托布津 600 倍液，2 ～ 3 次，隔 7 ～ 10 天一次，交替施用，前密后疏，喷匀喷足。

（4）玉米锈病防治方法

应以种植抗病杂交种为主，辅以栽培防病等措施。具体措施：①选用抗病杂交品种，合理密植。②加强肥水管理，增施磷钾肥，避免偏施过施氮肥，适时喷施叶面营养剂提高植株抗病性。适度用水，雨后注意排渍降湿。③及时施药预防控病：在植株发病初期喷施 25% 粉锈宁可湿粉剂，或乳油 1 500 ～ 2 000 倍液，或 40% 多硫悬浮剂 600 倍液，或 12.5% 速保利可湿粉，2 ～ 3 次，隔 10 天左右一次，交替施用，喷匀喷足。

（六）适时采收

鲜食玉米在籽粒发育的乳熟期，含水量 70%，花丝变黑时为最佳采收期。一般普甜玉米在吐丝后 17 ～ 23 天采收，超甜玉米在吐丝后 20 ～ 28 天采收，糯玉米在吐丝后 22 ～ 28 天采收，普通玉米在吐丝后 25 ～ 30 天采收。采收时连苞叶采收，以利于上市延长保鲜期，当天采收当天上市。

（七）运输与贮存

鲜穗收获后就地按大小分级，使用无污染的编织袋包装运输。运输工具要清洁、卫生、无污染、无杂物，临时贮存要在通风、阴凉、卫生的条件下。在运输和临时贮存过程中，要防日晒、雨淋和有毒物质污染，不使产品质量受损。不宜堆码。

三、玉米免耕栽培技术

（一）选择生产基地

选择在地势平坦、排灌方便、土层深厚、肥沃疏松、保水保肥的壤土或砂土田进行。耕层浅薄、土壤贫瘠、石砾多、土质黏重和排水不良的地块不宜作玉米免耕田。

（二）选用优质高产良种

选用优质、高产、多抗（抗干旱、抗倒伏、抗病虫害）、根系发达、适应性广、适宜于当地种植的品种。湖北省平原地区可选用登海 9 号、宜单 926、蠡玉 16 号、鄂玉 23 等品种。

（三）播前除草

选用高效、安全除草剂，在播种前 7 ～ 10 天选晴天喷施。使用除草剂要掌握"草多重喷、草少轻喷或人工除草"的原则。适合免耕栽培用的主要除草剂品种及常规用量是：10% 草甘麟每亩 1 500 ～ 2 000 毫升、20% 克无踪或百草枯每亩 250 ～ 300 毫升、41% 农达每亩 400 ～ 500 克。

（四）适时播种

玉米萌发出苗要求有一定的温度、水分和空气条件，掌握适宜时机播种，满足玉米萌发对这些条件的要求，才能做到一次全苗，当地表气温达到 12℃ 以上即可播种。春玉米一般在 3 月下旬至 4 月上旬播种。免耕栽培可采取开沟点播或开穴点播方法进行，每穴点播 2 ～ 3 粒种子，然后用经过堆派腐熟的农家肥和细土盖肥盖种。

（五）合理密植

为了保证玉米免耕产量，种植密度要适宜。春玉米一般平展型品种亩植 3000 ～ 3 800 株，紧凑型品种亩植 4500 株左右，半紧凑型品种亩植 3 800 ～ 4500 株。单行单株种植，行距 70 厘米，株距紧凑型品种 17 ～ 20 厘米，半紧凑型品种 22 ～ 24 厘米，平展型品种 26 ～ 30 厘米。双行单株种植，大行距 80 厘米，小行距 40 厘米，株距紧凑型 20 ～ 22 厘米，半紧凑型 23 ～ 25 厘米，平展型 30 ～ 34 厘米。

（六）科学施肥

掌握前控、中促、后补的施肥原则。施足基肥，注意氮、磷、钾配合施用。基肥一般亩施农家肥 2 000 千克或三元复合肥 50 千克、锌肥 1 千克。5 ～ 6 片叶时追苗肥，亩施尿素 10 千克。12 ～ 13 片叶时追穗肥，亩施尿素 20 千克。

（七）田间管理

1. 查苗补苗

出苗后及时查苗补苗。补苗方法：一是移苗补缺（即用多余苗或预育苗移栽）。二是补种（浸种催芽后补）。补种或补苗必须在 3 叶前完成，补苗后淋定根水，加施 1 ～ 2 次水肥。

2. 间苗定苗

3 叶时及时间苗，每穴留 2 苗。4 ～ 5 叶定苗，每穴留 1 苗。

3. 化学除草

5 ～ 8 叶期，每亩用 40% 玉农乐悬浮剂 50 ～ 60 毫升兑水 30 ～ 40 千克喷雾除草，草少则采用人工拔除。

4. 科学排灌

苗期遇旱可用水浇灌，抽雄至授粉灌浆期是需水临界期，应保持土壤持水量 70% ～ 80%，遇旱应及时灌水抗旱，降雨过多应及时排水防涝。

（八）病虫鼠害防治

采取农业防治、物理防治和化学防治相结合的办法综合防治，把病虫鼠害降低到最低限度。主要化学防治方法有：

虫害防治：对地下虫害防治，在播种时每亩用 50% 辛硫磷乳油 1 千克与盖种土拌匀盖种。防治玉米螟，可在大喇叭口期将 BT 颗粒剂撒于心叶内，或用 Bt 乳剂对准喇叭口喷雾，间隔 7 天施用一次。螨虫的防治，可用 2.5% 扑虱蜗兑水 800 倍防治。病害防治：对发生纹枯病的田块，在发病初期每亩用 3% 井冈霉素水剂 100 克兑水 60 千克喷雾。对大、小斑病每亩用 50% 多菌灵可湿性粉剂兑水 500 倍喷雾防治。鼠害防治：可用 80% 敌鼠钠盐、7.5% 杀鼠迷等防治，严禁使用国家禁止使用的剧毒急性药物。

（九）适时收获

收获干粒的玉米，在全田 90% 以上植株茎叶变黄，果穗苞衣枯白，籽粒变硬时可收获。鲜食甜、糯玉米，适宜在乳熟期采摘。

第四节　马铃薯栽培技术

一、秋马铃薯栽培技术

（一）种薯选择及催芽

1. 选用优良早熟品种

秋马铃薯主要作为菜用，应选用早熟或特早熟，生育期短，休眠期短，抗病、优质、高产、抗逆性强，适应当地栽培条件，外观商品性好的各类鲜食专用品种。适应本地秋季栽培的马铃薯品种有：费乌瑞它、中薯 1 号、东农 303、中薯 3 号、早大白等，种薯应选用 40 克左右的健康小整薯，大力提倡使用脱毒种薯。

2. 精心催芽

秋马铃薯播种时，一般种薯尚未萌芽，因而必须催芽以打破其休眠，催芽的时间应选在播种前 15 天进行。要选择通风、透光和凉爽的室内场所进行催芽，催芽的方法主要是采用一层种薯一层湿润稻草（或湿沙）等覆盖的方法进行，一般摆 3 ～ 4 层，也可采用 1 ～ 2 毫克 / 千克 "赤霉素" 喷雾催芽。

（二）精细整地，施足底肥

1. 整地起垄

在前茬作物收获后，及时精细整地，做到土层深厚、土壤松软 & 按 80 厘米的标准起垄，要求垄高达到 25 ～ 30 厘米，并开好排水沟。

2. 施足底肥

每亩施用腐熟的有机肥 2 000 ～ 2500 千克，含硫复合肥（含量 45%）50 千克作底肥。

（三）适时播种

1. 播种期

根据当地的气候特点，海拔高度和耕作制度，合理地确定播期，最佳播种期应在 8 月下旬至 9 月上旬，不得迟于 9 月 10 日。播期太迟易受旱霜冻害。

2. 密度

垄宽 80 厘米种双行，株距 25 ～ 30 厘米，每亩 5 000 ～ 6 000 株，肥力水平较低的地块，适当加大密度，肥力水平较高的地块适当降低密度。

3. 播种方式

秋播马铃薯，既要适当浇水降温又要考虑排水防渍。为创造土温较低的田间环境。一般宜采用起大垄浅播的方式播种，双行错窝种植。播种深度为 8 ～ 12 厘米。播种最好在阴天进行，如晴天播种要避开中午的高温时段。

（四）加强田间管理

1. 保湿出苗

播种后如遇连续晴天，必须连续浇水，保持土壤湿润，直至出苗。

2. 覆盖降温

秋马铃薯生育前期一般气温比较高。出苗后迅速用麦苗或草杂肥覆盖垄面 5 ～ 8 厘米，可降低土壤温度使幼苗正常生长。

3. 中耕追肥

齐苗时，进行第一次中耕除草培土，每亩用清水粪加 5～8 千克尿素追肥一次。现蕾后再进行一次中耕培土。

4. 抗旱排渍

土壤干旱应适度灌水，长期阴雨注意清沟排渍。

5. 化学调控

在幼苗期喷 2～3 次 0.2% 浓度的喷施宝，封行前如出现徒长，可用 15% 多效唑 50 克兑水 40 千克喷施 2 次。

6. 叶面喷肥

块茎膨大期每亩用 0.2%～0.3% 磷酸二氢钾液 50 千克叶面喷施 2～3 次，间隔 7 天。淀粉积累期，每亩用 0.2% 的氯化钾溶液 40 千克叶面喷施。

（五）病虫害防治

1. 晚疫病

当田间发现中心病株时用瑞毒霉、甲霜灵锰锌等内吸性杀菌剂喷雾，10 天左右喷一次，连续喷 2～3 次。

2. 青枯病

发现田间病株及时拔除并销毁病体。

3. 蚜虫

发现蚜虫及时防治，用 5% 抗蚜威可湿性粉剂 1000～2000 倍液，或 10% 吡虫啉可湿性粉剂 2000～4000 倍液等药剂交替喷雾。

4. 斑潜蝇

用 73% 炔螨特乳油 2000～3 000 倍稀释液，或施用其他杀螨剂，5～10 天喷药 1 次，连喷 2～3 次。喷药重点在植株幼嫩的叶背和茎的顶尖。

（六）收获上市

根据生长情况和市场需求进行收挖，也可以在春节前后收获，收获过程中轻装轻放减少损伤，防止雨淋。商品薯收获后按大小分级上市。

二、秋马铃薯稻田免耕稻草全程覆盖栽培技术

（一）种薯选择及催芽

1. 选用优良品种

秋马铃薯主要作为菜用，应选用早熟或特早熟，生育期短，休眠期短，抗病、优质、高产、抗逆性强，适应当地栽培条件，外观商品性好的各类鲜食专用品种。适应本地秋节栽培的马铃薯品种有：中薯 3 号、东农 303、费乌瑞它、中薯 1 号、早大白、

郑薯 6 号等，种薯应选用 40 克左右的健康小整薯，大力提倡使用脱毒种薯。

2. 精心催芽

秋马铃薯播种时，一般种薯尚未萌芽，因而必须催芽以打破其休眠，催芽的时间应选在播种前 15 天进行。要选择通风、透光和凉爽的室内场所进行催芽，催芽的方法主要是采用一层种薯一层湿润稻草（或湿沙）等覆盖的方法进行，一般摆 3 ～ 4 层，也可采用 1 ～ 2 毫克 / 千克"赤霉素"喷雾催芽。

（二）开沟排湿，规范整厢

中稻收割时应齐泥收割（或铲平或割平水稻禾蔸），1.6 米或 2.4 米开厢，要开好厢沟、围沟、腰沟，做到能排能灌，开沟的土放在厢面并整碎铺平。保持土壤有较好的墒情（如果割谷后田间墒情较差，可在开厢挖沟前 1 ～ 2 天灌跑马水然后再开沟整厢）。如果田间稻桩比较高，杂草又比较多时，在播种前 3 ～ 5 天均匀喷雾克瑞踪杀灭杂草和稻茬。

（三）播种、盖草

秋马铃薯 8 月底至 9 月上旬播种，每亩 6 000 株左右，采用宽窄行（50x30 厘米）种植，平均行距 40 厘米，株距按密度确定（28 ～ 30 厘米）。摆种时行向与厢沟垂直（厢边一行与厢边留 17 ～ 20 厘米），将种薯芽朝上，直接摆在土壤表面，稍微用力压一下，使种薯与土壤充分接触，以利接触土壤水分和扎根。

施足底肥。底肥以磷、钾肥和有机肥为主，每亩用 45% ～ 48% 含量的 50 千克复合肥，8 ～ 10 千克钾肥，5 千克尿素混合后，点施于两薯之间或条施于两行中间的空隙处，使种薯与肥料间距保持 5 ～ 8 厘米，以防间距太短引起烂薯缺苗。再用每亩约 1000 千克腐熟有机肥或渣子粪（或火土）点施在种薯上面（将种薯盖严为好）。

种薯摆放好、底肥施好后，应及时均匀覆盖稻草，覆盖厚度 10 厘米左右，并稍微压实（秋马铃薯应边播种边盖草）。一般三亩稻谷草盖一亩马铃薯，盖厚了不易出苗，而且茎基细长软弱。稻草过薄易漏光，使产量下降，绿薯率上升。如果稻草厚薄不均，会出现出苗不齐的情况。

（四）加强田间管理

1. 及时接苗

稻草覆盖栽培马铃薯出苗时部分薯苗会因稻草缠绕而出现
"卡苗"的现象，要及时"接苗"。

2. 适时追肥

齐苗后亩用尿素 5 千克化水点施或用稀水粪（沼气液）加入少量尿素点施。如果中期植株出现早衰现象，用 0.2% ～ 0.3% 磷酸二氢钾喷施叶面。

3. 抗旱排渍

在马铃薯生育期间特别是结薯和膨大期遇旱一定要浇水抗旱，在雨水较多时要注意清沟排渍。

4. 喷施多效唑

在马铃薯初蕾期亩用 15% 多效唑 50 克兑水 40 千克均匀地喷雾，如果植株生长特别旺盛，应隔 7 天后再喷一次，控制地上部分旺长，促进早结薯和薯块的膨大。

（五）及时防治病虫害

1. 晚疫病

当田间发现中心病株时用瑞毒霉、甲霜灵锰锌等内吸性杀菌剂喷雾，10 天左右喷一次，连续喷 2～3 次。

2. 青枯病

发现田间病株及时拔除并销毁病体。

3. 蚜虫

发现蚜虫及时防治，用 5% 抗蚜威可湿性粉剂 1 000～2000 倍液，或 10% 吡虫啉可湿性粉剂 2 000～4 000 倍液等药剂交替喷雾。

4. 班潜蝇

用 73% 炔螨特乳油 2 000～3 000 倍稀释液，或施用其他杀螨剂，5～10 天喷药 1 次，连喷 2～3 次。喷药重点在植株幼嫩的叶背和茎的顶尖。

（六）适时收获分级上市

秋马铃薯要在霜冻来临之前及时收获，以防薯块受冻而影响品质，收获后按大小分级上市，争取好的价位。

三、冬马铃薯栽培技术

（一）种薯选择和处理

1. 选用优良品种

选用抗病、优质、丰产、抗逆性强、适应当地栽培条件、商品性好的各类专用品种。为了提早成熟一般选用早熟、特早熟品种，如：费乌瑞它、东农 303、中薯 1 号、中薯 3 号、中薯 4 号、中薯 5 号、郑薯 6 号、早大白、克新 4 号和大西洋等。大力推广普及脱毒种薯，种薯宜选择健康无病、无破损、表皮光滑、均匀一致、贮藏良好，具有该品种特征的薯块作种。

2. 切块

播种前 2～3 天进行，切块的主要目的是打破种薯休眠，扩大繁殖系数，节约用种量。50 克以下小种薯一般不切块，50 克以上切块。切块时要纵切，将顶芽一分为二，切块应为菱形或立方块，不要成条或片状，每个切块应含有一到两个芽眼，平均单块重 40 克左右。切块要用两把切刀，方便切块过程中切刀消毒，一般用含 3% 高锰酸钾溶液消毒也可用漂白粉兑水 1：100 消毒，剔除腐烂或感病种薯，防止传染病害。

3. 拌种

切块后的薯种用石膏粉或滑石粉加农用链霉素和甲基托布津（90：5：5）均匀拌种，药薯比例 1.5：100，并进行摊晾，使伤口愈合，不能堆积过厚，以防止烂种。

4. 推广整薯带芽播种技术

30～50 克整薯播种能避免切刀传病，还能最大限度地利用顶端优势，保存种薯中的养分、水分，增强抗旱能力，出苗整齐健壮，结薯增加，增产幅度达 30% 以上。

（二）精细整地，施足底肥

1. 整地

深耕，耕作深度约 25～30 厘米。整地，使土壤颗粒大小合适，根据当地的栽培条件、生态环境和气候情况进行作垄，平原地区推广深沟高垄地膜覆盖栽培技术，垄距 75～80 厘米，既方便机械化操作，又利于早春地温的提升和后期土壤水分管理。丘陵、岗地不适宜机械化操作地区，推广深沟窄垄地膜覆盖栽培技术，垄距 55～60 厘米，更利于早春地温的提升和后期土壤水分管理。

2. 施肥

马铃薯覆膜后，地温增高，有机质分解能力强，前期能使土壤中的硝态氮和铵态氮含量提高，植株生长旺盛，消耗养分多。地膜覆盖后不易追肥，冬春地膜覆盖栽培必须一次性施足底肥。在底肥中，农家肥应占总施肥量的 60%，一般要求亩施腐熟的农家肥 2 500～3 000 千克，化肥亩施专用复合肥 100 千克（16：13：16 或 17：6：22）、尿素 15 千克、硫酸钾 20 千克。农家肥和尿素结合耕翻整地施用，与耕层充分混匀，其他化肥作种肥，播种时开沟点施，避开种薯以防烂种，适当补充微量元素。

3. 除草与土壤药剂处理

整地前亩用百草枯 200 克加水喷雾除草。每亩用 50% 辛硫磷乳油 100 克兑水少量水稀释后拌毒土 20 千克，均匀撒播地面，可防治金针虫、蝼蛄、蛴螬、地老虎等地下害虫。

（三）适时播种，合理密植

1. 播种时间

马铃薯播种时间的确定应考虑到出苗时已断晚霜，以免出苗时遭受晚霜的冻害，适宜的播种期为 12 月中下旬至 1 月中旬。播种安排在晴天进行。

2. 播种深度

播种深度约为 5～10 厘米，地温高而干燥的土壤宜深播，费乌瑞它等品种宜深播（12～15 厘米）。

3. 播种密度

不同的专用型品种要求不同的播种密度，一般早熟品种每亩种植 5 000 株左右。

4. 播种方法

人工或机械播种均可，大垄双行，小垄单行，人工播种要求薯块切口朝下，芽眼朝上。播后封好垄口。

5. 喷施除草剂

播种后于盖膜前应喷施芽前除草剂，每亩用都尔或禾耐斯芽前除草剂100厘米兑水50千克均匀喷于土层上。

6. 覆盖地膜

喷施除草剂后应采用地膜覆盖整个垄面，并用土将膜两侧盖严，防止风吹开地膜降温，减少水分散失，提高除草效果。

（四）加强田间管理

1. 及时破膜

早春幼苗开始出土，在马铃薯出苗达4～6片叶，无霜、气温比较稳定时，在出苗处将地膜破口，引出幼苗，破口要小并用细土将苗四周的膜压紧压严。破膜过晚则容易烧苗。

2. 防止冻害

地膜马铃薯比露地早出苗5～7天，要防止冻害。一般早春，气温降到～0.82时幼苗受冷害。～2℃时幼苗受冻害，部分茎叶枯死。～3℃时茎叶全部枯死。在破膜引苗时，可用细土盖住幼苗50%，有明显的防冻作用。遇到剧烈降温，苗上覆盖稻麦草保护，温度正常后取掉。

3. 化学调控

在现蕾至初花期亩用15%多效唑50克兑水40千克喷施1次，如长势过旺，在7天后再喷一次。对地上营养生长过旺的要加大用量，以促进薯块生长。

4. 抗旱排渍

马铃薯块茎是变态肥大茎，全身布满了气孔，必须创造一个良好的土壤环境才利于块茎膨大。马铃薯结薯高峰期（开花后20天），每亩日增产量100千克以上，干旱将严重影响块茎膨大，渍水又易造成烂根死苗，或者引起块茎腐烂。所以，抗旱时，要轻灌速排，最好采用喷灌。

5. 中耕培土

马铃薯进入块茎膨大期后，必须搞好中耕培土工作，尤其是费乌瑞它等易青皮品种。在马铃薯现蕾期（气温回升后），将地膜揭掉，并迅速搞好中耕培土工作。

（五）主要病虫防治

1. 晚疫病

在有利发病的低温高湿天气，用70%代森锰锌可湿性粉剂600倍液，或25%甲霜灵可湿性粉剂800倍稀释液，或克露100～150克加水稀释液，喷施预防，在出现中心病株后立即防治。若病害流行快，每7天左右喷1次，连续3～5次。交替使用。

2. 青枯病

发病初期用72%农用链霉素可溶性粉剂4000倍液，或3%中生菌素可湿性粉剂800～1 000倍液，或77%氢氧化铜可湿性微粒粉剂400～500倍液灌根，隔10天灌1次。连续灌2～3次。

3. 环腐病

用硫酸铜浸泡薯种10分钟。发病初期，用72%农用链霉素可溶性粉剂4 000倍液，或3%中生菌素可湿性粉剂800～1000倍液喷雾。

4. 早疫病

在发病初期，用75%百菌清可湿性粉剂500倍液，或77%氢氧化铜可湿性微粒粉剂400～500倍液喷雾，每隔7～10天喷1次，连续喷2～3次。

5. 蚜虫

发现蚜虫时防治，用5%抗蚜威可湿性粉剂1 000～2 000倍液，或10%吡虫啉可湿性粉剂2 000～4 000倍液，或20%的氰戊菊酯乳油3 300～5 000倍液等药剂交替喷雾。

（六）采收

根据生长情况与市场需求及时收获，收获后按大小分级上市，争取好的价位。

第五节　棉花栽培技术

一、地膜（钵膜）棉高产栽培技术

1. 选用良种

选用中熟优质高产杂交棉品种，武汉地区宜选用鄂杂棉系列或鄂抗棉系列品种。

2. 适时播种

地膜棉：①播前5～7天精细整地，达到厢平土细无杂草，沟路相通利水流。②提前粒选、晒种（2～3天），播时用多菌灵、种衣剂或稻脚青搓种。③4月上旬定距点播，每穴播健籽2～3粒。④播后每亩用都尔150毫升，兑水50千克喷于土表，随即抢晴抢墒盖膜，子叶转绿破孔露苗。⑤1叶期间苗，2叶期定苗（去弱苗、留壮苗），6月20日左右揭膜。钵膜棉：①苗床选在避风向阳、地势高朗、排灌较好、无病土壤、方便管理及运钵近便的地方，苗床与大田比为1∶15。②每亩大田按8 000钵备土，年前每亩苗床提前施下优质土杂肥100担，或人粪尿20担，翻土冬炕。制钵前15～20天，每亩增施尿素8千克，过磷酸钙25千克，氯化钾10千克，确保钵土营养。③中钵育苗，钵径4.5厘米，高7.5厘米。④3月底至4月初播种，每钵播籽2粒。播前要粒选、晒种（2～3天），药剂搓（浸）种。播时达到"三湿"（钵湿、种湿、盖土湿）。播后盖细土、覆盖。⑤齐苗前封膜保温，齐苗后晴天通风炼苗，1叶期间苗，并搬钵蹲苗，2叶时定苗。⑥培育壮苗，4月底或5月初3～4叶时，带肥带药（移栽前5～7天喷氮肥、喷施多菌灵）移植麦林（苗龄30天左右）。

3. 合理密植

中等地力，每亩1500～2000株，种植方式"一麦两花"或等行栽培。

4. 配方施肥

一般每亩施用纯氮17千克左右，五氧化二磷3～5千克，氧化钾12千克以上。地膜棉每亩底肥施用优质土杂肥80～100担（或饼肥25千克），碳铵20千克，过磷酸钙20千克，氯化钾5千克。6月20日左右揭膜后，蕾肥亩施饼肥50千克，复合肥10千克。壮桃肥亩施尿素8～10千克 & 钵膜棉移植麦林时，每亩施用清水粪30担或复合肥8千克。移植苗发新叶时，亩追尿素4～5千克。棉苗出林，亩追水粪12担左右，碳铵5千克，氯化钾5千克。蕾肥、花铃肥和壮桃肥施用水平同地膜棉。视苗情可酌情多次喷施叶面肥。

5. 科学化调

对弱苗、僵苗和早衰苗，结合打药，可喷施1万倍的"喷施宝"或3000倍的"802"。对肥水较足的棉田，7～8叶时，亩用缩节胺1克或25%的助壮素4毫升兑水50千克喷施调节。盛蕾初花期，亩用缩节胺1.5～2克或25%的助壮素6～8毫升，兑水50千克喷施调控，喷后10～15天，如苗旺长，亩用缩节胺2～2.5克或助壮素8～10毫升，兑水50千克喷施。当单株果枝达18层以上时，亩用缩节胺3～4克或25%的助壮素12～16毫升，兑水50千克，喷雾棉株中、上部，可抑制顶端生长，调节株型。对10月中旬的贪青迟熟棉，每亩宜用乙烯利100克兑水40千克喷雾催熟。

6. 抗旱排涝

根据棉花的生育要求，应遇旱及时灌水，有涝迅速排除，特别是要注重6月下旬前后梅雨季节的排涝防渍和入伏后的抗旱保桃管理。

7. 中耕除草

当灌水、雨后棉田板结或杂草丛生时，要适时中耕、松土、除草和培土壅根。

8. 综防病虫

要以棉花的"三病"（苗病、枯黄萎病及铃病）、"三虫"（红蜘蛛、红铃虫与棉铃虫）为主要防治对象，并兼治其他。对苗期根病，宜用多菌灵或稻脚青。叶病则用半量式波尔多液防治。枯黄萎病可选用抗病品种，药剂防治，及早拔除病株深埋，或实行水旱轮作。铃病开沟滤水，通风散湿，喷施药剂或抢摘烂桃。对"三虫"要根据虫情测报，及时施药防治。

9. 整枝打顶

现蕾后，要抹赘芽，整公枝。7月底或8月初，按照标准（达到果枝总数）适时打顶。

10. 及时收花

8月中下旬棉花开始吐絮后，要抢晴及时采收，做到"三不"（不摘雨露花，不摘笑口花和不摘青桃），细收细拣，五分收花。

二、直播棉栽培技术

1. 选择优良品种

选用优质高产杂交抗虫棉或常规品种，武汉地区宜选用鄂杂棉系列或鄂抗棉系列品种。

2. 精细整地，施足底肥

播种前整地2～3次，厢宽180厘米，厢沟宽30厘米，深20厘米，并开好腰沟和围沟，整地水平达到厢平、土碎、上虚下实，厢面呈龟背形。

结合整地：亩施有机肥2 000～2500千克，碳铵20～25千克，过磷酸钙30～40千克，氯化钾15～20千克，或45%复合肥35～40千克作底肥。

3. 适时播种

4月下旬至5月上旬播种，每亩播2 000～2 500穴，每穴播种2～3粒，播种深度2～3厘米，覆土匀细紧密，每亩用种量500～600克。

4. 苗期管理

及时间苗、定苗，齐苗后1～2片真叶时间苗，3～4片真叶时定苗，每亩留苗2 000～2 500株，同时做好缺穴的补苗，确保密度。

中耕松土2～3次，深度4～6厘米，达到土壤疏松，除草灭茬的目的，结合中耕松土，追施提苗肥，亩施尿素5～7.5千克。

苗期病虫防治，主要是防治立枯病、炭疽病、疫苗、地老虎、棉崎、盲椿象、棉蓟马等病虫危害。

5. 蕾期管理

中耕2～3次，深度8～12厘米，结合中耕培土2～3次，初花期封行前完成培土。

每亩用饼肥40～50千克，拌过磷酸钙15～20千克，或45%复合肥20～30千克作蕾肥，开沟深施，对缺硼的棉田喷施2～3次0.1%～0.2%硼酸溶液40千克左右。

现蕾后及时打掉叶枝，缺株断垄处保留1～2个叶枝，并将叶枝顶端打掉，促进其果枝发育，除叶枝的同时抹去赘芽。

蕾期主要防治枯萎病、黄萎病、棉蚜、盲椿象、棉铃虫等病虫的危害。

6. 花铃期管理

重施花铃肥，每亩施尿素15～20千克，氯化钾15～20千克，结合最后一次中耕开沟深施，施后覆一层薄土，补施盖顶肥，8月15日前，每亩施尿素5～7.5千克。叶面喷施0.2%～0.3%磷酸二氢钾溶液2～3次。

进入花铃期后，每隔 15 天进行化控一次，每亩用 2 ～ 3 克缩节胺兑水 40 ～ 50 千克喷雾，打顶后 7 ～ 10 天进行最后一次化控，亩用 4 ～ 5 克缩节胺兑水 50 公斤喷棉株上部。

当果枝数达到 20 ～ 22 层时打顶，打顶时轻打，打小顶，只摘去一叶一心。

如遇较严重的干旱，土壤含水量降到 60% 以下时，要灌水抗旱，抗旱时采取沟灌为宜，灌水时间应在上午 10 时前或下午 5 时后，如遇大雨或长期阴雨，及时组织清沟排渍。

花铃期主要防治棉蚜、红蜘蛛、红铃虫、盲椿象、烟粉虱、棉铃虫等虫害。

7. 后期管理

视植株长相喷施 1% 尿素 +0.2% ～ 0.3% 磷酸二氢钾溶液，喷施 2 ～ 3 次，每次间隔 10 天，分批打去主茎中下部老叶，剪去空枝，防止田间荫蔽。

10 月中旬温度在 20℃ 以上时，用 40% 乙烯利喷施桃龄 40 天左右的棉桃催熟，药液随配随用，不能与其他农药混用。当棉田大部分棉株有 1 ～ 2 个铃吐絮，铃壳出现翻卷变干，棉絮干燥，即可开始采收，每隔 5 ～ 7 天采摘一次，采摘的棉花分品种，分好次晒干入库或上市。

第六章 生态农业视角下养殖实用技术

第一节 池塘养鱼实用技术

一、第一节影响鱼类生长的内外因子

鱼，终生生活在水中，卵生，身体侧扁，有鳞有鳍，用鳃、呼吸鱼类养殖的整个过程包括亲鱼培育、人工繁殖、苗种培育、成鱼生产根据经营模式，又可将养殖分成：

粗放养殖：不投饵、不施肥，人放天养．如梁子湖、洪湖。

半集约化养殖：只施肥，不投饵。大部分的水库、湖泊都是采取这种形式。

集约化养殖：也叫精养，既投饵又施肥。如池塘养鱼，产量都较高，

高度集约化养殖：强化投饵，高密度、高产量的养殖方式。如流水养鱼、网箱养鱼

影响鱼类生长的因子比较多，最主要的有遗传、食料、温度等因子。

（一）遗传因子的影响

个体大的亲本所产的卵粒大，孵化后的仔鱼长得快，反之亦然。

成熟年龄对生长有影响，同种鱼的成熟年龄不同，后代的生长就不同，个体成熟年龄过早，产卵量少，后代生长慢。

不同母本后代生长有差异，主要看母本的优良性状。

近亲交配的比远源交配生长缓慢

（二）食料因子的影响

食料的营养成分符合鱼类生长需要，即若食料中氨基酸种类、含量、配比符合鱼

体的需要，鱼生长就快，相反生长则受到抑制。

植物性食料的氨基酸种类、含量不及动物性食料丰富、充足，动物性食料又不及人工合成食料的含量丰富、充足。所以，现在养鱼都是投喂全价的人工配合食料。

（三）温度因子的影响

适温范围内，食欲增加，活动力增强，生长迅速；适温范围外，鱼食欲减退，活动力减弱，生长缓慢。鱼的适温范围随不同鱼类而不同。如四大家鱼等温水性鱼类，适温范围是 22 ～ 28℃，温度在 10 ～ 15℃时摄食显著下降，在 4 ～ 10℃时逐渐停止摄食，4℃以下完全停止摄食，潜入水底进行冬眠。虹鳟（三文鱼）等冷水性鱼类，适温范围是 10 ～ 15℃。罗非鱼等热带鱼类，适温范围是 30℃左右。

二、几种常规鱼的食性

（一）鲢、鳙鱼的食性

两者均属滤食性鱼类。白鲢主食浮游植物，浮游植物：浮游动物 =248 ∶ 1（个数比），花鲢主食浮游动物，浮游动物：浮游植物 =1 ∶ 4.5。

（二）草、鳊鱼的食性

草食性鱼类。

（三）青鱼食性

肉食性鱼类。

（四）鲤、鲫鱼的食性

杂食性鱼类，鲤鱼偏动物性，鲫鱼偏植物性，主食水绵、腐屑、植物种子、硅藻等。

三、池塘的环境条件

（一）池水的物理性

1. 水温

水温是影响鱼类最主要的因素之一。水温具有昼夜变化：14 ～ 15 时水温最高，早上日出前最低。还具有季节变化：1 月最低，7—8 月最高。还有垂直变化：深水池中比较明显，夏季水表层与下层要相差 2 ～ 3℃。改变水温的办法：春季浅灌，夏季深灌。池边不宜种高大树木，利用温泉水或溪流水调节水温.

2. 透明度

表示光透入水中的深度。随水或微细物质和浮游生物造成浑浊程度而改变，它表示水体中浮游生物的丰歉和水质肥沃程度。养殖池塘透明度一般要求保持在 20 ～ 40 厘米较好。

3. 对流

（1）产生对流的原因是由于水的密度差（白天不产生，晚上产生）

（2）对流的强度与天气密切相关，风力大、昼夜温差大，对流就强

（3）对养殖的影响

1）把上层溶氧较高的水传下去，使下层水的溶氧得到补充。

2）改善下层水水质，加速有机质的分解，加快池塘物质循环，提高池塘生产力。

3）容易造成池塘缺氧，使鱼在半夜和凌晨浮头。因为白天池水不易对流，由于浮游植物的光合作用，上层水溶氧较高，但无法及时送往下层，到傍晚上层水中大量的氧逸出水面而白白浪费掉到夜间发生对流时，上层溶氧丰富的水虽然能使下层水溶氧得到一定的补充和提高，但由于下层水中耗氧因子较多，使整个池塘溶氧很快下降，加上夜间又缺少光合作用的补充，容易造成半夜和凌晨鱼池的鱼浮头，甚至泛池改变方法：13-15 时开增氧机搅水增氧，使上下层溶氧都达到较高的程度，由于下午仍有光照，可持续增氧，这样可提高整个池塘的溶氧量

（二）池水的化学性

包括溶解气体、溶解盐类、溶解有机物、pH 值等。

1. 溶解气体

有氧气、二氧化碳、氮气、氨气、硫化氢等气体，对鱼类影响最大的是氧气。

（1）氧气对养殖鱼类的影响

氧气是鱼类生存、生长的重要条件，摄食和生长随溶氧量升高而加快。我国养殖的几种主要鱼类，在成鱼阶段，可允许的溶氧条件为每升水含溶氧量 3 毫克以上，当溶氧量降低到 2 毫克以下时，就会发生轻度浮头，降低到 0.6-0.8 毫克严重浮头（虾、小杂鱼死亡），而降到 0.3～0.4 毫克就开始死亡。

溶氧除直接影响鱼生存外，还通过影响鱼类的摄食和消化而影响鱼类的生长。高溶氧量下，鱼类摄食旺盛，消化率高，因此生长快，饲料效率也高，反之亦然。这就是生产实践中，为什么溶氧量低时，鱼不摄食或摄食不旺，水质长期不良时，饲料系数高的原因。

氧气对有机物的分解和池塘物质循环以及消除一些有毒的生物代谢起着重要作用。在高溶氧下好气性腐败细菌的活力强烈，有机物分解加快，浮游植物由于营养盐补充快、生长旺盛、生物量大，同时鱼池中各种动物蛋白质代谢的有毒产物 —— 氨（NH）、NH：），在硝化细菌的作用下能很快转化成硝酸盐而被利用。

（2）改良办法

1）适度扩大鱼池面积，使鱼池通风向阳。

2）水深适度，淤泥适度（一般 15 厘米），还有合理施肥、投饵。

3）加注含氧较高的水。

4）用增氧机增氧。

2.溶解有机物包括糖类、有机酸、氨基酸、蛋白质

（1）来源

投喂的饲料，施放的有机肥料，池水中死亡的有机物和生物排泄物．

（2）作用

1）是水溶解盐类的主要来源

2）是细菌的营养物质

3）促进藻类的生长

4）是鱼类的天然饵料（絮凝、聚集成大颗粒的有机碎屑）

（3）危害

第一，数量过多，耗氧量大，使水中缺氧，恶化水质，影响鱼类生长，严重可引起鱼窒息死亡。

第二，为致病性细菌繁殖创造条件，降低鱼体抵抗力。

有机物耗氧量（BOD）在 $20 \sim 35$ 毫克 / 升，则水质过肥，所以施肥要采取"少量多次"的原则。实际工作中，化学耗氧量（COD）被当作有机耗氧量。

3.pH 值

表示水的酸碱度，主要取决于二氧化碳和碳酸盐的比二氧化碳含量高，pH 值低；二氧化碳含量少，pH 值就高。

（1）pH 值对养殖鱼类的影响

第一，pH 值低于 4，鱼全部死亡；低于 6.5 时，鱼类血液的 pH 值下降，血红蛋白载氧功能发生障碍，导致鱼体组织缺氧，尽管此时水中溶氧量正常，但鱼类仍出现浮头。

第二，pH 值过低时，水体中 S^{2-}，HCO_3^- 等离子会转化为毒性很强的硫化氢、二氧化碳等气体存在；pH 值很高时，水中大量的 NH「会转化为有毒的非离子态 NH3。

第三，pH 值高于 10.6 时，鱼全部死亡。

第四，淡水养殖一般要求 pH 值为 $6.5 \sim 8.5$，最适范围 $7.0 \sim 8.5$。

（2）pH 值的调节技术

1）过低，生石灰清塘，平时定期泼洒石灰水。

2）过高，清塘用漂白粉，平时多加注新水。

（三）池塘的生物

主要包括水生植物、底栖动物、附生藻类、浮游生物和微生物。重点介绍浮游生物。

1.种类组成

浮游植物：金、黄、甲、隐、裸、硅、蓝、绿藻等。

浮游动物：原生动物、轮虫、枝角类、桡足类。

2.浮游生物和水色肥瘦的关系

（1）水色的形成

是由浮游生物、溶解氧、悬浮颗粒、水底质等综合形成的。主要由浮游生物决定。

（2）以水色划分水质

1）瘦水

水质清淡，透明度大，浮游生物少，往往长丝状绿藻（如水绵、刚毛藻等）。

2）老水

呈暗淡色、黑色，水越黑越是老化。原因为有机肥过多或饵料、肥料未分解，易产生氨氮，亚硝酸盐过多，易造成泛池。

改良措施：第一天早上用杀虫剂全池泼洒，第二天用 EM 菌改水，同时开动增氧机搅水增氧。

3）较肥的水

呈绿色、黄绿色、浮游植物较多，且多为半消化和易消化的，浑浊度大，透明度低。

4）肥水

呈褐色、绿色，浮游生物数量、种类多而易消化，如硅藻、隐藻、金藻等类及枝角类、桡足类浑浊度小，透明度适中，透明度一般 20 ～ 40 厘米。

褐色水：优势种群主要是硅藻，也有很多绿藻、蓝藻。

绿色水：优势种群主要是绿藻，还有大量硅藻、隐藻。

5）"水华"水

浮游生物多，往往呈蓝色、绿色，且呈云状的群体，如蓝藻、甲藻、螺旋鱼腥藻易形成"水华"对白鲢生长有利，但遇天气突变，易死亡，使水质突变，水色发黑，继而转清、发臭，成为"臭清水"，这种现象称"转化气"其中"蓝水"：蓝藻形成了优势种群，水不缺氧，但白鲢食用后不易消化，所以不生长，还易降低肥效，氮被蓝藻大量吸收，易引起泛池。

改良措施：①用硫酸铜泼洒，但不易断根，几天后易迅速繁殖。②用强氯精、三氯异氰尿酸每亩 500 克，连续杀两次，效果较好，但成本大，藻类不易培成。③用三氯异氰尿酸 300 克加硫酸红霉素（5%）50 克加食盐 5 千克，效果较好。

第四天泼洒光合细菌、芽孢杆菌，用优势种群菌种占优势，并注意开增氧机增氧。

四、池塘养鱼技术

（一）苗种培育技术

鱼类的苗种培育，分为乌仔、夏花、鱼种培育等阶段。生产中根据具体情况可以增减某些培育环节。从鱼卵刚孵化出膜的鱼苗，称为水花、鱼花；经过 15 天左右的培育，养至全长 1.5-2.0 厘米，称为乌仔；再经 10 天左右培育，养至全长 2.5-3.3 厘米，称为夏花鱼种，又称火片、寸片；将夏花鱼种养至年底，称为冬片；养至第二年春季称为春片．

1. 乌仔、夏花苗种培育技术

孵化出的鱼苗在出膜后 3 ～ 4 天，以体内卵黄囊为营养，称为内源性营养阶段。以后，卵黄囊逐渐缩小，鱼体内肠管形成，可以开口摄食，鱼苗一面吸收卵黄囊为营养，一面摄食水体中小型浮游生物，如原生动物、轮虫等，称为混合营养阶段，此时，鱼苗游泳活泼，是适应环境的最好时期，可以放入池塘，以便鱼苗找寻食物。当鱼苗长至 10 毫米左右，不仅能大量摄食轮虫、枝角类和桡足类，而且可以摄食粉状饲料。当鱼苗长至体长 25～30 毫米，鱼体器官已发育接近成鱼，食性也转变为近似成鱼，吃食性鱼类和杂食性鱼类可以摄食人工饲料。

夏花苗种培育池最好是长方形，且塘形整齐，以便于拉网。面积一般3亩左右为宜，深度以 1.5 米左右为宜。夏花苗种培育池应有充足水源，且注、排水方便，池底平坦、淤泥适中，阳光照射充足。用生石灰或漂白粉清塘后，在鱼苗下塘前 5-7 天注水，注水时一定要在进水口用尼龙纱网过滤，严防野杂鱼等再次混入池水；注水深度不要太深，以 50-60 厘米为宜，浅水易提高水温，节约肥料，有利浮游生物的繁殖和鱼苗摄食生长。注水后，立即在池塘施有机肥培育鱼苗适口的饵料生物，使鱼苗一下池就能吃到充足、适口的天然饵料。在池塘水体中轮虫量达到高峰时及时下塘，池中轮虫达到高峰时，轮虫应达到每升水 5 000～10 000 个，生物量为每升水 20 毫克以上。在鱼苗放养前一天用麻布网在塘内拉网一次，将清塘后短期内繁殖的大型枝角类和有害水生昆虫、蛙卵、蝌蚪等拉出。鱼苗的放养密度一般为每亩放水花 15 万～20 万尾。

夏花苗种培育方法：主要有大草饲养法、豆浆饲养法、粪肥饲养法、混合肥（有机肥与无机肥）饲养法、豆浆与施粪肥结合饲养法等。最常用的方法是豆浆与施粪肥结合饲养法，即在鱼苗下塘前 3～5 天，每亩施基肥 200～300 千克，培育鱼苗适口的天然饵料，鱼苗下池就能有适口的食物。同时按每亩每天 2～3 千克黄豆用量投喂豆浆，根据池水肥度等情况，适时追施一定量的有机肥。

在鱼苗饲养过程中，分期向鱼池中加注新水，是促进鱼苗生长和提高成活率的有效措施。鱼苗下池 5～7 天即可加注新水，以后每隔 4～5 天注水一次，每次注水深度 10～15 厘米。在鱼苗的培育过程中，日常管理的主要内容之一是每天巡塘，通过巡塘，及时观察池中鱼苗生长活动情况，如发现异常情况及时采取相应措施。

鱼苗放养后，经 15 天左右的饲养，一般可生长至 2 厘米左右，称为乌仔；或经 25 天左右的饲养，生长至 3 厘米左右，称为夏花鱼种不论乌仔或夏花鱼种出塘，均需进行拉网锻炼，一般在鱼苗出塘前，需进行两次拉网锻炼。拉网锻炼选择晴朗天气，当鱼类不浮头或浮头下沉后进行，并停喂饲料。在 9—10 时拉网，第一次拉网采用包围方式，即用网从塘的一端拉向另一端，将鱼围入网中，然后慢慢提起，使鱼群在半离水状态下稍微密集一下，时间约 10 秒，再立即放回池水中。第二天投喂 1 次豆饼浆，第三天再进行第二次锻炼，开始时与第一网相同，但等到网拉到半池时，将网的一端叠连在夏花捆箱上，另一端慢慢围过来，让鱼儿自动地游入捆箱鱼群进入网箱后，稍息，即洗涤网箱，将污物和鱼群排泄的粪便洗掉，并用浸过食油的纸片 1～2 张在水面轻轻拂拭，将水面的浮沫去掉。如水生昆虫多时，可围集一处，用煤油洒于水面杀灭。如发现大量蝌蚪或野杂鱼，应用鱼筛把它们筛出，然后沿捆箱泼洒杀菌消毒药物，造成局部短时的高浓度，防止鱼体受伤感染。鱼苗在网箱内密集 2 小时左右，然后放回池中。

拉网锻炼操作一定要细致,防止擦伤鱼苗;如遇天气不好或鱼浮头均不能进行拉网锻炼,否则会造成不必要的损失。经过 2 次拉网锻炼后的鱼种即可出塘、计数分养或运输出售。如果出塘的夏花鱼种要运往远处,则在两次密集锻炼之外,还要进行"吊水"。"吊水"的方法是将鱼放入架设于专作"吊水"用的池塘内的网箱中("吊水"池内不养鱼,水质很清瘦,专门作为锻炼长途运输的夏花和鱼种之用),经过一夜,至次日清晨(经 10 余小时)即可起运。不论在原池或吊水塘中锻炼夏花,都要专人看管,防止发生事故。

夏花鱼种培育技术要点如下。

(1)清塘关

鱼苗放养前 10 天左右,应抽水干塘,清除杂草杂物,为杀死池塘中残留的小杂鱼、昆虫、寄生虫和病原菌,每亩用生石灰 80～100 千克乳化后全池泼洒,或用漂白粉 5～8 千克,用水溶解后,全池泼洒。

(2)进水关

在放鱼苗前 4～5 天,放水进塘,进水口用 80 目筛绢做成的过滤网套过滤,防止杂物敌害随水进入,使池水深达 50～60 厘米。

(3)施肥关

施肥的作用,主要是肥水繁殖浮游生物等天然饵料,为鱼苗提供丰富的饵料。所以在池塘进水的同时,应及时施肥培水,使鱼苗一下池就能吃到充足、适口的天然饵料。每亩使用已经发酵的鸡粪、猪粪等有机肥 100～150 千克,或亩施酵素菌生物渔肥 5～8 千克。施肥时间以晴天上午为好,水质以中等肥度为宜,水质透明度约为 30 厘米,水色为菜绿色。

(4)杀蚤关

如果水温较高或施肥过早,池塘中易出现大型浮游动物,鱼苗不能摄食,且与鱼苗争食,不利于鱼苗的生长,此时应进行杀蚤。每亩用 90% 晶体敌百虫 0.3～0.5 毫克／千克用水稀释后全池遍洒,或用 4.5% 氯氰菊酯溶液 0.02-0.03 毫克／千克,用水稀释 2 000 倍全池泼洒。

(5)放苗关

在池塘水体中轮虫量达到高峰,即轮虫应达到每升水 5 000～10 000 个,生物量为每升水 20 毫克以上时,选择腰点已长出,能够平游,体质健壮,游动迅速的鱼苗,每亩放养量为 20 万尾左右水花,在晴天 10 时左右放池。放苗地点为放苗池的上风头,将盛鱼苗的容器放入水中慢慢倾斜,让鱼苗自行游入池塘。在放苗的头一天还应对每个培育池的水进行试水,防止消毒的毒性未完全消失,造成不必要的损失。

(6)投饵关

鱼苗下池的第二天就应投喂豆浆,采用"三边二满塘"投饲法,即早上 8—9 时和 14—15 时全池遍洒,中午沿边洒一次,用量为每天每 10 万尾鱼苗用 2 千克黄豆的浆,一周后增加到 4 千克黄豆的浆,10 天后鱼苗个体全长达 15 毫米时,不能有效地摄食豆浆,需要投喂粉状饲料。

（7）加水关

在鱼苗饲养过程中，分期向鱼池中加注新水，是促进鱼苗生长和提高成活率的有效措施。鱼苗下池 5～7 天即可加注新水，以后每隔 4～5 天加水一次，每次加水 10～15 厘米，到鱼苗出塘时，应加水 3～4 次，使池水深度达 1-1.2 米。

（8）炼网关

无论乌仔或夏花鱼种出塘，均需进行拉网锻炼（称炼网），一般需进行 2 次炼网，炼网选择晴天 9-10 时进行，并停止喂食。第一次炼网将鱼拉至一头围入网中，将鱼群集中，轻提网衣，使鱼群在半离水状态下密集一下，时间约 10 秒钟，再立即放回原池。间隔一天后进行第二次炼网，第二次炼网，将鱼群围拢后灌入夏花捆箱内，密集 2 小时左右，然后放回原池。

2. 鱼种养殖技术

鱼种养殖是指夏花鱼种经分塘后继续饲养，养至年底或第二年的春天，为第二年的成鱼养殖作准备。

（1）鱼种池条件

鱼种池一般以 3～10 亩为宜，池塘以东西向的长方形为好，便于拉网操作，池塘水深 2 米左右。池底需平坦，塘坡无渗漏，池底淤泥不超过 20 厘米，有独立的进、排水系统，水源丰富，水质良好，无污染。池塘四周无阻挡光线和遮风的高大树木和建筑物，以利于有良好的光照条件和有利于风浪作用，增加池水的溶解氧

（2）鱼池清整（包括修整和清塘两部分）

鱼种放养前都要进行池塘准备工作，即鱼种塘需进行清塘．清塘方法与鱼苗池清塘方法相同。目的是创造优良环境条件，提高苗种成活率，促进快速生长，增强其体质。

1）修整池塘。排放池水，挖除淤泥，修补漏洞，清除杂草，暴晒池底。

2）清塘。就是用药物进行池塘消毒，杀灭养殖鱼类的病原体和野杂鱼等敌害生物，是提高夏花鱼种成活率非常重要的措施．

清塘的药物较多，有生石灰、漂白粉、含氯制剂、氯硝柳胺（杀螺蛳特效）等。

第一，生石灰清塘。①原理：与水发生化学反应，放出大量的热，产生氢氧化钙，使水底 pH 值迅速提高到 11 以上，从而杀死野杂鱼、敌害生物和病原体。②用量：池水深 10 厘米左右，用生石灰 100-150 千克／亩。

第二，漂白粉清塘。用量：池水深 10 厘米左右，用 5-7.5 千克／亩。尤以生石灰清塘效果为好。清塘 1 周左右即可注水，注水时应用 50～60 目筛绢包扎入水口，严防野杂鱼、虾苗等进入池塘。并且应施基肥，每亩施基肥 500-700 千克（以鲜猪粪为例），新开挖的池塘应适当增加施肥量，以培育大量的大型浮游生物（枝角类、桡足类等）。从池塘注水后，必须每天巡塘 2 次，仔细捞除蛙卵、蝌蚪等°在夏花鱼种放养前，应用密眼网反复拖网，去除池塘中的敌害生物，然后才可放养夏花鱼种。

（3）施肥培水

在放夏花鱼种前 5～7 天，应每亩施放发酵好的有机肥 250 千克，以培养花白鲢的适口饵料，池水深保持在 1.2～1.5 米。

（4）适时放种

1）放养时间。为提高冬片鱼种的规格（150 克／尾以上），夏花鱼种放池时间越早越好，一般最迟在每年的 6 月 10 日前应放养到位。要求放养的夏花规格在 0.8 寸／尾以上（1 寸 -3.33 厘米），且质量要好，并遵循就近放养的原则，提高成活率。

优质的夏花鱼种标准：规格整齐，头小背厚，体色鲜艳，鳞鳍完整，行动迅速，集群游泳，并喜逆水游泳，受惊时快速潜入水底。

2）放养原则。鱼种养殖一般采用 2 ～ 3 个品种混合养殖，能充分发挥水体的利用率，提高池塘生产力。一般每亩鱼种塘以放养夏花鱼种 5 000-12 000 尾为宜。花、白鲢一般不能同池混养，白鲢为主的池中，可混 20% 以下的花鲢；花鲢为主的池中，最好不套白鲢，套养须控制在 10% 以下。花鲢为主的池中，还可套一种色鱼（如青、草、蝙、鲫等）。

（5）投饲喂养

投喂全价饲料饲养鱼种应设食料台，可用塑料网布（40 目）在池中围 25 平方米的圆圈，上端高出水面 25-30 厘米。

1）投饲量。根据放养量、鱼的体重和饵料系数来确定投喂量。

当水温为 10 ～ 15Y 时，投喂量占体重的 0.5% ～ 1%；

当水温为 15 ～ 20T 时，投喂量占体重的 1% ～ 1.5%；

当水温为 20 ～ 35Y 时，投喂量占体重的 3.5% ～ 4.5%。

2）投喂原则。投喂原则为"四看"和"四定"。

第一，四看：即看季节、看天气、看水质和看鱼的吃食和活动情况。

看季节。根据不同季节调整投饲量，饲养花鲢 7、8、9、10 四个月，为投饲的高峰月，6 月因刚放种，鱼体较小，因此饲料总用量并不大，11 月虽然水温下降，但为了保膘越冬，仍需投喂一定量的饲料。

看天气。根据当天的天气确定当天的投喂量，如阴晴骤变、酷暑闷热、雷阵雨天气或连绵阴雨天，要减少或停喂饲料。

看水质。根据池水的肥瘦、老化与否确定投饲量。水色好，水质清淡，可正常投喂；水色特浓或有泛池的征兆，就停止投饲，等换注水或改水后再喂。

看鱼的吃食和活动情况 c 这是决定投饲量的直接依据。如鱼活动正常，1 小时内能将所投喂的饲料全部吃完，且鱼还不走，可适当增加投饲量，反之就应减少投饲量。

第二，四定：就是定时、定位、定质、定量。

定时。一般每天两次，9 时左右，17 时左右。

定位。每天固定地将饲料放入食料台。

定质。确保饲料的质量，不能投喂已霉烂的饲料。

定量。投饲做到适量、均匀，防止过多过少。四大家鱼的最适温度为 25 ～ 32℃，投喂量一般最多。

（6）池塘管理

包括投饲管理、水质管理、日常管理、鱼病防治等技术措施。

1) 投饲管理。根据前述投饲原则进行投饲。

2) 水质管理。水质管理的好坏直接影响到花鲢鱼种的生长。溶氧充足、水质清新，可为其生长提供良好的水环境。一般 10 ～ 15 天应换水一次，7 天注水一次，每次注水 10 ～ 15 厘米；10 亩左右的鱼池应配一台 3 千瓦的增氧机；7—8 月气温较高，如池水较肥，还应经常使用微生态制剂调水，以改善水质，增加溶氧量，为鱼类的生长提供良好的生态条件，同时可预防鱼类浮头，提高鱼产量。

3) 日常管理。归纳为"四勤"，就是勤巡塘、勤除草去污、勤捞病鱼死鱼、勤做记录。

第一，勤巡塘。一般每天早、中、晚各一次，特别是黎明时应注意观察池鱼有无浮头现象，白天主要观察鱼吃食情况、活动情况、池水有无漏水现象等。

第二，勤除草去污。勤清除鱼池周围的杂草、残饵和其他杂物，以免影响鱼类摄食和污染水质。

第三，勤捞病鱼死鱼。可以减少鱼病传染和避免水质恶化。

第四，勤做记录。按照无公害健康养殖示范基地要求，做好"三项记录"：生产记录、销售记录、用药记录。从长远来看，可以为自己积累丰富而完整的第一手资料，通过科学的分析和整理，总结出一套对养鱼生产有重要作用的经验。

（7）拉网出售

冬季水温 10℃左右时进行这项工作，拉网捕鱼和搬运时操作要过细，避免鱼体受伤而带来水霉病等。

（三）成鱼养殖技术

成鱼养殖是将鱼种养成食用鱼的生产过程，为养鱼生产的最后一环。综合技术措施为"八字精养法"，即"水、种、饵、密、混、轮、防、管"，与养殖鱼种相比，除了放种数量、密度、搭配比例不同外，其他养殖技术基本相同。成鱼池一般以 15 亩左右为宜；池塘以东西向的长方形为好，便于拉网操作，池塘水深 2.5 米左右；池底需平坦，塘坡无渗漏，池底淤泥不超过 20 厘米；有独立的进、排水系统，水源丰富，水质良好，无污染。

几种常见成鱼养殖方式的放养模式。

1. 门口塘

既没有水源，又没有增氧机，主要是洗菜洗衣服用。如养鱼主要是采取人放天养，就是投放鱼种后，既不施肥也不投饵'

放养模式：每亩白鲢 40 尾，花鲢 8 尾，鲫鱼 50 尾，草鱼 5 尾。每亩产量为 60 ～ 75 千克。

2. 一般的池塘

可能安装有增氧机，但水源不方便，每亩产量一般只追求 400 ～ 500 千克。

（1）以花鲢、白鲢鱼为主。白鲢占 60%、花鲢占 10%、草鱼占 10%、其他鱼类占 20%o 具体放养量：白鲢每亩 250 尾、花鲢每亩 40 尾、草鱼每亩 40 尾、鲫鱼等每亩 100 尾。主要措施：施肥。

（2）以吃食性鱼类为主。主要措施：投喂饵料，不施肥。放养量：每亩放草鱼150尾（0.15～0.25千克／尾），鲫、青鱼等100尾，白鲢100尾，花鲢25尾。

3. 高标准池塘

水深2.5米，水源方便，安装有增氧机，每亩产量一般在1 000千克以上。一般采用推广的"80：20"池塘养殖模式，即吃食性鱼类占总产量的80%，花、白鲢、肉食性鱼类占总产量的20%。

（1）以草鱼为主的模式

又分两种：第一，放50-15。克／尾左右的规格，每亩放草鱼800尾左右，鲫鱼等1（）（）尾，白鲢100尾，花鲢30尾。第二，放二龄草鱼（即0.4～0.5千克／尾左右的），每亩放草鱼200尾，鲫鱼等100尾，白鲢100尾，花鲢30尾。

（2）以鳊鱼为主的模式

每亩放鳊鱼（50克／尾左右的）1500尾，鲫鱼等100尾，白鲢100尾，花鲢30尾。

（3）以鲫鱼为主的模式

每亩放鲫鱼（50克／尾左右的）1600尾，鳊鱼等100尾，白鲢100尾，花鲢30尾。

第二节　生猪饲养实用技术

一、生猪品种介绍

（一）大约克夏猪

大约克夏猪是世界著名的瘦肉型猪种。引入我国后，经过多年培育驯化，已有了较好的适应性。在杂交配套生产体系中主要用作母系，也可用作父系。大约克夏猪具有体格大，体型匀称，耳直立，鼻直，四肢较长，生长快，饲料利用率高，产仔较多，胴体瘦肉率高等特点。由于大约克夏猪全身被毛白色，又称大白猪。成年公猪体重250-300千克，成年母猪体重230-250千克。

大白猪增重速度快，省饲料，出生6月龄体重可达100千克左右。在营养良好、自由采食的条件下，日增重可达700克左右，饲料转化率为（2.4～2.8）：1，体重90千克时屠宰率71%～73%，瘦肉率60%～65%。经产母猪产仔数11头，乳头7对以上，8.5～10月龄开始配种。

（二）长白猪

长白猪又称蓝德瑞斯猪，由于体型特长，毛色全白，故在我国称它为长白猪。该猪是世界上历史最悠久的优良猪种之一，许多国家的猪种改良都引入了该猪种血源。成年体重公猪可达450千克左右，母猪可达350 千克左右。

长白猪体躯呈流线型，头小，鼻嘴直，狭长，两耳向前下平行直伸，背腰特长，后躯发达，臀腿丰满。经产母猪乳头数 7 ~ 8 对，产仔数可达 11.8 头，仔猪初生重可达 1.3 千克以上，多作母本，在国外三元杂交中长白猪常作为第一父本或母本。其优点是：瘦肉率高、体型长、繁殖性能好。相对缺点是肢蹄不够坚强，所以一般在实际工作中常利用长白猪作祖代父本的较多。

（三）杜洛克猪

杜洛克猪原产于美国，毛色棕红色，色泽可由金黄到暗棕色。耳朵中等大小，向前稍下垂，体躯宽深，背略呈弓形，四肢粗壮，臀部肌肉发达丰满，是目前世界上享誉盛名的优良猪种之一。成年体重公猪可达 400 千克左右，母猪可达 350 千克左右，优点是：瘦肉率高，瘦肉率 67% 左右；饲料报酬好，生长快，屠宰率高，瘦肉颜色好，肢体健壮，公猪配种比较积极。缺点是：产仔少，产仔数一般 8 ~ 9 头（台系 11.25 头），母性比较弱，护仔性差，泌乳力差，所以在实际工作中常利用杜洛克作终端父本。

（四）巴克夏猪

巴克夏猪原产于英国，我国早期引进的巴克夏猪，体躯丰满而短，是典型的脂肪型猪种。耳直立稍向前倾，鼻短、微凹，颈短而宽，胸深长，肋骨拱张，背腹平直，大腿丰满，四肢直而结实。毛色黑色，有"六白"特征，即嘴、尾和四蹄白色，其余部位黑色。生产性能：产仔数 7 ~ 9 头，初生重 1.2 千克，60 天断奶重 12 ~ 15 千克。肉猪体重由 20 ~ 90 千克，日增重 487 克，每千克增重耗混合精料 3.79 千克。成年公猪体重 230 千克，成年母猪 200 千克。优缺点：体质结实，性情温驯、沉积脂肪快，但产仔数低，胴体含脂肪多。

（五）太湖猪

太湖猪是分布于我国长江下游和太湖流域的一个优良地方品种，它具有性早熟、繁殖力强，性情温顺，肉质优良等优点。

太湖猪可划分为几个主要类群：二花脸猪、梅山猪、枫泾猪、嘉兴黑猪、潢泾猪、米猪、沙乌头猪等，但各类群间有一定差别

成年公猪体重在 100 千克以上，成年母猪体重在 95 千克以上 6 月龄后备公猪体重在 37 千克以上，体长在 88 厘米以上；6 月龄后备母猪体重在 36 千克以上，体长在 80 厘米以上。

太湖猪是世界上产仔数最多的猪种，享有"国宝"之誉太湖猪体型中等，被毛稀疏，黑或青灰色，四肢、鼻均为白色，腹部紫红，头大额宽，额部和后躯皱褶深密，耳大下垂且四肢粗壮、腹大下垂、臀部稍高、乳头 8 ~ 9 对，最多 12.5 对，太湖猪是繁殖性能高，产仔数量最多的优良品种之一：太湖猪遗传性能较稳定，与瘦肉型猪种结合杂交优势强，最宜作杂交母体一，目前太湖猪常用作长太母本（长白公猪与太湖母猪杂交的第一代母猪）开展三元杂交。其肉质鲜美独特，肌蛋白含量 23% 左右。

（六）湖北白猪

湖北白猪原产于湖北武汉市，后引种推广至邻近几省，. 湖北白猪体格较大，

第四，如泌乳不足可催乳。

第五，尽量训练仔猪提早开食，争取 30 ～ 40 日龄断奶。

（九）控制疫病

1. 完善兽医卫生设施

猪舍应设有专用化粪池，不随处乱放乱排粪、尿；猪舍门口要有消毒坑，保持有效的消毒药液和备有专用雨鞋。

2. 加强饲养管理，搞好卫生消毒工作，猪舍要每天进行清扫，定期进行预防消毒工作。

3. 做好免疫接种计划，搞好预防接种工作

4. 定期驱除猪体表、体内寄生虫，做好杀虫（蚊、蝇等）灭鼠工作

三、仔猪饲养管理技术

（一）哺乳仔猪的饲养管理

1. 固定乳头，早哺初乳

初乳中含有仔猪所需的，极为丰富而全面的营养物质，还含有母源抗体，可增强仔猪的抗病能力，并含有镁盐能促进仔猪排出胎粪。仔猪出生后，应让它们尽早吃到初乳同时，因母猪乳头自前向后泌乳量依次减少，从第一次哺乳开始，应按体重由小到大将仔猪由前到后依次固定乳头，坚持 2 ～ 3 天仔猪就会认定乳头吃乳不再改变。给仔猪哺乳时，应先检查仔猪乳齿，若长应先将其剪短，以防咬伤母猪乳头及仔猪舌头。

2. 防止压死，确保成活

仔猪初出生几天，四肢无力，行动迟钝，尤其寒冷季节，常喜依偎在母猪腹部或相互堆聚取暖，睡眠很沉，常被母性差的母猪压死。一方面，应加强人工护理，垫草宜短宜少；另一方面，可设防压架，使母猪卧下哺乳时不紧靠厩墙。

3. 预防贫血，补充矿物质

仔猪容易缺乏矿物质，尤其是铁和铜。生后四天内，尚可依赖本身储存供应，以后从乳中所获铁、铜就不够身体需要，会妨碍血红素的形成，导致贫血，影响生长发育。为此，仔猪生后 3 ～ 5 天就要补铁、铜，可注射牲血素等制剂。

4. 给予清洁饮水

仔猪生长发育快，加之乳汁能量高，需要大量水分。生后 3 ～ 5 天就要开始给仔猪喂水，否则一方面影响生长发育，另一方面仔猪因口渴饮脏水污尿而导致拉稀。

5. 提早补料，促进胃肠发育

一般仔猪出生后 7 天，开始长牙，牙床发痒，喜啃硬物，此时为提早补料的最好时机，可用乳猪全价颗粒料拌上少量红糖，用浅盆装放在仔猪活动的地方，教诱仔猪吃食。会吃后停加红糖，随时供给仔猪足够量的乳猪全价颗粒饲料让仔猪自由采食。

提早补料不仅可以促进胃肠的发育，更重要的是补给仔猪在母猪泌乳高峰过后从乳汁中所获营养之不足，以利仔猪在哺乳期正常生长发育。

6. 给予适当运动

仔猪生后 3～4 天，天气暖和时，即可给予适当活动，晒晒太阳，最初不超过10 分钟，以后逐渐延长。

7. 注意清洁卫生，防治疾病

由于仔猪消化系统的机能不健全，抗病力差，加上仔猪喜欢到处活动，啃咬物体，拱嚼污物，一旦接触致病性细菌，很容易患痢疾。为减少痢疾的发生，除饲养好仔猪增强猪体抗病力外，最主要的是搞好清洁卫生，猪厩及运动场所要保持清洁、干燥、温暖，每隔一周定期消毒一次。一旦发病，要立即采取措施进行治疗。

8. 仔猪的寄养与人工哺乳

母猪所产仔猪数超过母猪乳头数，多余仔猪母猪就无法哺育。若有产仔时间相隔不超过三天且产仔数又不多的母猪，可将多余仔猪拿去寄养；若没有这种母猪，只好采取人工哺乳。寄带母猪主要凭嗅觉认出寄养仔猪，寄养时为防止寄带母猪认出寄养仔猪而拒绝给寄养仔猪哺乳或咬伤咬死寄养仔猪，可用低浓度煤酚皂溶液或低浓度的白酒喷洒寄带母猪及其仔猪和寄养仔猪，先将寄养仔猪放拢寄带母猪所产仔猪30～60 分钟，再一并放给寄带母猪。如此寄养夜间最易成功。若采取人工哺乳，通常用牛奶（加水 1/3 冲淡）、米汤加糖或豆浆加糖代替猪乳。把人工乳放在碗里，用手指代替乳头训练仔猪吃食，几次后仔猪便会自己到碗里采食。这种方法虽简单，但营养不够全面。可采用如下配方：小麦面 60%、炒黄豆面 20%、脱脂奶粉 10%、酵母 4%、红糖 4%、骨粉 1.5%、食盐 0.5%，临喂食时每头加鱼肝油 1～2 滴，抗生素微量。

（二）断乳仔猪的饲养管理

自断乳至四月龄的仔猪，叫断乳仔猪。断乳仔猪的饲养管理是养猪生产过程中的一个难关。仔猪一经断乳就母仔分居，由靠母乳变为完全靠吃料获得营养，由靠母猪领养变为完全独立生活。同时，这一阶段又是猪的生长旺盛时期，中型品种断乳重15 千克增长到四月龄可达 53 千克。如果各种条件跟不上，仔猪会很快掉膘减重，体质变弱，不形成僵猪生长也极为缓慢，徒耗人工、饲料，经济上受到很大损失。具体应注意以下几方面。

1. 抓好断乳

仔猪断乳时间宜在 35-40 日龄，这样既可让母猪产后早配上种以提高利用率，又不致影响仔猪的生长发育。为使母猪不发生乳房炎及仔猪不产生消化道疾病，母仔都能适应，断乳方法最好采用逐渐断乳法。即把母仔隔离饲养后，第一天将母猪赶回给仔猪哺乳 4～5 次，第二天减少到 3～4 次，逐渐减少哺乳次数，最后就可断净。

2. 供足营养

断乳仔猪的日粮要求营养全面而充足，最好是随时供给充足的乳猪全价颗粒饲料让其自由采食，并添加适量青绿饲料。

3. 适时去势

不作种用的仔猪应适时去势。去势时间一般在断乳后 7 ～ 10 天。

4. 搞好防疫注射

仔猪断乳后 7 天作猪瘟防疫注射，也可与去势同时进行。

5. 加强管理

除搞好清洁卫生、保暖防热、供给饮水、给予适当运动等工作外，要加强调教，使仔猪养成在固定地点采食、排粪尿与睡觉的习惯，并要细心观察，尽早发现及时治疗胃肠道疾病、体外寄生虫病等疾病。

（三）仔猪的疫病防治

1. 搞好猪瘟的免疫注射

仔猪生产中的疫病防治，首当其冲的是猪瘟病的防治，该病的唯一防治方法就是防疫注射。仔猪的防疫注射第一次宜在断乳后 7 天进行，猪瘟冻干苗可用说明书剂量的二倍。还可以采取"2065"程序免疫法，即仔猪产下 20 天后进行首免，65 天后再次免疫。其他疫病的防治根据当地实际确定。

2. 加强仔猪黄、白痢的防治

仔猪黄、白痢是由致病性大肠杆菌引起的以仔猪下痢为特征的传染病。感染此菌由于不同的日龄而呈现不同的病型，生后数日发生的叫仔猪黄痢，2 ～ 3 周龄发生的叫仔猪白痢。仔猪黄痢发病率可达 100%，死亡率很高；仔猪白痢发病率可达 68%，死亡率略低。

防治措施：

第一，改善仔猪生活环境：仔猪生活环境要求清洁、干燥、光照条件好（最好有一定的阳光照射）、通风良好、温度适中、定期消毒（每周 1 次）。

第二，积极防治和治疗母猪疫病，搞好哺乳母猪的饲养管理。

第三，搞好仔猪的饲养管理，特别注意补铁、补料及饮食卫生。

第四，搞好母猪的免疫注射：母猪产前 45 天和 20 天分别注射"仔猪大肠杆菌灭活菌苗气"

第五，母猪产前饲喂仔猪黄、白痢预防药。

第六，发病后的治疗。虽然治疗仔猪黄、白痢的药物很多，但大肠杆菌很容易产生抗药性，同一窝仔猪几次发病一次只能选择一种有效的药物，这次治好后下一次发病就应选择新的药物；为防止一窝仔猪治好一头另一头又发病的现象产生，最好是发病一头全窝治疗；为防止药物中毒的发生，应掌握好用药的剂量，不得随意增加用药量；为防止治疗不彻底反复发作，应按疗程用药，一般连用 2 ～ 3 天。

第七，为防止病原残留，治好后要对仔猪生活环境做彻底消毒。

四、生猪疫病综合防治措施

做好疫病防治工作，能有效地预防猪疫病的发生，保障养殖生产安全，提高养殖户经济效益。

第一，预防为主，防重于治一坚决贯彻预防为主，防重于治的方针，按免疫程序实施各阶段的防疫注射，每年都开展春秋两防免疫注射，并适时做好疫病监测工作，一旦发现应及时采取无害化处理措施。

第二，坚持自繁自养的原则。严禁购买不合格的肉品食用；严禁到疫区购猪，需要外地购买时首先了解当地疫情情况，买回的猪必须要在隔离圈饲养观察半月，确认无病后才能合群并圈饲养。

第三，认真做好卫生清洁及消毒工作。猪舍、饲养场地、用具、饲槽、产床等需每天清扫、洗刷，每周至少消毒 1 次，用消毒威、菌毒杀等消毒液喷洒，同时做好灭鼠灭蝇工作。

第三节 肉牛饲养实用技术

一、肉牛品种

（一）利木赞牛

产于法国，属大型肉牛品种。被毛棕黄色，具有明显的"三粉"特征，与鲁西黄牛毛色很一致。头颈粗短，全身肌肉丰满，整体结构良好，尤其后躯特别发达，呈典型的肉用体型。公牛体高 140 厘米，体长 172 厘米，胸围 237 厘米，管围 25 厘米，体重 1 100 千克；母牛体高 130 厘米，体长 157 厘米，胸围 192 厘米，管围 20 厘米，体重 600 ～ 800 千克。本品种具有早熟性，多用来生产"小牛肉"公犊出生重平均 39 千克，8 月龄体重 290 千克，平均日增重 1 040 克，周岁重 400 ～ 450 千克，屠宰率 65% ～ 71%；肉质良好，脂肉间层；用来杂交改良当地牛效果很好。根据山东省农业科学院畜牧研究所试验资料，用利木赞牛与鲁西黄牛杂交，其杂一代毛色一致，体躯宽厚，肌肉丰满，克服了鲁西黄牛后躯发育差的缺点；公犊出生重 30 多千克，周岁重 325 千克，均比鲁西黄牛提高 20% 以上；屠宰率超过 60%，净肉率 50%，且肉质良好，是理想的父本。

（二）夏洛来牛

原产于法国，是欧洲体型最大的肉牛品种。全身被毛乳白色，皮肤肉红色，体躯高大，背腰深广，呈"双脊"背，臀部丰满，四肢粗壮。成年公牛体高 145 厘米，体长 176 厘米，胸围 246 厘米，管围 26.7 厘米，体重 1 250 千克；母牛平均体高

137.5 厘米，体长 164.6 厘米，胸围 209 厘米，管围 24.4 厘米，体重 845 千克。本品种增重快，瘦肉多。公犊出生重 48 千克，母犊 46 千克，6 月龄前平均日增重 1 168 克；经育肥，屠宰率 65% ～ 70%，净肉率达 55% 以上。由于犊牛出生体重大，难产率很高，一般在 14% 左右。夏洛来牛耐寒抗热，适应力强。引入我国杂交改良当地牛效果良好，杂一代多为乳白色，骨骼粗壮，肌肉发达，20 月龄体重可达 494 千克，屠宰率 56% ～ 60%，净肉率 46% 以上。但个体小的母牛往往造成难产，应予注意。

（三）海福特牛

原产于英国，属中型早熟肉牛品种，在世界各地分布较广。毛色为红白花，头短额宽，肉垂发达。体躯呈圆筒状，背腰宽、平、直，尾部宽大，肌肉丰满，四肢短粗，为典型的肉牛体态。成年公牛平均体高 128 厘米，体长 162 厘米，胸围 206.5 厘米，管围 25.3 厘米，重 908 千克；母牛平均体高 118 厘米，体长 147 厘米，胸围 186 厘米，管围 21 厘米，体重 520 千克。本品种早期生长快，饲料报酬高。公牛 6 月龄体重 249 千克，平均日增重 1 140 克，周岁体重 397 千克，日增重 822 克。每增重 1 千克，消耗混合精料 1.23 千克、干草 4.13 千克。一般屠宰率为 67%，高者达 70%，净肉率 60% 左右。我国引入海福特牛杂交改良当地牛效果较好。杂一代低身广躯，结构紧凑，表现出良好的肉用体型。但耐热性较差。头为白色，个体较矮。

（四）安格斯牛

产于英国，是较古老的肉牛品种体躯较矮，被毛多为全黑色，油亮发光，少数牛腹下有白斑。头较小而方正，无角，背腰平直，体躯深广而呈圆筒状，四肢粗短，具有典型的肉牛特征：早熟易肥，抗病能力强，耐寒性好，但抗热性能差。成年公牛体重 800 ～ 900 千克，母牛 600-700 千克。本品种属于小型早熟品种，产肉性能较好。15-18 月龄体重可达 400-500 千克，日增重 850 ～ 1000 克，一般屠宰率 60%-65%，净肉率 48%-52%，易沉积脂肪。

（五）抗旱王牛

产于澳大利亚，是多品种杂交培育而成。被毛为红色，头形较长，有无角和有角两种。垂皮发达，颈后有瘤峰。体型较长，肌肉丰满，结构匀称，增重快，出肉率高，且抗膨胀病。成年公牛体重 950 ～ 1 150 千克，母牛 600 ～ 700 千克。我国已有引入，用来杂交改良当地牛，效果良好，尤其进行"三元杂交"是较理想的父本。

（六）西门达尔牛

该牛毛色为黄白花或淡红白花，头、胸、腹下、四肢及尾帚多为白色，皮肤为粉红色。头较长、面宽、角较细而向外上方弯曲，尖端稍向上。颈长中等，体躯长、呈圆筒状，肌肉丰满；前躯较后躯发育好，胸深、尻宽平、四肢结实，大腿肌肉发达；乳房发育好，成年公牛体重平均 800 ～ 1 200 千克，母牛 650 ～ 800 千克。成年母牛难产率低，适应性强，耐粗放管理。

（七）秦川牛

中国优良的黄牛地方品种。体格大，役力强，产肉性能良好，因产于八百里秦川的陕西省关中地区而得名。秦川牛毛色以紫红色和红色居多，约占总数的80%，黄色较少。头部方正，鼻镜呈肉红色，角短，呈肉色，多为向外或向后稍弯曲；体型大，各部位发育均衡，骨骼粗壮，肌肉丰满，体质强健；肩长而斜，前躯发育良好，胸部深宽，肋长而开张，背腰平直宽广，长短适中，荐骨部稍隆起，一般多是斜尻；四肢粗壮结实，前肢间距较宽，后肢飞节靠近，蹄呈圆形，蹄叉紧、蹄质硬，绝大部分为红色。肉用性能：秦川牛肉用性能良好，成年公牛体重600～800千克。易于育肥，肉质细致，瘦肉率高，大理石纹明显。18月龄育肥牛平均日增重为母牛550克，公牛700克，平均屠宰率达58.3%，净肉率50.5%.

二、肉牛育肥期日常管理措施

（一）育肥期间对牛体刷拭和适当运动

第一，刷拭可保持牛体清洁，促进皮肤新陈代谢和血液循环，提高采食量，有利牛只管理。每日必须定时刷拭1～2次，在牛喂饱后在运动场内进行刷拭。

第二，架子牛分阶段育肥，在前期可适当运动（在运动场让其逍遥运动），促进消化器官和骨骼发育。中期栓系固定在木桩上，牛可做旋转运动，后期绳长度0.5米，拴短限制活动，使其蹲膘，此时使牛只能上下站立或睡觉，但不能左右移动。

第三，牛只夜间休息白天饲喂都在牛舍内，应每天让牛晒太阳3～4个小时，日光浴对皮肤代谢和牛只生长发育有良好效果，被毛好，易上膘，增重快。

（二）牛舍保暖、防暑、保持干燥清洁

牛舍选择地势高燥，坐北朝南，封闭式的房舍或建敞棚式（夏季搭凉棚，冬季搭塑料布为暖棚式）。勤除粪尿，日常打扫并保持干燥清洁，空气流通。

冬季牛舍饲养密度不能太大，防止拥挤和牛舍潮湿，牛体保持干净、防止寄生虫病（癣）；夏季高温季节应在牛舍前沿或运动场内搭遮阴凉棚，避免阳光直射，防止中暑。夏季25Y以上、冬季6T以下的气温即明显影响牛育肥增重。

（三）勤观察牛群，定期按时称牛体重。

饲养员要注意饲槽、牛体、饲草料和饮水卫生情况，每天清扫地面。观察牛的采食、反刍和排粪情况，若有异常及时处置。

定期称重，做好记录，成本核算。肉牛育肥期间一般每月称重一次，称重在月底或月初，在早晨空腹时进行，做好记录。根据增重和饲草料的消耗核算育肥成绩和经济效益。

（四）坚持经常性消毒防疫，确保牛群安全

出入大门人员、车辆应进行消毒。场门、生产区、牛出入口应建消毒池，消毒药液应交替使用，经常更换。

牛舍每天打扫干净，每月消毒一次。每年春秋两季对生产区进行大消毒。常用消毒药物有 10% ～ 20% 生石灰乳，2% ～ 5% 烧碱溶液，0.5% ～ 1% 的过氧乙酸溶液，3% 的福尔马林溶液，1% 的高锰酸钾溶液。

发现疑似传染病及时隔离，以预防为主，搞好免疫接种。

三、肉牛适时配种技术

母牛配种适宜时机，包括产后第一次配种适宜时机和情期中配种的适宜时间两个方面。配种时机选择的合理与否，将直接或间接影响到牛群的繁殖率、生产性能与产品量以及个体的正常生长发育和健康因此，掌握适时配种，是防止漏配，提高母牛受胎率的一项重要技术措施。适时配种应根据母牛发情、排卵的特点来决定。

（一）情期中配种的适宜时机

母牛发情后适时配种，待卵子运行到输卵管膨大部时，有活力充沛的获能精子与其受精，可以节省人力、物力和精液，并提高受胎率一般在发情开始后 9 ～ 24 小时配种，受胎率可达 60% ～ 70%；在发情开始后 6 ～ 9 小时、24 ～ 28 小时也可配种，但受胎率降低；刚开始发情时配种太早，排卵后配种又太迟。在实际生产中，母牛的发情高潮容易观察到，可以根据发情高潮的出现，再等待 6 ～ 8 小时后输精，能获得较高的情期受胎率。输精过早或过迟，受胎率往往不高，特别是在使用冷冻精液时，更应掌握好输精的时机，应在停止发情时输精一般上午发现发情的母牛，到 16-17 时进行第一次输精，次日上午复配‘如果下午发现发情的母牛，则在翌日 8 时进行第一次输精，下午复配。少数发情期较长的牛，可把第一次输精时间往后延迟，待发情症状不明显时输精一次，隔 8 ～ 10 小时再输精一次，直至发情结束．如果直肠检查技术熟练，最好通过直肠检查，根据卵泡发育情况来确定适宜的输精时机，在卵泡体积增大接近成熟，波动比较明显时输精最为适宜。为了做到适时配种，应仔细观察牛群，及时检出发情牛，掌握每头牛的发情规律，使输精时机更合适，受胎率更高。

（二）产后第一次配种的适宜时机

母牛产后需要有一段生理恢复过程，主要是要让子宫恢复到受孕前的大小和位置，需要 12 ～ 56 天时间，经产母牛和难产母牛或有产科疾病的母牛，其子宫的复原时间则更长。产后卵泡开始生长发育的时间与丘脑下部和脑垂体前叶所分泌的激素有关。产后第一次发情的间隔时间变化范围较大，肉牛为 46 ～ 104 天，黄牛为 58 ～ 83 天。间隔时间的长短除与品种、个体、气候环境等有关外，还受生产水平、哺乳、营养状况以及产犊前后饲养水平等影响。营养差、体质弱的母牛，其间隔时间也较长。肉牛产前、产后分别饲喂低、高能量饲料可以缩短第一次发情间隔，如产前喂以足够能量而产后喂以低能量，则第一次发情间隔延长。提早断奶可使母牛提前发情。

第四节 蛋鸡饲养实用技术

一、蛋鸡饲养主要品种

当前我国饲养的蛋鸡主要有如下品种,

(一)引进品种

1. 海蓝褐蛋鸡

属美国海兰国际公司培育的海兰蛋鸡系统的中一个优良配套系,平均蛋重60.4克。

2. 迪卡蛋鸡

是美国迪卡布公司育成的四系配套蛋用鸡种,以其高产著名。自 1956 年开始在国际市场销售,经久不衰。平均蛋重 62 克。

3. 伊萨褐壳蛋鸡

是由法国伊萨公司培育的一个高产良种,为四系配套鸡种。体型中等,雏鸡可根据羽色自别雌雄,成年母鸡毛呈深褐色并带有少量白斑,蛋壳为褐色。平均蛋重 62 克。

4. 海赛克斯褐壳蛋鸡

是能按羽色自别雌雄的配套品系鸡种。父本系洛岛红型,羽色深红,具有隐性"金黄色"伴性基因;母本属于兼用型鸡,羽色白色,受显性"银白色"伴随性基因控制,杂交后的商品代母雏是红色羽毛,公雏是白色羽毛。平均蛋重 60 克。

5. 罗曼褐蛋鸡

育成于德国罗曼公司。具有产蛋率高、蛋重适度、品质优良、蛋壳硬等特点。父母代父系为棕褐羽毛,母系白色。平均蛋重 $63.5 \sim 64.5$ 克。

6. 罗斯褐蛋鸡

是英国罗斯育种公司培育成功的优良配套鸡种 1981 年引进我国,由上海新杨种畜场负责繁殖:不同杂交组合的初生雏,在出壳时可按羽色或羽速自别雌雄。

7. 星杂 288

是由加拿大雪佛公司用白莱航鸡采用正反反复选择法育成的四系配套商品白壳蛋鸡。属莱航品种系列,具有体型小、产蛋量高、适应性强、饲料报酬高等特点,很适合发展商品生产,平均蛋重 59 克。

(二)国内培育的高产蛋鸡品种

1. 京白鸡

主要有京白 939、京白 904,高产蛋鸡,平均蛋重 $63 \sim 64$ 克。

2. 滨白鸡

是东北农学院育成的蛋用型配套品系杂交鸡，属莱航型鸡。这一套品系包括滨白Ⅰ系、Ⅱ系、Ⅲ系、Ⅳ系、慢羽Ⅰ系和慢羽Ⅲ系6个品系，并由此可组成"滨42""滨白自别1号"和"滨白自别3号"3个配套杂交组合以生产商品鸡。

3. 农大3号

该鸡的特点第一，个体小，成鸡体重比普通蛋鸡体重轻25%，有效地提高了鸡舍的利用率，一般比普通蛋鸡的鸡舍利用率提高30%。第二，采食量小，饲料转化率较高。每只鸡日采食量均为90克，比普通蛋鸡少耗料20%，料蛋比通常（2～2.1）：1。第三，生产水平高。高峰期产蛋率94%，72周龄产蛋290枚，平均蛋重58克，总产蛋16千克左右。

4. 京红1号褐壳蛋鸡

18周龄体重1.5～1.6千克，50%产蛋日龄为142～149天，入舍鸡产蛋数298-307枚，高峰期产蛋率93%～96%，只平产蛋量19.4～20.3千克，平均蛋重63～64克，产蛋期料蛋比（2.1～2.2）：1，72周龄淘汰体重1.89～2千克。

5. 京粉1号粉壳蛋鸡

18周龄体重1.38～1.48千克，50%产蛋日龄140～148天，高峰期产蛋率93%～96%，入舍鸡产蛋数296～306枚，只平产蛋量18.9～19.8千克，平均蛋重61.7～62.7克，产蛋期料蛋比（2.1～2）：1，72周龄淘汰体重1.86-1.96千克。

二、蛋鸡疫病无公害防疫

（一）鸡场综合防治措施

1. 鸡场选址和建场要有利于防疫

鸡舍应建在背风向阳、地势高燥、水源充足、水质良好、通风好、排水方便的地方。距离公路、铁路、河流至少0.5-1千米，距居民区3～4千米；鸡场总体布局及工程工艺设计都应满足有利于疫病预防的要求，如场内生产区、生活区、隔离区要严格分开；生产区大门设消毒室和消毒池，建立健全门卫制度，各鸡舍门口设消毒池；不同类型的鸡舍（育雏舍、育成舍、产蛋鸡舍），应分别建在相隔较远的地方，孵化舍更应远离鸡舍；兽医诊断室，化验、剖检、尸体处理等场所，应建在生产区的下风头。

2. 切断疾病的传染源鸡场引种要慎重

引种前必须详细了解该场种禽的健康状况。一般应引种蛋或雏鸡，不宜引成年鸡。对引入的种鸡必须先进行隔离，检疫和观察Ⅰ个月，才能进入场内；在每批鸡进舍前，必须先更换垫料；并对鸡舍、设备和用具进行彻底清洗和消毒；饲养人员不得随意到本职工作以外的其他鸡舍，并禁止串换使用饲养用具；运料车不应进入生产区或经消毒池消毒后再进入，生产区的工具一律不得携出场外，严格限制参观，同意参观的人员必须在消毒室内更换衣服、胶鞋，认真消毒后方可进场；保证饮水质量，要使用深井水，尽量不用河水、塘水等表层水作为鸡的饮水严格处理病鸡、死鸡，剖检后焚尸或深埋。

3. 加强饲养管理是防止疾病发生的基本条件

要坚持科学饲养管理，搞好环境卫生，才能从根本上增强鸡群对疾病的抵抗力。要供给鸡群优质全价饲料，不用霉烂、酸败或结块的饲料，并经常保证充足清洁的饮水。鸡舍内应经常保持清洁干燥，通风良好，保持适宜的光照、温度、湿度和合理的饲养密度。要严格实行"全进全出"制度，这样在一个时期里全场无鸡，可进行全面清扫消毒，既消灭了病原体，又杜绝了疾病互相传染的途径，从而有利于鸡群的健康和安全生产。

4. 严格消毒

严格执行消毒制度，杜绝一切传染源是确保鸡群健康的又一重要措施。进入生产区内的人员一律要经过淋浴，换上消过毒的工作服、帽和胶鞋，鸡舍在进鸡前必须进行彻底清扫和冲刷，然后进行消毒；蛋箱、雏鸡盒和运鸡笼等频繁而经常出入鸡场，必须经过严格消毒，车辆进入鸡场要消毒。

5. 定期进行预防接种

定期预防接种是防治鸡传染病的重要手段。为了使预防接种能够有条不紊地进行，获得应有的免疫效果，鸡场应根据具体情况制订切实可行的免疫程序和全年的预防接种计划，并采取免疫监测手段，及时安全地做好各种疫苗的接种工作。

6. 预防性投药

养鸡场可能发生的疫病种类很多。其中有些病或尚无疫苗（如鸡白痢），或有疫苗而其保护率低和有效期短，或有些病用药物可以有效地控制，但又不宜长期用药（有的寄生虫病的防治也是如此）。因此，必须坚持以防为主，综合防治的原则。在这些疫病的多发期、敏感阶段或根据疫情情报等，进行一段时间的预防性投药也是一项重要措施。但应中西药结合，尽量少用单一药品，坚决禁止用残留大，对人、畜危害严重的药品。

7. 产品加工

严格遵守有关卫生条约，为市场提供新鲜、优质的无公害产品。

（二）鸡场免疫

1. 制定鸡场的免疫程序

预防接种时根据疫苗的特性、所养鸡的特点、本地区本场的具体情况，合理地制定各种疫苗接种的鸡的日龄、接种的途径、次数和间隔时间，就是"接种方案"，也叫"免疫程序"。各鸡场在制定免疫程序时，应考虑下面一些因素。

第一，当地疫病的流行情况，如某一地区未发生过鸡马立克氏病，鸡场所在地比较偏僻，场内卫生防疫制度很严格，则不一定接种这种疫苗如当地发生过该病，或者近日内鸡场曾发生过该病，就在免疫程序中考虑注射防止疫病发生的疫苗。

第二，初生雏鸡母源抗体的水平及前一次接种的残余抗体水平有些疫苗由于母源抗体干扰，不能过早地给雏鸡接种。

第三，接种的方法：各种接种方法各有特点，接种时根据实际情况选择。

第四，疫苗的特点：各种疫苗的反应情况不一，有些对鸡群有副作用，注意不能在特定时期使用"另外，疫苗免疫期的长短也应考虑 e

第五，鸡群的健康情况。

第六，鸡群整体状况。对于种鸡、蛋鸡等饲养期长的鸡群，其免疫程序应综合考虑系统免疫，各种免疫接种的疫苗尽可能在产蛋前全部结束。

2. 选择免疫接种的方法

目前鸡免疫接种的方法比较多，如饮水法、点眼或滴鼻法、气雾法、注射法、翼膜刺种法等。具体选择哪一种免疫方法，主要根据疫苗的特性、免疫的效果、劳动量、工作效率等来决定。

3. 鸡场的消毒方法

鸡场的消毒方法主要有以下三种

（1）卫生消毒

包括清扫、用水冲刷、用石灰粉刷等方法 B 这些方法虽不能直接杀灭病原体，但可使其大量减少，是在其他消毒之前所采取的一种方法。

（2）物理消毒

采用高温、阳光、紫外线、干燥等手段消灭病原体的方法。如对一些小器件经过15-30 分钟的蒸煮就可达至消毒目的。阳光暴晒或紫外线照射，可杀死物体表面的微生物。鸡舍在清扫、水冲刷之后，用火焰喷枪消毒可杀死墙缝、地面、笼具等物体上抵抗力较强的病原体。

（3）化学消毒

利用各种消毒药品（经喷洒或熏蒸等方法杀死病原体或使其失活的方法。消毒剂的种类较多，应注意选择良好的消毒剂应具备低价高效，易溶于水，对人、鸡毒性小，不损害物品，使用方便等特点。

另外，喷药应在冲洗之后，并待充分干燥后进行，太湿会降低药液的浓度，影响消毒效果。

三、蛋鸡育雏期的饲养管理

（一）育雏期划分依据和时间界定

从小雏鸡出壳后羽毛未长全，需要人为供温的这一阶段称为黄雏期。具体蛋鸡育雏期的界定时间多为 0 ～ 6 周龄，有的可以延到 8 周龄。

（二）雏鸡的饲养方式

1. 地面平养

（1）更换垫料式的地面平养育雏。适用的范围较广。可在水泥、砖、土地面或土炕地面等不同地面育雏，即在消毒好的地面上直接铺上垫料，厚度在 3 厘米左右，把雏鸡自由分散在上面饲养鸡粪便直接落在垫料上，这样需要经常更换垫料，比较麻烦和费工费力。

（2）一次清除式的厚垫料地面平养育雏。垫料厚度先从 6 厘米左右开始，两周后增加到 15-20 厘米。垫料于育雏结束后一次清除，这种方法可省去经常更换垫料的繁重劳动和减少麻烦。

地面平养优点是投资小、使用灵便、应用范围广，适用于小规模和可以利用不同类型和大小不等面积的房舍、暂无条件的鸡场及广大农村闲旧房舍的育雏。其缺点是饲养密度低，管理不方便也不规范，难以实行机械化管理，雏鸡易患病和不利于鸡的疫病防治。

2．网上平养

多采用的是将雏鸡养在距地面 50 ～ 60 厘米高的铁丝网、塑料网上（也有用竹片和木条制成的网）。这样就不必进行铺垫料和定期更换垫料，可节省大量垫料和减少人的体力劳动。另鸡群饲养在网上，粪便落于网下，鸡群可以与粪便不接触，减少了疾病的传播机会但水槽和料槽多在网上易被粪便污染。网上平养雏鸡不接触土壤，雏鸡就失去了自己寻食微量元素的可能性，这就要求日粮中微量元素必须全面、质量好、不失效。

3．立体笼养

把雏鸡放在专门设计的笼内饲养。为提高单位建筑面积内的饲养只数，多采用立体多层笼重叠或全阶梯、半阶梯式笼养。现多采用的是四层重叠式立体柜式电热育雏器育雏。其优点是比平面育雏可以更经济有效的利用建筑面积和土地面积及热能，增大单位面积上的饲养密度。既具有网上育雏的优点，又能使雏鸡发育整齐，还可大大提高劳动生产率，便于机械化、自动化管理，管理定额高，同时提高了雏鸡的成活率和饲料效率。

（三）育雏前的准备工作

1．制订育雏计划

根据鸡舍情况和饲养方式及鸡群的整体周转计划来制订育雏的详细周转计划。大的原则是最好能够做到以场为单位的全进全出制，每批育雏后的空场时间为 1 个月。这是防病和提高成活率的关键措施。

育雏计划的主要内容：首先是雏鸡的品种、代次、来源和数量。其次为进雏的日期和育雏的时间、饲料需要计划、兽药疫苗计划、阶段免疫计划、地面平养时的垫料计划、体重体尺的测定计划、育雏各项成绩指标的制定、育雏的一日操作规程和光照饲养计划等。做到育雏一开始，就按计划、按规定去做。

2．安排育雏饲养人员

育雏是养鸡中最为繁杂、细微、艰苦而又技术性很强的工作因此要求育雏人员要有吃苦耐劳、责任心强、心细、勤劳且必须具有一定的专业技术知识和育雏经验，必要的时候还要做好能封在鸡舍内 2 ～ 6 周不回家的准备。

3. 育雏鸡舍及饲养用具的准备

育雏前，做好育雏舍的隔离，对育雏舍及周围环境进行清扫、冲洗和全面消毒，准备好育雏用具、雏鸡饲料、消毒及免疫器械等。在进雏前 2 ～ 3 天对雏鸡舍进行预热试温，为养好雏鸡打下良好基础。

（四）接雏时应注意的问题

1. 品种、代次

要了解清楚所接雏的品种、代次。雏鸡的配套方式及雏鸡的外貌特征、特性和生长发育情况及标准和要求并要求供种单位提供相应的饲养管理手册或管理指南。

2. 免疫情况

了解所引进鸡种的检免疫情况及检免疫的程序、方法及引种地区家禽的疫病情况，以此来制订引进鸡种的防疫免疫计划和程序。

（1）初生雏的标准

品质良好的初生雏应具备以下条件。

1）血缘清楚，符合本品种的配套组合要求

2）无垂直传染病和烈性传染病

3）母原抗体水平高且整齐

4）外貌特征符合本品种标准

2）初生雏选择的方法

选择方法可归纳为"看、听、摸、问" 4 个字。

看：就是观察雏鸡的精神状态。健雏活泼好动，眼亮有神，绒毛整洁光亮，腹部收缩良好。弱雏通常缩头闭眼，伏卧不动，绒毛蓬乱不洁，腹大松弛，腹部无毛且脐部愈合不好，有血迹、发红、发黑、钉脐、丝脐等。

听：就是听雏鸡的叫声。健雏叫声洪亮清脆。弱雏叫声微弱，嘶哑，或鸣叫不休，有气无力。

摸：就是触摸雏鸡的体温、腹部等。随机抽取不同盒里的一些雏鸡，握于掌中，若感到温暖，体态匀称，腹部柔软平坦，挣扎有力的便是健雏；如感到鸡身较凉，瘦小，轻飘，挣扎无力，腹大或脐部愈合不良的是弱雏。

问：询问种蛋来源，孵化情况以及马立克氏疫苗注射情况等。来源于高产健康适龄种鸡群的种蛋，孵化过程正常，出雏多且齐的雏鸡一般质量较好。反之，雏鸡质量较差。

（六）雏鸡的饮水与开食

1. 雏鸡的饮水

雏鸡第一次饮水为初饮，初饮一般越早越好，近距离一般在毛干后 3 小时即可接到育雏舍给予饮水，远距离也应尽量在 48 小时内饮上水。因雏鸡出壳后体内的水分大量消耗，所以雏鸡进入鸡舍后应及时先给饮水再开食。初饮后无论如何都不能断水，在第一周内应给雏鸡饮用降至室温的开水，一周后可直接饮用自来水。

要注意的是，在初饮后要仔细观察鸡群，若发现有些鸡没有靠上饮水器，就要增加饮水器的数量，并适当增大光照强度。初饮时的饮水，需要添加糖分、抗菌药物及多种维生素。糖分可用浓度为5%的葡萄糖，也可用浓度为8%的蔗糖。饮水加糖、抗菌药物能提高雏鸡成活率和促进生长，但要注意不影响饮水的适口性为好

饮水的调教：让雏鸡尽快学会喝水是必需的。调教的方法是：轻握住雏鸡，手心对着雏鸡背部，拇指和中指轻轻扣住颈部，食指轻按头部，将其喙部按入水盘，注意别让水没及鼻孔，然后迅速让鸡头抬起，雏鸡就会吞咽进入嘴内的水如此做三四次，雏鸡就知道自己喝水了。一个笼内有几只雏鸡喝水后，其余的就会跟着迅速学会喝水。

饮水的温度：供雏鸡饮用的水应是18～20T的温开水。切莫用低温凉水因为低温凉水会诱发雏鸡拉稀。水盘要放在光线明亮之处，要和料盘交错安放。

2. 雏鸡的开食

第一次给初生雏鸡投喂饲料即雏鸡的第一次吃食称为"开食"。

（1）开食的时间

在雏鸡初饮之后3小时左右即可第一次投料饲喂。"开食"不宜过早，因为此时雏鸡体内还有部分卵黄尚未被吸收，饲喂太早不利卵黄的完全吸收。但开食也不能太晚，超过48小时开食，则明显消耗雏鸡体力，从而影响雏鸡的增重。

（2）开食时的饲料形态

开食用的饲料要新鲜，颗粒大小适中，最好用破碎的颗粒料，易于啄食且营养丰富易消化。如果用全价粉料最好湿拌料。为防止尿酸盐沉积而造成糊肛，可在饲料的上面撒一层碎粒或小米（用温开水浸泡过更好）。

（3）开食的方法

用浅平料盘，或报纸放在光线明亮的地方，将料反复抛撒几次，雏鸡见到抛撒过来的饲料便会好奇地去啄食。只要有很少的几只初生雏啄食饲料，其余的雏鸡很快就跟着采食了。头三天喂料次数要多些，一般为6～8次，少喂多餐，以后逐渐减少，第6周时喂4次即可。

（七）育雏期的环境控制

环境主要是指舍内环境。环境控制包括温度、湿度、通风、光照、密度等的控制，这些是小鸡生长发育好坏的直接影响因素，如何控制好这些因素是育雏的关键

1. 温度的控制

适宜的温度是保证雏鸡成活的首要条件，必须认真做好口温度包括雏鸡舍的温度和育雏器内的温度。

刚出壳的鸡，体温调节机能还不健全，体温比成鸡低3无，到4日龄时才开始升高，10日龄时才达到成鸡的体温，加之雏鸡的绒毛短，御寒能力差，进食量少，所产生的热量也少，不能维持生活的需要，故在育雄期间，必须通过供温来达到雏鸡所

需的适宜温度。

供温的原则是：初期要高，后期要低；小群要高，大群要低；弱雏要高，强雏要低；夜间要高，白天要低，以上高低温度之差为2Y同时雏鸡舍的温度比育雏器内的温度低 5～8Y，育雏器内的温度是靠近热源处的温度高，远离热源的温度低，这样有利于雏鸡选择适宜的地方，也有利于空气的流动。

如果温度适宜则小鸡活泼，食欲良好，饮水适度，羽毛光滑整齐，均匀地分布在热源的周围；若温度过高则小鸡远离热源，嘴和翅膀张开，呼吸频率增加，频频喝水；若温度过低则小鸡靠拢在热源的附近，或挤成一团，羽毛竖起。育雏的供温方法有伞育法、温室法（锅炉暖气供温）、火炕法、红外线和远红外线法等，不同地区可以根据实际条件选择适当的方法。

2. 湿度的控制

育雏舍的相对湿度应保持在 60%～70% 为宜，但最好不要超过 75%。超过 75% 时，夏季会高温高湿，冬季低温高湿，都会造成雏鸡死亡增加。一般育雏前期湿度高一些，后期要低，达到 50%～60% 即可。

3. 通风的控制

通风有自然通风和机械通风。自然通风是指通过门和窗自然交换空气。机械通风是通过设备使空气产生流动，从而达到空气交换的目的。

通风换气的总原则是：按不同季节要求的风速调节；按不同品系要求的通风量组织通风；舍内没有死角。

4. 光照的控制

科学正确的实行光照，能促进雏鸡的骨骼发育，适时达到性成熟。对于初生雏光照主要是影响其对食物的摄取和休息。初生雏的视力弱，光照强度要大一些。幼雏的消化道容积较小，食物在其中停留的时间短（3 个小时左右），需要多次采食才能满足其营养需要，所以要有较长的光照时间，来保证幼雏足够的采食量。通常 0～2 日龄每天要维持 24 个小时的光照时数，3 日龄以后，逐日减少。密闭式雏舍雏鸡在 14 日龄以后至少也要维持 8 小时的光照时数。育雏光照原则：光照时间只能减少，不能增加，以避免性成熟过早，影响以后生产性能的发挥；人工补充光照不能时长时短，以免造成刺激紊乱，失去光照的作用；黑暗时间避免漏光。

5. 密度的控制

每平方米容纳的鸡数为饲养密度。密度小，不利于保温，而且也不经济。密度过大，鸡群拥挤，容易引起啄癖，采食不均匀，造成鸡群发育不齐，均匀度差等问题的发生。

（八）断喙

1. 断喙的目的

断喙，即将鸡的喙部切短、是防止各种啄癖的发生和减少饲料浪费的有效措施之一。

2. 断喙的时间

断喙可以在12周以内进行,最好在10日龄进行。此时对鸡的应激小,可节省人力,还可以预防早期啄癖的发生。断喙一般需要进行两次c第一次常在6～10日龄。因第一次断喙总会有一部分鸡断喙太轻,经过一段时间便可长出,另外还有一部分体质较弱的雏鸡不宜在那时断喙,对这两部分鸡需要进行补断,这便是第二次断喙。第二次断喙的时间通常在8～12周龄。

3. 断喙的方法

用断喙器或电烙铁通过高温将喙的一部分切烙下来。左手抓住鸡腿部,右手拿鸡,右手的拇指放在鸡头顶上,食指放在咽下,略施压力,使鸡缩舌,在离鼻孔2毫米外切断。6～10日龄断喙采用直切,6周以后可切成上喙从喙端到鼻孔的1/2,下喙切去前1/3。切后借助刀片的温度烧烫和压平切过的伤口,防止流血和喙的重新生长。

4. 断喙时的注意事项

第一,断喙的鸡群应是健康无病的鸡群

第二,断喙前1～2天及断喙后1～2天应在饲料中按每千克料添加维生素K2～4毫克,有利于切口血液凝固,防止术后出血。按每千克料添加维生素C 150毫克,可以起到良好的抗应激作用。

第三,断喙时不要切到舌头,要准确地从上述要求的部位处切除喙的前部。

第四,刀片温度要适宜。刀片适宜的温度为600～800Y。

第五,要组织好人力,保证断喙工作能在最短时间内进行完毕:

第六,断喙后3天内料槽与水槽要加得满些,以利于雏鸡采食,并避免采食时术口碰撞槽底而致切口流血。

第七,雏鸡免疫接种前后两天或鸡群健康状况不良时暂不进行断喙。

5. 断喙的工具

断喙专用工具市售的有电热脚踏式和电热电动式断喙器,此外,还有电热断喙剪。近年来有些养鸡户用150-250瓦电烙铁断喙。用电烙铁做断喙器时,需将烙铁尖端磨薄,其锋利程度与电热式刀片相近即可。

(九)育雏期的日常管理

育雏期管理的重点应在前10天内,因为小鸡刚出壳,一切都是新鲜的,一些功能不健全,一些习惯和本领需要饲养人员去教,所以每天要按照一日操作规程去做,使小鸡开始就有一个好习惯。

1. 饮水

小鸡进入鸡舍的第一件事是要尽快教会小鸡饮水,这是提高育雏成活率和培育健雏的关键措施。

2. 温度

保持合适的温度,一天之内要查看5～8次温度计,并将温度记录在表格中。

3. 观察鸡群

每隔 1 ～ 2 时观察一次鸡群，若鸡群挤在一堆则可轻轻拍打育雏器，使小鸡分散，以免压死小鸡'通过喂料的机会观察雏鸡对给料的反应、采食的速度、争抢程度、采食量等。以了解雏鸡的健康情况；每天观察粪便的形状和颜色，以判断饲料的质量和发病的情况；留心观察雏鸡的羽毛状况、眼神、对声音的反应等，通过多方面判断来确定采取何种措施。

4. 给料

每天给料的时间固定，使鸡群形成自我的条件反射，从而增加采食量。给料的原则是少喂勤添，在换料时，要注意逐渐进行，不要突然全换，以免产生不适。

5. 记录

认真做好各项记录。每天检查记录的项目有：健康状况、光照、雏鸡分布情况、粪便情况、温度、湿度、死亡、通风、饲料变化、采食量及饮水情况等。

6. 消毒

对鸡消毒在养鸡业中应用广泛，常用的消毒药有百毒杀、新洁尔灭等。采用喷雾法，高度超过鸡背 20 ～ 30 厘米，一般每周 1 ～ 2 次，可预防疾病和净化舍内空气同时育雏期的一切工具，都要定时消毒。

7. 整群

随时挑出和淘汰有严重缺陷的鸡，适时调整和疏散鸡群，注意护理弱雏，提高育雏的质量。

四、产蛋期的饲养管理

雏鸡生长到 5 ～ 6 周后，就要从育雏室转入育成室，直到 18 ～ 20 周才能上笼饲养，如何对育成期蛋鸡进行饲养管理呢？

（一）入育成室前的准备

1. 育成室及环境消毒

对育成室周围进行全面的除草消毒。室内用高压水冲洗，并用 10% ～ 20% 石灰水溶液喷雾或浸泡地面，待干后用清水清洗干净备用。采用笼养的把用具全部放入室内，关闭门窗，每立方米用福尔马林 15 ～ 40 毫升配 7.5-20 克高锰酸钾熏蒸 12 小时以上，再打开门窗通风。

2. 饮水用具消毒

平养育成，把饮水线中的水排干，在小鸡入室前 7 天加入浓度 10% ～ 20% 的醋酸溶液冲洗，笼养育成的饮水器用消毒剂消毒后清洗。

3. 育成室准备

平养育成地面用粗糠作垫料，厚 5 厘米左右，冬季略垫厚一些。调节好饮水线高度，并检查每个饮水器乳头是否漏水，漏水必须立即修复。

（二）转群的注意事项

1. 转群时防止小鸡发生应激反应

转群前3天，小鸡饲料中加入电解质或维生素。饲料转换要过渡，第一天育雏料和生长期料对半，第二天育雏期料减至40%，第三天育雏料减至20%，第四天全部用生长期料。

2. 转群选择最佳的时间

转群时冬天选晴天，夏天选在早晚凉爽的时间。转群尽量在一天内完成，并把体重大小一致的鸡分在一起，以便于管理。体重轻的鸡可留在育雏室内多饲养一周。转群时防止人为伤鸡。

3. 转群初期饲养管理

小鸡转群后，由于环境的变化，需要适应，要防止炸群。注意观察鸡能否都喝得上水，经一周鸡熟悉环境以后，才能按育成鸡的管理技术进行正常操作。

（三）控制饲养

1. 控制饲养的目的

防止青年鸡吃料过多而增加脂肪积蓄，从而保证鸡的正常生长发育和对营养物质的合理需要。

2. 控制饲养的方法

采食量方面控制，比自由采食减少10%～20%。日粮能量和蛋白质方面控制，增加纤维素，降低能量，降低蛋白质和氨基酸量。吃料时间上的控制，做到每日定时采食。

3. 控制饲养的作用

使鸡的生长略受抑制，防止过早性成熟（即过早开产）；控制体重增长，维持标准开产体重；减少采食量，从而节省饲料；降低体内脂肪积蓄，预防产蛋鸡出现脂肪肝综合征。

4. 抽测体重

每周末抽取5%的鸡称重，对照标准体重检查控制饲料的数量是否合适，以决定调整下周的给料量，并检查鸡群体重的均匀度。

（四）控制光照

转群后的第一天每4～6平方米用15瓦白炽灯整夜照明，目的是防止转群的惊吓。18周前光照保持8～12小时恒定光照。

（五）控制密度

5～6周龄，立体笼养的每平方米30只，地面平养的每平方米20只；7～14周龄，立体笼养的每平方米20～24只，地面平养的每平方米12～18只。

（六）控制鸡群的整齐度

注意经常把较小、较弱的鸡挑出单独护理，适当多喂一些饲料，以便使它们赶上强壮的鸡。18～20周提早做好上笼准备，

五、产蛋期的饲兼管理

（一）产蛋期的密度

立体笼养的每平方米12～16只，地面平养的每平方米6～8只。

（二）产蛋期的喂料及原则

1. 日粮营养要求

产蛋期日粮分前期饲料和后期饲料，前期饲料营养高些，以适应产蛋高峰期和体重继续增加的需要，后期饲料营养略低，因后期产蛋率逐渐下降，体重稳定，防止鸡过肥。

2. 喂料原则

鸡群5%开产时就应该喂产蛋期料；根据鸡在夏天、冬天采食量的变化及时调整营养供应；日供料必须定时、定量，上午少喂些，到15时后多喂些，以维持合格蛋重和蛋壳质量；不要轻易变换饲料，避免减食而引起产蛋率下降。

3. 光照要求

蛋鸡开产后，最初几周按每周增光1小时，直至达到14小时光照，光照时间不足，要用电灯补充光照。产蛋中后期每天光照应达到16小时。要根据白天时间长短，计算每天增加人工照明的时间，一般从傍晚入黑前开灯，21时30分前后关灯。冬季日照短，晚上增光后，还可在早上5时左右开灯，至天亮后关灯。最好安装定时开关器，可节省人工。

（三）温度、湿度控制

开放式鸡舍采用外界自然温度和湿度，春秋季节一般不采取保温和湿度调节措施；冬季适当采取一些保温措施，如关闭门窗等，保持舍温不低于5无；夏季采取防暑降温措施，如加强通风、安装湿帘降温系统等。密闭舍温度以保持在18～22P为宜，相对湿度以50%～60%为好。

（四）拾蛋时间及次数

10时至15时是产蛋最多的时间，一般在10时以后和15时以后各捡蛋一次。

（五）防疫与用药

按照标准化生产技术的免疫程序，在1个产蛋期过后，应接种禽流感、新城疫等疫苗，同时必须严格执行综合防疫措施，严防疫病传入。要保证通风良好，控制温湿度，维护鸡的健康。产蛋期鸡，尽量不要用药，实在需要用药时，要制订合理的治疗

方案，选用安全的药物，严禁使用禁用药。

（六）淘汰低产鸡

为了提高饲养效益，在产蛋期内，要陆续淘汰产蛋率低的鸡、病鸡、不产蛋鸡、过肥的鸡等。

第七章 生态农业视角下稻田种养生产技术

第一节 稻田种养绿色生产环境要求

一、绿色稻米生产的土壤要求

（一）水稻生产的土壤环境质量要求

稻田种养模式是以水田为基础、生产优质水稻为中心，种养结合，稻鱼共生、稻鱼互补的生态农业种养模式。其生产的重要特征是实行无公害绿色生产，通过对稻田改造，加固加高田埂，提高水位，改善稻田种养生态条件，改水稻密植为适当稀植，扩大水产品和禽类活动空间，并改善水稻通风条件，减少水稻病害发生，建立稻田良性循环的生态体系，通过以禽、水生生物控虫、控草，实现少施化肥农药，提高产品品质，实现一水两用、一田多收，生产流程标准，产品绿色生态，生产效益高效。因此，要求生产环境优良、土壤无污染。

首先必须确认是无污染农田，稻作生态环境质量评价符合《绿色食品产地环境质量》（NY/T 391—2013），没有污染源和潜在污染源，相关产品基地必须通过国家认定后方可组织生产；其次要有集中连片的稻田，土壤肥沃，旱涝保收，保证周边环境无污染源。

根据 NY/T 391—2013 规定，绿色稻米生产对土壤的要求如表 7-1。根据土壤 pH 的高低分为 pH＜6.5、pH=6.5～7.5 和 pH＞7.5 三种情况。

表 7-1　NY/T 391—2013 绿色食品土壤质量要求

项目	旱田			水田			检测方法
	pH＜6.5	6.5≤pH≤7.5	pH＞7.5	pH＜6.5	6.5≤pH≤7.5	pH＞7.5	NY/T 1377
总镉，mg/kg	≤0.3	≤0.30	≤0.40	≤0.30	≤0.30	≤0.40	GB/T 17141
总汞，mg/kg	≤0.25	≤0.30	≤0.35	≤0.30	≤0.40	≤0.40	GB/T 22105.1
总砷，mg/kg	≤25	≤20	≤20	≤20	≤20	≤15	GB/T 22105.2
总铅，mg/kg	≤50	≤50	≤50	≤50	≤50	≤50	GB/T 17141
总铬，mg/kg	≤120	≤120	≤120	≤120	≤120	≤120	HJ491
总铜，mg/kg	≤50	≤60	≤60	≤50	≤60	≤60	GB/T 17138

注：1. 果园土壤中铜限量值为旱地中铜限量值的 2 倍；2. 水旱轮作的限量值取严不取宽；3. 底泥按照水田标准执行

（二）生产绿色农产品的土壤肥力要求

为了实现绿色生产，保证绿色农产品的质量，要求生产者增施有机肥，提高土壤肥力。根据《绿色食品产地环境质量》（NY/T 391—2013）规定，生产 AA 级绿色食品时，转化后的耕地土壤肥力要达到土壤肥力分级 1～2 级指标；生产 A 级绿色食品时，应达到土壤肥力 3 级标准。

（三）绿色稻米和食用菌生产对培养基质的要求

稻菌模式中，食用菌培养基是水稻生产和食用菌栽培的重要环境条件，土培食用菌栽培基质要求按《绿色食品产地环境质量》（NY/T 391—2013）执行，其他栽培基质应符合表 7-2 的要求。

表 7-2　食用菌栽培基质要求

项目	指标	检测方法
总汞，mg/kg	≤	GB/T 22105.1
总砷，mg/kg	≤	GB/T 22105.2
总镉，mg/kg	≤	GB/T 17141
总铅，mg/kg	≤	GB/T 17141

二、健康养殖的水质要求及调控

（一）稻田种养用水水质要求

水质对于稻田种养绿色食品生产至关重要，一方面要求水体无污染，符合水稻、水产等绿色食品生产的水质标准；另一方面要求水体生物群落结构合理、多样性好，能有效控制有害病原菌，促进水产动物健康生长。

首先，必须符合《无公害食品淡水养殖用水水质标准 MNY 5051-2001》，表 7-3 是可参照的无公害淡水养殖用水水质要求，其常用的检测及测定方法见表 7-5。

表 7-3　淡水养殖用水水质要求

序号	项目	标准值
1	色、臭、味	不得使养殖水体带有异色、异臭、异味
2	总大肠菌群，个 /L	≤ 5000
3	汞，mg/L	≤ 0.0005
4	镉，mg/L	≤ 0.005
5	铬，mg/L	≤ 0.05
6	铅，mg/L	≤ 0.1
7	铜，mg/L	≤ 0.01
8	锌，mg/L	≤ 0.1
9	砷，mg/L	≤ 0.01
10	氟化物，mg/L	≤ 0.05
11	石油类，mg/L	≤ 1
12	挥发性酚，mg/L	≤ 0.05
13	甲基对硫磷，mg/L	≤ 0.005
14	马拉硫磷，mg/L	≤ 0.0005
15	乐果，mg/L	≤ 0.005
16	六六六（丙体），mg/L	≤ 0.002
17	DDT，mg/L	0.001

（二）稻田灌溉用水水质要求

稻田种养的灌溉用水必须符合《绿色食品产地环境质量》（NY/T 391—2013）中关于农田灌溉用水水质的要求，相关水质指标见表 7-4。

表 7-4　淡水养殖用水水质测定方法

序号	项目	测定方法	测试方法标准编号	检测下限（mg/L）
1	色、臭、味	感官法	GB/5750	不得使养殖水体带有异色、异臭、异味
2	总大肠菌群，个/L	（1）多管发酵法	GB/5750	
		（2）滤膜法		
3	汞	（1）原子荧光度法	GB/8538	0.00005
		（2）冷原子吸收分光光度法	GB/7468	0.00005
		（3）高锰酸钾-过硫酸钾消解双硫腙分光光度法	GB/7649	0.002
4	镉	（1）原子吸收分光光度法	GB/7475	0.001
		（2）双硫腙分光光度法	GB/7471	0.001
5	铅	（1）原子吸收分光光度法 A		0.01
		原子吸收分光光度法 B	GB/7475	0.2
		（2）双硫腙分光光度法		
6	铬	二苯碳酰二肼分光光度法（高锰酸盐氧化法）	GB/7466	0.01
7	砷	（1）原子荧光光度法	GB/8538	0.00004
		（2）二乙基二硫氨基甲酸银分光光度法	GB/7485	0.007
8	铜	（1）原子吸收分光光度法 A	GB/7475	0.001
		原子吸收分光光度法 B		0.05
		（2）二乙基二硫代氨基甲酸钠分光光度法	GB/7470	0.01
		（3）2,9-二甲基-1,10-菲啰啉分光光度法	GB/7473	0.06
9	锌	（1）原子吸收分光光度法	GB/7475	0.005
		（2）双硫腙分光光度法	GB/7472	0.05
10	氟化物	（1）茜素磺酸钠目视比色法	GB/7482	0.5
		（2）氟试剂分光光度法	GB/7483	0.05
		（3）离子选择电极法	GB/7484	0.05
11	石油类	（1）红外分光光度法	GB/16488	0.01
		（2）非分散红外光度法		0.02
		（3）紫外分光光度法	水和废水监视分析方法	0.05
12	挥发性酚	（1）蒸馏后 4-氨基安替比林分光光度法	GB/7490	0.002
		（2）蒸馏后溴化容量法	GB/7491	—
13	甲基对硫磷	气相色谱法	GB/13192	0.00042
14	马拉硫磷	气相色谱法	GB/13192	0.00064
15	乐果	气相色谱法	GB/13192	0.00057
16	六六六	气相色谱法	GB/13192	0.000004
17	DDT	气相色谱法	GB/13192	0.002

（三）稻田养殖的渔业水质要求

　　稻田种养的水产动物生产目标是绿色无公害食品或有机食品，因此，必须符合绿色食品产地渔业水质的要求，绿色食品产地渔业用水中各项污染物含量不应超过表5-7 所列的浓度值。

表 7-5　农田灌溉用水水质要求

项目	指标	检测方法
pH 值	5.5～8.5	GB/T 6920
总汞，mg/L	≤0.001	HJ 597
总镉，mg/L	≤0.005	GB/T 7475
总砷，mg/L	≤0.05	GB/T 7485
总铅，mg/L	≤0.1	GB/T 7475
六价铬，mg/L	≤0.1	GB/T 7467
氟化物，mg/L	≤2.0	GB/T 7484
化学需氧量（COD_{Cr}），mg/L	≤60	GB 11914
石油类，mg/L	≤1.0	HJ 637
粪大肠菌群*，个/L	≤1000	SL 355

注：灌溉蔬菜、瓜类和草本水果的地表水需测粪大肠菌群，其他情况不测粪大肠菌群

表 7-6　渔业用水中各项污染物的浓度限值

项目	指标		检测方法
	淡水	海水	
色、臭、味	不应具有异色、异臭、异味		GB/T 5750.4
pH	6.5～9.0		GB/T 6920
溶氧量，mg/L	≥5		GB/T 7489
生化需氧量（COD_{Cr}），mg/L	≤5	≤3	HJ 505
总大肠菌群，MPN/100mL	≤500（贝类 50）		GB/T 5750.12
总汞，mg/L	≤0.0005	≤0.0002	HJ 597
总镉，mg/L	≤0.005		GB/T 7475
总铅，mg/L	≤0.05	≤0.005	GB/T 7475
总铜，mg/L	≤0.01		GB/T 7475
总砷，mg/L	≤0.05	≤0.03	GB/T 7485
六价铬，mg/L	≤0.1	≤0.01	GB/T 7467
挥发酚	≤0.005		HJ 503
石油类	≤0.05		HJ 637
活性磷酸盐（以 P 计）	—	≤0.03	GB/T 12763.4

注：水中漂浮物质需要满足水面不应出现浮沫要求

（四）稻田水质的调控

稻田综合种养模式的成功与否，受多方面条件的影响，其中，种养稻田的水质条件优劣起到至关重要的作用，而水质的好坏一方面与水源直接相关，另一方面则是以田间配套工程的改造和建设为基础，种养过程中水肥运筹和动物饲喂方法为手段，合理规划，科学操作，协调水稻生长与水产动物生长之间的关系，以达到水稻和鱼类产品的产量提高、品质提升，最终达到社会效益、生态效益和经济效益多赢的目的。

在水质调控上主要依据水质颜色深浅和透明度、水体溶解氧含量、水体 pH 大小、碱度值高低变化，采用相应方法调节到适宜范围。

1. 根据水体透明度进行调节

稻田里鱼凼或鱼沟中水体的透明度为 25 ～ 30cm 时，不用施肥。透明度小于 25cm 时则应通过加水，稀释过浓的水质，让其透明度回到 25 ～ 30cm 的正常范围。若水质变黑、白、灰色时采用换水的方法改良水质，换水后再施肥，培肥水质、促进水稻生长。水的颜色过淡、透明度达 40cm 及以上时，说明稻田水中的肥力不足，应追肥，施肥方法为少量多次，以稀肥为主，重施肥不仅污染水体，对鱼、对稻生长也不利。

2. pH 的调控

水稻适合在偏酸性条件下生长，稻田养殖的水产动物的适宜 pH 大多在 6.5 ～ 8.5，水体处于过低 pH 环境对水产动物生长不利，过高 pH 环境对水稻和水产动物均不利。在高产养殖田块，一般易产生水体 pH 偏低现象，这种过酸的养殖稻田常采用施生石灰的方法调节水质，且兼有减少病虫害的作用。水体 pH 过低与缺氧、有机物过多、水质过肥有关，因此，可根据水体中以上三方面的实际状况进行调节。种植一定数量的水生植物既可增加水体的氧含量，还可以减少水体的二氧化碳含量，这些都可以增加水体的 pH、改善水质。

3. 水体溶解氧调节

水体溶解氧过高对水产动物不利，溶解氧过低则对水稻和水产动物也有不利的影响，水产动物最适的溶解氧范围为 2.5 ～ 4.5mg/L。水体溶解氧过低可以通过有计划地种植一定数量的水生植物如萍等解决，应急性增氧则可通过立即注水、换水的方法解决。

4. 保持水体适宜的碱度

水体适宜碱度是保持 pH 稳定的关键性因子，适宜的碱度还可降低水体中的重金属污染的毒害作用，养殖用水的正常碱度值为 1 ～ 3mmol/L。过低的碱度虽然对鱼类无毒害作用，但不利于鱼类生长，不能高产，撒施石灰是增加水体碱度的简单有效措施；过高的碱度对鱼类具有毒害作用，降低水体碱度的方法可用种植水生藻类，通过其光合作用不断被消耗水体中的钙磷镁碳等营养盐类来实现。

5. 撒施消毒剂

消毒剂是杀灭水体病原菌的有效方法，具有防止养殖水产动物病害的作用。

6. 施用水质改良剂

一些水质改良剂含有多种复合生物酶、益生菌类、维生素、微量元素、矿质增效剂及盐类，通过生物和化学方法，联合作用于养殖水体后，显著改善因高温炎热而引发的残饵与粪便等有机体导致的恶劣水质和底质。如，佛石粉可快速降解水中残饵、鱼虾排泄物等有机污物，吸附消除有毒重金属离子，降低氨态氮、硫化氢，调节水体酸碱度。养殖中增施佛石粉，还要施入一些活菌，用来分解虾吃剩的食物，配合撒些消毒药，如二氧化氯等。

第二节　稻田种养水稻绿色生产技术

水稻绿色生产无污染、安全、优质、营养的稻米，其生产除了保证产地及环境条件达到标准和要求外，其各个生产环节都必须符合相关标准和要求，如选择优质稻品种、合理使用农药和肥料等生产资料都是生产绿色稻米的重要环节。

一、优质稻品种选择

（一）品种的生育期要求

要求生育期适宜，在满足稻田综合种养茬口需求的条件下，符合高产优质的标准。同时还兼顾考虑种植方式对水稻生育期的影响，如直播、移栽（机插、人工栽插或抛栽等）。

（二）品种的抗性要求

稻田综合种养模式定位为绿色生态，其农产品至少要求符合无公害生产标准；为了获得较高的效益，提高产品的商品价值，故生产上一般要求按绿色食品生产标准执行，有条件最好按有机食品标准生产；因此，使用防治病虫害农药要求达到绿色生产标准，使用的农药品种及其使用时间具有特定要求；这就对水稻品种的抗性具有更高的要求；所选择品种最好对当地一至几种主要病害具有较强的抗性，一般环境条件下发病较轻，进行适当预防能有效控制病害的发生；由于种养模式的特殊环境条件要求，通常条件下难以实施晒田操作，甚至有可能长时间的深水灌溉，倒伏发生的可能性大增，所以茎秆粗壮和强的抗倒特性尤为重要；对于实施地点在低湖区的，由于易遭遇因暴雨和排水不畅引起的涝害，这就要求品种的耐涝优势明显。

（三）对稻米品质的要求

生产高附加值产品是稻田综合种养模式的必然选项，稻米的高附加值源于按绿色食品标准生产的产品安全性，但仅有安全性还不足以有效提高稻米的市场价格，那么，在稻米具有安全性的基础上，其内在的品质，包括加工、外观、蒸煮等，特别是食味品质更为重要，要求品种品质总体上达到国标 2 级及以上标准。不仅要求以上各品质指标好，还要求各项品质指标稳定性高。

（四）选择方法

水稻品种的特性，特别是产量、品质、抗性等，其最终表现，是品种本身遗传特性与气候、土壤及栽培方法等多方面相结合的综合体现。选择品种时最好按以下原则进行。

第一，依据专业机构发布品种审定或认定公告决定。在未独立实地获取有效数据的条件下，这是一种相对科学客观的手段。但在参考公告资料时，一定要从专业角度审视分析和借鉴，不能盲目偏颇于某一性状，而应从总体上系统考量。

第二，在上一条的工作基础上，引进若干个符合种植要求、具有鲜明特点的品种进行试种，多年、多点、多季节考察产量、品质、抗性三大指标，最终分析决断。抗性考察应具有一定专业性，并要求结合实际状况分析才能确定；稻米品质除粗略观察、蒸煮食用外，部分与商品价值相关的主要指标应送往专业检测机构检测后方可得出结论。

第三，种子质量应符合 GB 4404.1 的规定。

二、绿色生产施肥方法

施肥是水稻生产中的关键性环节之一。在无公害水稻生产中，使用肥料的种类、肥料的标准及施肥技术的综合运用是最终获得高产、优质、高效的保障。

（一）肥料标准及使用准则

肥料质量及来源对于水稻绿色生产至关重要，使用时必须购置符合相关标准和要求的肥料。无公害水稻生产的肥料标准和使用按《无公害食品水稻生产技术规程》（NY5117-2002）执行；绿色稻米生产的肥料标准和使用按中华人民共和国农业行业标准《绿色食品肥料使用准则》（NYT 394-2013）执行；有机稻米生产不可使用化学肥料，生产按《有机水稻生产质量控制技术规范》（NYT 2410-2013）执行。具体使用过程中还应关注相关肥料的营养成分及杂质含量，表5-8是三种肥料的杂质指标控制要求。

表 7-7　三种主要无机肥料杂质控制指标

肥料	营养成分	杂质控制指标
锻烧磷酸盐碱	有效 $P_2O_5 \geqslant 12\%$	每含 $1\%P_2O_5$，$As \leqslant 0.004\%$、$Pd \leqslant 0.01\%$、$Pb \leqslant 0.002\%$
硫酸钾	含 K_2O 50%	每含 $1\%K_2O$，$As \leqslant 0.004\%$、$Cl \leqslant 3\%$、$H_2SO_4 \leqslant 0.5\%$
腐殖酸叶面肥	腐殖酸 8% 微量元素 $\geqslant 6.0\%$（Fe、Mn、Cu、Zn、Mo、B）	$Pd \leqslant 0.01\%$、$As \leqslant 0.002\%$、$Pb \leqslant 0.02\%$

（二）农家肥使用要求及卫生标准

农家肥是有机肥料，包括生物物质、动植物残体、排泄物、生物废物等积制而成的，如堆肥、近肥、厩肥、沼气肥、绿肥、作物秸秆肥、泥肥、饼肥等。农家肥的使用在无公害，特别是绿色稻米生产中是必不可少的，其使用按中华人民共和国农业行业标准《绿色食品肥料使用准则》（NYT 394-2013）执行。不同农家肥在积制过程中，还应注意控制相关的卫生标注，如高温堆肥要保证有害生物能被杀死。表7-8、表7-9分别是高温堆肥和沼气发酵肥的卫生标准。

表 7-8　高温堆肥卫生标准

编号	项目	卫生标准及要求
1	堆肥温度	堆肥温度达 50 ～ 55℃，持续 5 ～ 7 天
2	蛔虫卵死亡率	95% ～ 100%
3	粪大肠菌值	10-2 ～ 10-1
4	苍蝇	有效地控制苍蝇滋生，堆肥周围没有活的蛆、蛹或新羽化的成蝇

表 7-9　沼气发酵肥卫生标准

编号	项目	卫生标准及要求
1	密封贮存期	30 天以上
2	高温沼气发酵温度	53±2℃持续 2 天
3	寄生虫卵沉降率	95% 以上
4	血吸虫卵和钩虫卵	在使用粪液中不得检出活的血吸虫卵和钩虫卵
5	粪大肠菌值	普通沼气发酵 10-4 ～ 10-2
6	蚊子、苍蝇	有效地控制蚊蝇滋生，粪液中无，池的周围无活的蛆蛹或新羽化的成蝇
7	沼气池残渣	经无害化处理后方可用作农肥

（三）绿色施肥技术及方法

在稻田综合种养技术体系中，由于水稻与水产动物为共作或连作关系，水稻施肥除满足高产、优质的基本要求外，还应考虑施肥过程对水产动物的影响，它包括直接影响和施肥影响水质后对水产动物产生的间接影响。故在施肥使用方面应采用以有机肥施用为中心、基肥为主肥料的运筹技术。施肥量应从田间土壤肥力状况、养殖过程投放饲料可能的残留量、动物排泄的粪便量及计划稻谷产量的需肥量综合考虑、计算确定。

1. 平衡施肥

有机肥与化学合成肥料及氮、磷、钾及微量元素配合施用，提倡测土配方施肥，一般有机肥占总施肥量的 50% 以上，氮∶磷∶钾（N∶P_2O_5∶K_2O）=1∶0.5∶1。有机生产则要求全部使用有机肥。

2. 施肥方法

水稻生长发育中后期有养殖鱼类的饲料残留物和动物排泄物等作为营养来源，所以生育中后期常不需要追肥；肥力水平较低的田块可考虑适时追施腐熟的有机肥料，但在品牌选择上一定要根据绿色稻米生产对肥料的要求选择达标品牌。

（1）施肥种类

一般田块以施用腐熟发酵的有机基施为主，辅助少量化学合成肥料。禁止使用硝态氮肥（如硝酸铵等）和以硝态氮肥作基肥生产的复（混）合肥作追肥。推广叶面喷施微肥、生物钾肥、有机液肥。

（2）施肥量

根据计划产量计算总需求量，再根据种养过程中水产动物养殖可能投入的饲料残留量估算，中等肥力田每生产100kg稻谷约需施纯氮0.5～0.8kg，在核查拟使用的有机肥或化学合成肥料的实际含量后分期施用。

（3）肥料的分配施用比例

施足基肥，适时适量施分蘖肥和穗肥。一般氮肥中70%以上以基肥形式施用，20%作分蘖肥，10%作穗肥；磷、钾肥全部以基肥形式施用。追肥应做到分蘖肥早追施、中稻不疯长；适当施用穗肥，不施粒肥。

（4）施肥安全间隔期15天以上。

三、病虫草害绿色防控

病虫害防治是水稻生产的关键性环节之一，其技术执行好坏不仅对产量影响大，有时甚至可能绝收；防控病虫草害的药物使用不当，一方面会影响防治效果，另一方面可能产生农药残留，甚至可能威胁到人的健康，绿色防控是绿色稻米生产的依托技术。

（一）病虫草防控原则及农药使用标准

水稻病虫草害的绿色防控依据中华人民共和国农业行业标准《绿色食品农药使用准则》（NY/T 393—2013）执行。

（1）标准中使用的药物种类和主要品种。生物源农药、微生物源农药、矿物源农药、有机合成农药、农用抗生素（灭瘟素、春雷霉素、多抗霉素、井冈霉素、农抗120、中生菌素、浏阳霉素、华光霉素）、活体微生物农药真菌剂（蜡蚧轮枝菌、苏云金杆菌、蜡质芽孢杆菌、昆虫病原线虫、微泡子、核多角体病毒）、动物源农药（昆虫信息素）、捕食性的天敌动物、植物源农药（除虫菊素、烟碱、植物油乳剂、大蒜素、印楝素、苦楝、川楝素、芝麻素）、矿物源农药（硫悬浮剂、可湿性硫、石硫合剂等、硫酸铜、氢氧化铜、波尔多液）、矿物油乳剂、符合绿色标准的有机合成农药及其使用上限量。

（2）优先采用农业防控。通过选用抗病抗虫品种，非化学药剂种子处理，培育壮苗，加强栽培管理，中耕除草，秋季深翻晒土，清洁田园，轮作倒茬、间作套种等一系列措施起到防治病虫草害的作用。

（3）其他防控手段。灯光、色彩诱杀害虫，机械捕捉害虫，机械和人工除草等措施。

（二）水稻病害绿色防控

1. 选用抗病品种

由于绿色防控中少用或不用化学农药，生产实践中在品种选择上除关注产量和品质外，还必须重点考虑选择抗（耐）稻瘟病、稻曲病的品种，及时换去种植年限较长的品种，以防病害的严重发生。

2. 落实好种子处理

做好晒种、选种和符合绿色标准的药物浸种，灭杀种子携带的病菌。

3. 培育壮秧

根据播种期和移栽期确定好秧龄及其播种量，培育稀播壮秧，做好苗期病虫害的预防，施好送嫁药。如使用枯草芽孢杆菌防治稻瘟病；用石硫合剂防控其他苗期病虫害。

4. 合理密植

根据品种特性和土壤肥力水平，合理安排移栽密度、株行配置和栽插基本苗，坚持宽行窄株种植，一般行距为 30cm、株距 13 ～ 16cm，根据常规稻、杂交稻及其分蘖能力按每穴 2 ～ 5 苗的标准栽插。

5. 大田病害防治

根据水稻生长发育状况，对生长旺盛的秧苗或遇病害易发的气候条件时，及时施用枯草芽孢杆菌防治稻瘟病；井冈霉素防治纹枯病和稻曲病；农用链霉素防治白叶枯病；病毒病通过防治传染病毒的害虫实现有效防控。所有防病药物也可从《绿色食品农药使用准则》（NY/T 393—2013）附录 A 中选择。

（三）水稻虫害绿色防治

水稻的主要虫害有稻蓟马、三大螟虫、稻飞虱等。苗期主要以防治稻蓟马为主，A 级标准药物可选择吡虫啉，AA 级标准可选择石硫合剂等。大田害虫的防控主要注意以下几个方面，

（1）性引诱剂诱杀螟虫

用螟虫性引诱剂诱杀螟虫雄蛾，使雌蛾不能正常交配繁殖，减少下代基数，减轻为害发生。5 ～ 8 月，每亩放诱捕器及诱芯 3 个。

（2）灯光诱杀害虫

每 30 亩稻田安装杀虫灯一盏，诱杀二化螟、三化螟、稻纵卷叶螟、稻飞虱等多种害虫。

（3）保护并利用天敌治虫

保护并利用稻田天敌，发挥天敌对害虫的控制作用。常用措施有田坡种豆保护并利用蜘蛛和青蛙等天敌，保护青蛙等。还可人工饲养螟蝗赤眼蜂，投放大田以灭杀螟虫虫卵。

（4）其他防控技术

当稻田飞虱达到防治指标时，使用吡蚜酮防治。苏云金杆菌和阿维菌素防治螟虫；或采用《绿色食品农药使用准则》（NY/T 393—2013）附录 A 中其他符合的药物防治。

（四）稻田杂草绿色防控

1. 直播稻田杂草防除

对于直播稻田杂草可采取"封杀"相结合的防治策略，即在使用土壤封闭型除草剂的基础上，辅助施用茎叶处理剂，杀灭杂草。

（1）土壤封闭

一般在播种后，田面明水自然落干后进行。品种可选用丙草胺等。或采用《绿色食品农药使用准则》（NY/T 393—2013）附录 A 中其他符合的药物防控。

（2）茎叶处理

土壤封闭处理不佳时，二次用药。用药适期要掌握在杂草 3～4 叶期，常用药剂二氯喹啉酸等。或采用《绿色食品农药使用准则》（NY/T393—2013）附录 A 中其他符合的药物防控。

（3）注意事项

直播稻田药后苗前田间切忌积水；播后如遇干旱，须及时上跑马水，做到"沟满水、畦湿润，

2. 机插稻田杂草防除

机插秧采取"两封一杀"的化除方案。

（1）第一次封闭

整田后插秧前进行，防除药剂可选丙草胺或《绿色食品农药使用准则》（NY/T 393—2013）附录 A 中其他符合的药物。

（2）第二次封闭

插秧后 7～10 天，防除药剂有乙草胺、异丙草胺或采用《绿色食品农药使用准则》（NY/T 393—2013）附录 A 中其他符合的药物防控。

（3）"一杀"

茎叶处理剂杀灭，栽插后 20 天左右，杂草 3～4 叶期是防除最佳适期。防除药剂有 6% 稻喜，如杂草偏大，可适当加用稻杰或采用《绿色食品农药使用准则》（NY/T 393—2013）附录 A 中其他符合的药物防控。

（4）注意事项

机插秧田面要平整、保水，栽插后要做到薄水活株、浅水化除，二次封闭后仍要保水 5～7 天，以发挥"以水控草"的作用。平田后不能及时栽插的田块，要先用药封闭，且应保水增效。用药后遇大雨天气，应及时开好平水缺，降低水位，切忌水层淹没秧心。要严格把握最佳用药期，确保最佳效果。

第三节 稻田健康养殖技术

一、稻田动物健康养殖

随着稻田综合种养集约化生产的快速发展，鱼类疾病防控难度将越来越大。在生产实践中，为省事、图速效，大量使用、滥用或超量使用化学合成类、重金属类以及抗生素类西药，引起病原菌产生抗（耐）药性、鱼体内药物残留、水体污染、重金属

离子积聚超标，甚至发生产品不能食用的问题，这将直接或间接地危害人体健康。因此，健康养殖、无公害生产成为稻田种养生态农业模式的关键技术。

水产健康养殖理念已被人们全面接受。由于养殖规模扩展、养殖容量扩大、养殖效益下降、病害频发、养殖水质下降、外来生物入侵、生物多样性降低、对产品质量安全的重视程度提高、水域环境保护等多方面因素，人们更积极主动地研究各类水产健康养殖技术。近年来，我国稻田综合种养蓬勃发展，稻田养殖产量已占我国淡水养殖总产量的 5% 以上，虽然稻田水体显著不同于其他淡水水体，但稻田种养充分利用稻鱼的互惠互利关系，模拟自然生态循环，是一种典型的生态农业模式，其动物的健康养殖具有良好的生态学基础，因此稻田动物健康养殖更是顺理成章。

水产健康养殖以生态学理论为指导，要求从养殖环境、品种、投入品种、疫病防控、生产管理等方面保证动物安全、食品安全。比较有代表性的定义为：水产健康养殖应该是根据养殖品种的生态和生活习性建造适宜养殖的场所；选择和投放品质健壮、生长快、抗病力强的优质苗种，并采用合理的养殖模式、养殖密度，通过科学管水、科学投喂优质饲料、科学用药防治疾病和科学管理，促进养殖品种健康、快速生长的一种养殖模式。稻田动物健康养殖同其他淡水水产健康养殖一样，主要体现在水、种、饵、模、药、管六个关键点。

水：适宜水质。适合养殖品种生长的水质是关键，稻田种养通过保护稻田生物多样性，利用生物的相生相克、互惠互利，抑制鱼病的发生。

种：健康苗种。优良品种、苗种不带致病菌（生物）、无药物残留。

饵：优良饲料。营养全价、无不良添加成分的配合饲料和符合健康养殖要求的鲜活生物饲料，稻田种养要充分挖掘稻田天然饵料，减少配合饵料投放。

模：合理模式。适合养殖品种生长的养殖模式、合理的养殖密度，以及混养、套养、轮养等养殖方式，发挥水稻的庇护作用。

药：标准药物。科学的预防疾病措施、符合国家标准的渔用药物和科学的用药方法，按照无公害、绿色、有机等产品生产要求用药。

管：科学管理。用科学的方法对养殖的全程进行质量控制和管理。建立田间巡查管理日志，掌控养殖动物生长动态，避免寒暑、病虫、天敌、灾害等对养殖动物的伤害。

二、稻田种养中草药应用

稻田种养实行绿色生产，尽量避免使用西药、添加剂、无机化学试剂，健康养殖中中草药的应用具有重要意义。①残留少，致病菌不易产生耐药性；②能对病原微生物产生直接抑制、杀灭效果，能对水产动物的免疫系统进行调整，提高其抗应激能力及免疫机能；③适用于当前集约化、规模化生产的需要，便于水产动物病害的群体防治；④中草药能起到与激素类似的作用，且能减轻或消除外源激素的毒副作用；⑤中草药作为天然的动植物产品，对水产动物还具有营养作用，能够促进其生长并改善水产品的品质；⑥中草药的使用符合发展无公害水产业、生产绿色水产品的市场需求，利于提高我国水产品的国际竞争力。

（一）中草药的鱼病预防作用

1. 抗微生物

由于中草药本身具有清除和抑制自由基的生成，以及提高自由基酶类活性的作用，同时还具有非特异抗病原微生物的作用，所以能直接杀菌、抑菌、抗病毒、抗原虫。常用的600多种中草药中有200多种有杀菌、抑菌作用；有130多种能抗菌，有50多种对病毒有灭活或抑制作用；有10多种能抗真菌；有20多种对原虫有杀灭、驱除作用。

2. 增强机体免疫力

许多中草药如枸杞、甘草等含有多种多糖，具有促进胸腺反应、增强肝脏网状内皮系统的吞噬功能，能提高动物机体特异性抗原免疫反应。如苦豆草含有生物碱，能增强体液与细胞免疫功能，刺激巨噬细胞的吞噬功能，且无西药类免疫预防剂对动物机体组织有交叉反应等副作用的弊病。用海藻多糖、大黄、黄茂、连翘等配制成的复方中草药药饵投喂河蟹后，通过检测河蟹的血细胞吞噬活性、血清凝集效价及血清杀菌活力等免疫学指标，证实了中草药能显著提高河蟹机体的免疫功能。

3. 中草药促进鱼类生长

近年来运用我国传统医学理论和现代生物工程技术从绿色植物中提取的天然活性物质，应用于多家鳗鱼养殖场，应用结果表明促生长效应显著，特别对幼体为佳。广东等一些养鳗场应用含中草药提取物添加剂饲料投喂，结果表明，对游动缓慢或初成"僵鳗"的鳗鱼有明显的开食作用。

4. 完善饲料的营养，提高饲料转化率

中草药本身一般含有蛋白质、糖类、脂肪、淀粉、维生素、矿物质、微量元素等营养成分。虽然有的含量较低甚至只是微量，但能起到一定的营养作用。如在1龄和2龄鲤饲料中添加0.4%的中草药添加剂，生长速度提高18%，在鲫饲料中添加1%的中草药煎液，结果增重提高21.5%。而且某些中草药还有诱食、消食健胃的作用。

5. 中草药对水产动物的调节作用

香附、甘草、蛇床子、人参、虫草、附子、细辛、五味子、酸枣仁等，这些中草药虽然本身不是激素，但可达到与激素相似的作用，并能减轻或防止、消除激素的毒副作用。有些中草药能增强动物机体对外界各种（包括物理的、化学的、生物的）有害刺激的防御能力，使紊乱的机能得以恢复，如柴胡、黄芩等具有抗热应激原的作用；刺五加、人参、黄芪等能使机体在恶劣环境中调节自身的生理功能，增强适应能力。在鱼、虾饵料中添加适量的黄芪多糖，能增强抗低氧、抗疲劳和抗应激能力。

（二）中草药的鱼病防治作用

中草药对细菌、病毒及代谢性疾病都有广泛的疗效，所以受到人们的重视。中草药之所以能够提高机体对病毒、细菌、真菌、寄生虫等的抵抗性，主要是其增强了水生生物机体自身的免疫力，尤其是非特异性免疫力。根据中草药对鱼类病虫害的作用

种类可分为以下 4 种类型。

1. 病毒性鱼病

中草药具有独特的抗病毒作用，常用的这类药物有大黄、黄连、黄芩、大青叶、板蓝根、贯众、仙鹤草、紫珠草、黄柏、马鞭草、金银花、穿心莲、马齿苋等。这类药物对防治草鱼出血病、疑端暴发性病毒病等很有效。"三黄粉"（大黄 50%、黄柏30%、黄芩 20%）对治疗草鱼出血病有效；1% 的大蒜素、0.5% 的食盐和 5% 的鲜韭菜（捣烂），能有效防治青鱼、草鱼出血病。中草药在防治鱼类病毒性疾病中，除使用板蓝根、大青叶等常用的抗病毒的中药外，还要配伍一些热性的或微凉性的中草药，如肉桂、桂枝、月见草、紫苏、连翘等。这些中草药，一般都含有挥发性成分和生物碱，对病毒都有独特疗效。

2. 细菌性鱼病

防治细菌性鱼病的中草药，常用的有苦参、五倍子、地锦草、生姜、大蒜、鱼腥草、老鹳草、艾叶、金樱子、蛇床子、紫花地丁、地榆、桉叶、乌桕等。主要防治由细菌引起的赤皮、肠炎、白皮、竖鳞、打印、烂鳃、白头白嘴等疾病。如草鱼肠炎病：用韭菜捣烂加大蒜素和食盐拌饵投喂；草鱼烂鳃病：用生姜切碎熬汁加菜油兑水全池泼洒；草鱼赤皮病：用五倍子捣碎用开水浸泡 12h 后全池泼洒；草鱼"三病"（肠炎、烂鳃、赤皮并发症）：用樟脑精溶于水全池泼洒。

3. 真菌病和其他疾病

防治真菌类鱼的中草药，常用的有桑树叶、土槿皮、苦参、石榴皮、丁子、射干、枫叶、菖蒲等。此外，中草药在治疗龟、鳖等动物疾病中也有较多应用，如板蓝根、连翘、苍耳子、金银花、大黄叶混合可以治疗鳖腮腺炎；黄连、黄精、车前草、马齿兔、蒲公英等可以治疗龟、鳖肠炎病。如水霉病：用五倍子捣碎用开水浸泡 12h后加食盐全池泼洒；鳃霉病：用艾叶切碎后加盐全池泼洒。

4. 寄生虫性鱼病

常用于防治寄生虫性鱼病的中草药有苦楝、辣蓼、大叶黄药、南瓜子、槟榔、生姜、贯众、百部、五加皮、松针等。寄生于鱼鳔、鳍、皮肤等部位的寄生虫一般用中草药煎汁泼洒外用。体内寄生虫一般采用煎汁或粉碎后拌入饲料中投喂的方法来防治。如锚头蚤：用马尾松叶和苦楝树叶（果）切碎熬汁全池泼洒；车轮虫：用桉树叶熬汁兑水全池泼洒；指环虫：用苦楝树叶（果）、辣蓼切碎熬汁，加入食盐搅匀后全池泼洒。

（三）防治鱼类病虫害常用中草药

不同中草药品种其有效成分各异，防治病虫害的药理作用及功效亦有差别，有些中药可单独使用获得较满意的效果，有些则必须通过混合配伍才能发挥较好的作用。在生产应用实践中，必须有计划地采集和收集，根据各个品种的特性进行单独或混合配伍后使用，以达到最佳效果。

大黄：大黄的根茎含蒽醌衍生物，抗菌作用强，抗菌谱广，对细菌有抑制作用，有收敛、泻下、增加血小板、促进血液凝固等作用，用根茎可防治烂鳃病和白头白嘴病。

乌桕：乌桕叶含生物碱、黄酮类、鞣质、酚类等成分，主要抑菌成分为酚酸类物质，在酸性条件下能溶于水，在生石灰作用下生成沉淀，有提效作用，乌桕果、叶具有拔毒消肿和杀菌的能力。可防治鱼类细菌性烂鳃病和白头白嘴病。

大蒜：大蒜为多年生草本，为百合科葱属植物，具有强烈的蒜臭气，其有效成分为大蒜素，大蒜素为无色油状液体，有强烈的蒜臭，是一种植物杀菌素。遇热不稳定，置室温中2天失效，遇碱也易失效，但不受稀酸影响。大蒜含有的蒜素，具有很强的抗菌力，对革兰氏阴性细菌的作用较强，全国各地农家都有栽培，主要用于防治肠炎病。大蒜有效成分为大蒜素，具有广谱抑菌止痢、驱虫及健胃作用，常用于防治鱼类烂鳃病、肠炎病和竖鳞病等。

地锦草：一年生草本，生于田野、路边及庭院间，全国各地都有分布。地锦草含有黄酮类化合物及没食子酸，有强烈抑菌作用，抗菌谱很广，并有止血与中和毒素的作用。药用全草，可单用，也可与铁苋菜等合用，主要用于防治鱼类肠炎病及烂鳃病。

穿心莲：一年生草本植物，在华南各省均有栽培。其有效成分为穿心莲内酯、新穿心莲内酯、脱氧穿心莲内酯等，有解毒、消肿止痛、抑菌止泻及促进白细胞吞噬细菌等功能。可防治肠炎病。

五倍子：为倍蚜科昆虫角倍蚜或倍蛋蚜寄生在盐肤木树上的干燥虫瘿。不同类型的蚜虫，在不同植物的部位上，产结不同形状的倍子。产于河北、山东、四川、贵州、广西、安徽、浙江、湖南等省（自治区）。五倍子含有鞣酸，鞣酸对蛋白质有沉淀作用，可使皮肤、黏膜、溃疡的蛋白质凝固，造成一层被膜而呈收敛作用，并有抑菌或杀菌作用。可治疗肠炎病、烂鳃病、白皮病、赤皮病和疖疮病。

辣蓼：一年生草木，喜生于湿地、路旁、沟边。夏秋采集。全国各地均有分布。全草含有辛辣挥发油、黄酮类、甲氧基蒽醌、蓼酸、糖苷、氧茚类等化合物，具有杀虫、杀菌作用。可用于防治鱼类肠炎病、烂鳃病、赤皮病。

楝树：落叶乔木，喜生于旷野、村边、路旁。分布于河北以南地区，东至台湾，南至广东，西南至四川、云南、西藏，西北至甘肃等，多为栽培。楝树含川楝素，具有杀虫作用，药用根、茎叶。防治车轮虫病、隐鞭虫病、锚头鳋病。

南瓜子：含南瓜子氨酸，其为驱虫的有效成分。南瓜子氨酸对虫体有先兴奋后麻痹的作用，由于兴奋作用可使虫体缩短，活动显著增加，甚至引起痉挛性收缩。防治头槽绦虫病。

贯众：主含绵马素、绵马酸等，所含绵马素对绦虫有强烈毒性，有驱虫作用。可防治鱼类毛细线虫病、许氏绦虫病。

槟榔：含生物碱，以槟榔碱为主，为驱虫的有效成分。对绦虫有较强的麻痹作用，使虫体瘫痪，失去其吸附于肠黏膜的能力，能增强胃肠蠕动，有利于虫体排出。治疗头槽绦虫病。

黄芩：含五种黄酮类成分，具有利胆、保肝作用。防治草鱼出血病。

板蓝根：具有清热解毒凉血的疗效，还具有保护肝脏、利胆、消炎等作用。可用来防治草鱼出血病。

马尾松：马尾松枝叶中含有松节油、二戊烯等成分，具有杀虫、杀菌等作用，可用于防治鱼烂鳃病、肠炎病。

铁苋菜：一年生草本，生于山坡、草地、旷野、路旁较湿润的地方，分布遍及全国各地。全草含铁苋菜碱，有止血、抗菌、止痢、解毒等功能。单用或混用治疗肠炎病和烂鳃病。

乌蔹莓：多年生蔓生草本，生于山坡、路边的灌木丛中或疏林中。分布于山东和长江流域至福建、广东等地。乌蔹莓素有抑菌、解毒、消肿、活血、止血作用。治疗白头白嘴病。

菖蒲：多年生草本植物，全草有香气。喜生于沼泽、沟边、湖边。多产于长江以南各省。根、茎和叶中均含细辛醚、石菖醚，对细菌有抑制作用。全草可用于防鱼类肠炎、烂鳃、赤皮病。

（四）中草药防治水产动物病虫害配方

1. 防治鳖的腐皮病、白斑病、白点病、疗疮病，加快生长

板蓝根 15g、大青叶 15g、金银花 12g、野菊花 15g、茵陈 10g、柴胡 10g、连翘 10g、大黄 10g。将上述药放锅中，加入适量水煎取汁，按 50g 以下稚鳖体重的 2%、50～150g 幼鳖体重的 1.5%、150g 以上成鳖体重的 1% 拌入饲料中投喂，连用 5～6 天。

2. 防治草鱼出血病

生石膏 2000g、知母 750g、黄连 750g、黄芪 750g、赤芍 750g、板蓝根 2000g、大青叶 1500g、生地 500g、牡丹皮 750g、玄参 7500g、重楼 750g。所有药干燥后粉碎、过筛，按体重的 0.3% 拌入饲料中投喂，连用 3～5 天。

每 50kg 鱼每天用鲜菖蒲 3～4kg、马齿苋 2.5kg、大蒜头 1.5kg，切碎捣汁并加入食盐 500g，制成药饵投喂，每日 1 次，连用 3 次。

3. 防治草鱼病毒病

大黄 500g、穿心莲 500g、板蓝根 500g、黄芩 500g、食盐 500g。将以上药物用适量沸水浸泡 15h 后取汁，后将食盐溶混其中备用。按每 100kg 鱼用以上药汁拌饲投喂，连用 6～7 天。

4. 防治黄鳝肠炎病

每千克黄鳝用大蒜头 20g、食盐 10g。大蒜头捣烂成泥，与食盐和饲料拌饲投喂，连用 3～5 天。

5. 防治肠内毛细线虫

贯众 16 份、苦楝树根皮 5 份、荆芥 5 份、苏梗 5 份。按每千克黄鳝 5～8g 的用药量，加水 18ml，煎煮成 9ml 药汁，倒出药汁，再按上述方法水煎一次，将二次药汁合并，拌入饲料中投喂，连用 6 天。

6. 防治鱼原生虫、蠕虫和水霉病

每 50kg 鱼，用石榴皮 50g、槟榔 30g。将药研成末，拌入 5kg 饲料中，连喂 3～5 天。

7. 防治鱼烂鳃病

烟草：每亩水深 1m 塘用烟秆 2.5kg 或烟草 0.75kg，加水 5 ～ 10kg，浸泡后煎熬 1 ～ 2h，待凉后，全池泼洒。

三、鱼病预防及绿色治疗方法

鱼病防治应坚持"以防为主、以治为辅、综合防治"的原则，遵循绿色生态养殖规范，做好环境选择、养殖种类选择、菌种选择、水质调节、饲料应用、生态法防治水产品疾病等工作。从绿色水产标准化、产业化示范基地建设开始，注重生态系统中能量的自然转换，重视资源的合理利用和保护，有效维持良好的水域生态环境。建立严格质量监控体系，保证养殖所用的饲料、添加剂和渔药的安全、高效，同时，要严控有毒、有害物质流入水体，保证水体不污染。

（一）鱼病的预防

1. 选择适合的养殖田，确保土壤质量与灌溉水质量符合绿色养殖要求

2. 做好清塘、消毒处理

①适时清塘。每季捕鱼后，将鱼函、鱼沟中的水放干，挑去一层淤泥，然后让沟底经冰冻、暴晒，达到消除病虫害的目的。②生石灰清塘。池（沟）底只剩 6 ～ 10cm 水深时，每平方米投放石灰 75g。水深 1m 时，按每平方米投放石灰 190g 的用量来计算，7 天后可放鱼。③茶饼清塘。水深 1m 时，每平方米按 75g 左右用量，先捣碎，再浸泡 1 ～ 2 天，然后连渣带汁均匀泼洒全池，7 天后放鱼。

3. 确保种苗质量、科学饲养管理

选择放养体质健壮、活动力强、规格整齐的苗种，按要求做好鱼种消毒，鱼种放养密度要适中。饲养中做到：①"四定"投饲。定时：分早、晚定时投喂，每次以鱼吃八成饱以上游走为度。定点：固定位置投饲，养成鱼类在固定地点吃食的习惯。食台应设在投饲方便向阳的塘边为好。定质：饲料新鲜、清洁，腐烂变质的不能投喂；饲料添加预防病虫害、符合绿色水产品标准的药物，如中草药预防药剂。定量：根据不同季节和气候变化、水的肥瘦、鱼体大小和吃食情况，适量投饲。②改善水体环境。水体环境的好坏，直接影响到鱼类生长和疾病的发生。在饲养管理的过程中，必须认真观察水质变化，及时采取培肥、加水、换水和增氧等措施。使用水质改良剂、光合细菌、玉垒菌、麦饭石、沸石等改善水体环境。③加强日常管理。每天早晨要巡查 1 次，鱼病流行季节，阴闷恶劣天气和暴雨后要勤巡查，并观察鱼类有无浮头等情况。如发现死鱼要及时捞出，找出原因并采取积极的治疗措施。

4. 做好药物预防

在鱼病流行季节，进行适当的药物预防，是防止鱼病发生的重要措施之一。预防药物必须按《绿色食品渔药使用准则》（NY/T 755-2013）执行。

（二）绿色治疗

在鱼病防治中，用药不仔细、不科学，不但起不到治病的效果，反而会造成鱼苗的死亡。使用治疗药物时，达不到标准，不仅使水产品质量下降，甚至会危害人体健康。因此，绿色治疗是提高稻田综合种养经济效益、实现可持续发展的必然要求，应当严格遵守执行；绿色治疗还必须以绿色预防为基础，做到防、治紧密结合。

（1）准确诊断、对症下药。盲目投药是防治鱼病的大忌，既达不到治病害的目的，又增加成本费用，甚至还会有副作用。科学选用渔药的前提是准确诊断鱼病，全面了解药物的性质和防病机理，才能做到对症下药。

（2）掌握正确的用药方法和用药时间。鱼病防治方法有全池泼洒消毒法、药浴法、口服法和涂抹法，要根据鱼病选择其中最有效的方法。有时药物只能喷洒在池塘四周，有时用在池塘一边、一角或饲料台附近。在选择用药时间上要适当：早晨鱼浮头不能用药；阴雨天不能用药；夜晚水体溶氧低、操作不方便、不易观察、容易发生鱼类缺氧不宜用药；刚投喂饲料后不要马上用药。

（3）充分溶解药液，精准计算药量。泼洒的药物不能有颗粒或块状、团状，以防药物未充分溶解，部分水体达不到规定浓度，或药物颗粒被鱼误食而致死。在防治鱼病时，施药量太小难以达到治疗目的，太大会导致鱼类中毒甚至死亡。应根据水体体积和养殖鱼的体重精确计算、科学实施。

（4）注意药物的相互作用，保证用混合药物的科学性。同时使用两种以上药物或先后使用药物时，应充分考虑药物之间的相互作用，以免影响药效，甚至可能产生毒副作用，必须慎重。如酸性药物和碱性药物就不能混合使用。药物配合饲料混用时，应在鱼空腹期使用，让鱼抢食，以减少药饵在水中的滞留时间，保证药效。

（5）注意用药质量，避免使用过期失效的药物。防治鱼病的药物要按规定妥善保管，并在保质期内使用。如生石灰要用块灰。平时注意目测鉴别药物质量，首先必须是外包装完好，内包装：①粉剂产品干燥疏松、颗粒均匀、色泽一致，无异味、潮解、霉变、结块、发黏等现象。②溶液应澄清无异物、色泽一致、无沉淀或混浊现象。③片剂产品色泽均匀、表面光滑、无斑点、无麻面、有适宜的硬度，并且经过测试在水中的溶解时间达到产品要求。④针剂透明度符合规定、无变色、无异样物；容器无裂纹、瓶塞无松动，混悬注射液振摇后无凝块。冻干制品不失真空或瓶内无疏松团块与瓶粘连的现象。

（6）认真考察鱼情，发现异常立即处理，避免误时后疗效不佳。用药后应在现场观察 2～4h，注意是否有异常情况，一旦发现异常，应及时采取措施。

（7）用药的种类和品种要求。在鱼病治疗中，使用药物品种必须符合《绿色食品渔药使用准则》（NY/T755—2013），严禁使用违禁药物。

（8）食用鱼上市前应有一定休药期。一般休药 5～6 周，以确保上市水产品的药物残留符合有关要求。

四、常见鱼病绿色防治

水产动物病害绿色防治是以鱼类病害的生态防治为基础，结合使用符合《绿色食品渔药使用准则》（NY/T 755—2013）中规定药物的防治方法。绿色防治结合鱼类的生态习性和养殖水体的生态环境特点，根据鱼病产生和发展的规律，科学使用药物防治，最终达到防止鱼病的产生、控制鱼病的发展、直到消灭鱼病的目的。

（一）鱼病绿色防治

危害家鱼的主要病害有细菌性肠炎、细菌性烂腮病、指环虫、赤皮病、车轮虫、水霉病、中华鳋病、打印病、病毒性出血症等 9 种疾病，根据其发病特点可分为两大类型。一是传染性鱼病，主要由病原细菌、真菌、病毒等侵入鱼体引起，如细烂鳃病、细菌性肠炎病、赤皮病、白皮病、鳃霉病等。传染病具有流行季节长的特点，对养殖鱼类危害极大，若不及时治疗会迅速蔓延，导致鱼类大量死亡。二是侵袭性鱼病，主要是由寄生虫侵入鱼体皮肤、器官、组织引发的一类病害，主要病原体为原虫、软体动物、甲壳动物等，其中以甲壳动物、原生动物、吸虫及绦虫对鱼苗、鱼种危害最大，特别是原虫在鱼体上寄生较广，对幼鱼危害更大。

稻田综合种养的水体是一个三维立体、动态的微型生态系统，水稻、鱼类、浮游动植物、水质等化学因子、光照温度等物理因子、病原等微生物等共同处在一个互相作用的动态平衡系统中，一旦管理上稍有疏忽，极易发生鱼病。发病的主要原因有：①养殖时间长，淤泥积累较多，从而造成有害气体及致病生物的增多。②长期大量使用药物，水体环境污染严重，直接杀灭鱼类喜食的浮游生物、底栖生物等，抑制了鱼类的正常生长。③长期用药，导致病原对常用药物产生抗药性，药物防治鱼病的效果越来越差。

1. 细菌性烂鳃病

预防措施：①鱼塘应定期用生石灰清塘消毒。②发病季节，每月应全池浸洗鱼体 5～10min，发病季节，每月应全池泼洒生石灰 1～2 次。③鱼种分养时，可用 10% 乌桕叶煎液浸洗鱼体 5～10min，发病季节，可用乌桕叶扎成数小捆，放入池中灌水，隔天翻动一次，可有效预防该病。

治疗方法：①细菌及真菌性烂鳃病可用五倍子磨碎，开水浸泡后全池泼洒，用量为 2-4g/m³ 0 或用干乌桕叶 20kg，2% 生石灰浸泡 12h 后煮沸 10min，以 2.5～3.5g/m³ 浓度全池泼洒；每万尾鱼种或 100kg 鱼种，用乌桕叶干粉 0.25kg 或鲜叶 0.5kg，煮汁拌饵喂鱼，每天 2 次，3～5 天为一疗程。②寄生虫引起的烂解病可用泼洒生石灰柱状屈梯杆菌。

2. 烂鳍病

其病因是水质不良导致鱼类细菌侵染。病鱼各鳍腐烂，皮肤干涩无光泽。有时也可能是鱼体相互撕咬，鱼鳍破损又遭细菌感染所致。防治方法：可选用 0.02g 呋喃西林粉，溶于 10kg 水中，浸洗病鱼 10min。也可选用呋喃唑酮 3～5 片，溶于 100kg 水中，浸洗病鱼 20～30min。或选用土霉素 5～8 片，溶于 100kg 水中，浸洗病鱼

30min。

3. 细菌性肠炎病

治疗方法：①每 100kg 成鱼或 1 万尾鱼种可用地锦干草或铁苋菜干草或辣蓼干草 500g（如用鲜草，应为干重的 4 ～ 5 倍），加水 8 ～ 10 倍煮沸 2h，取汁拌饵投喂。连喂 3 天为一疗程。②每亩水面（水深 1m）可用鲜丁香 50kg、苦楝树叶 35kg，扎成数捆投入塘内，隔日后注入新水，使浸出的药汁遍及全池。③每 100kg 成鱼或 1 万尾鱼种用铁苋菜 500 ～ 800g、水辣蓼 400g、马齿苋 200g、炒米粉 50g，加水 7kg 煎成药液 3kg，拌饵投喂，连喂 2 ～ 3 天。或用大蒜头 500g 加食盐 250g 捣烂，拌饵投喂，连喂 3 ～ 6 天。

4. 细菌性出血病

治疗方法：①每 50kg 鱼或每万尾鱼种，用"三黄粉"（大黄 50%、黄柏 30%、黄芩 20% 碾粉）250g、食盐 250g，与 1.5kg 菜饼、5kg 麦麸制成药饵投喂，每天 1 次，7 天为一疗程。②每公顷水面，水深 1m，用 600g 大黄加水 3 ～ 5kg 煎煮半小时，同时将 1.75kg 菜油煮沸，待冷却后将两者混合兑水，全池泼洒，视病情轻重连用 2 ～ 3 次。③每 50kg 鱼或每万尾鱼种，将鲜地榆根 500g 洗净，与 3 ～ 5kg 稻谷加水煮至稻谷裂口，冷却后每天投喂 1 次，5 天一疗程。

5. 赤皮病

每 50kg 鱼用金樱子根 150g、金银花 100g ＞青木香 50g 和天葵子 50g，碾粉拌饲料投喂，连喂 3 ～ 5 天。或每 50kg 鱼用地锦草、乌柏、青蒿各 0.5kg，水辣蓼 1kg，菖蒲 1.5kg，煎汁拌饲料投喂，连喂 3 ～ 5 天。

6. 水霉病

可用 0.4-0.5g/m³ 食盐与小苏打合剂全池泼洒。或每亩用菖蒲 2.5 ～ 5kg 和食盐 0.5 ～ 1kg 捣烂洗汁，加人尿 5 ～ 20kg，全池泼洒。也可每亩水面（水深 1m）用胡麻秆 10kg，扎成数捆，放池塘向阳浅水处涎水。

7. 白嘴病与车轮虫病

将五倍子用水浸泡，在浸泡 0.5h 后将其泼洒于鱼塘当中；或者可将大黄融入浓度为 0.3% 的氨水当中，之后将溶液全部洒到鱼塘中。

8. 出血病

每 100kg 鱼用三黄粉 500g（大黄 50%、黄柏 30%、黄芩 20%）研成粉与食盐 500g、菜饼 3kg、麦麸或米糠 10kg 制成药饵投喂，连喂 7 天。

9. 肝胆综合征

饲料量添加 0.5% 的三黄粉（大黄 50%、黄柏 30%、黄芩 20%）、0.05% 的多种维生素和 0.2% 的鱼肝宝散，充分混合后投喂，连喂 5 ～ 7 天。

10. 打印病

方案 1：每 50kg 饲料添加氟苯尼考或大蒜素 100g 投喂，每天投喂一两次，连喂

3～5天。

方案2：按饲料量添加1%的百菌消投喂，饲料投喂量为鱼体重的3%～5%，日喂2次，连喂3天。

方案3：每100kg鱼用三黄散50g拌饲料投喂，连喂3～5天。

方案4：每100kg鱼用鲜地锦草、鱼腥草各400g，加雄黄60g，捣烂拌饲料投喂，连喂3～5天。

11. 中华鳋病

方案1：每亩用松树叶20～25kg，捣碎浸汁兑水全池泼洒。

方案2：每亩用苦楝叶30～50kg，捣碎浸入50kg人尿24h，后兑水全池泼洒。

方案3：每亩用菖蒲20kg捣碎全池泼洒。

方案4：每亩用磨碎的辣椒粉250～500g兑水全池泼洒。

12. 车轮虫病

方案1：石榴皮50g，苦参50g，川楝子38g，桂枝25g，青蒿25g，地榆25g，黄芩38g。

方案2：川楝皮25g，百部50g，使君子100g，银杏外种皮100g。

13. 指环虫病

黄柏、百部、苦参、茯苓、苦楝、贯众、槟榔、青蒿等中草药单独粉碎成末，并以20∶12∶15∶20∶5∶8∶8∶12的比例配成复方，8mg/L复方中草药合剂杀灭指环虫效果最好。

（二）虾、蟹、鳝、鳖、鳅主要病害绿色防治

1. 虾、蟹、鳅病害

以上适合鱼病防治的配方，一般能适合虾、蟹、鳅同类病害防治使用。

2. 鳝水霉病

用菖蒲治疗效果较好，用药量是每亩12～14kg，捣烂后加入1kg食盐，用40kg人尿浸泡24h，后浇泼于全池，每天1次，连用3～4天。

3. 鳝赤皮病

五倍子防治，用药量为每立方米水体4～5g，先将药捣烂并用适量60～70℃水浸泡20～24h，后泼洒全池，每天1次，连用3～4天，有很好的防效。

4. 鳝肠炎病

每千克鱼体重用辣蓼、地锦草或菖蒲各50g防治，用药时先将这几种药一同加入适量水煎汁，滤取汁拌入饵料内，每天1次，连用3～4天。

5. 鳝腐皮病

大黄，用药量是每立方米水体3～4g，配制方法是每千克大黄用0.3%氨水20kg浸泡24h，后药液和药渣一同兑适量水全池泼洒，每天1次，连用3～4天。

6. 鳖水霉病

把五倍子捣碎成粉末，加 10 倍左右的水，煮沸后再煮 2～3min，再加水稀释后全池泼洒，使池水浓度约为 4g/t 水。若伴有腐皮病，另加上盐 1500g/t 水 + 小苏打 1500g/t 水。

7. 鳖白点病

全池泼洒大黄 2～2.5g/t 水 + 硫酸铜 0.5g/t 水，大黄先用氨水浸泡提效。

8. 鳖腐皮病、疖疮病

外消毒：①大黄 4g/t 水 + 五倍子 5g/t 水，煎开药浴 48h 以上；②黄连 5g/t 水 + 五倍子 5g/t 水熬水药浴；③黄芩 2g/t 水 + 黄柏 2g/t 水 + 黄连 5g/t 水熬水药浴。

内服：100kg 鳖体用皂角刺 10g+ 金银花 60g+ 紫花地丁 20g+ 甘草 10g+ 天花粉 15g+ 黄黄 60g+ 当归 15g+ 穿山甲 5g，连用 5 天。

9. 鳖鲤腺炎病

板蓝根、连翘、穿心莲、苍耳各 1.5kg，金银花 500g、大青叶 2000g，切碎加 5.5kg 水煎 2h，去渣后药液 3.5kg，每天用 600g 加适量淀粉及捣碎的动物内脏一起拌和投放饵台，每天分 3 次投放，4～7 天为 1 个疗程。

第八章 生态视角下稻田种养结合设计管理

第一节 多熟制稻田—油—鱼生态种养的水稻栽培与管理

一、水稻栽培与管理优化设计

（一）多熟制稻田生态种养耦合技术

水稻是我国最重要的粮食作物。在长期的生产实践中，劳动人民积累了多种形式的稻田养鱼、养鸭的生态种养方式。在双季稻区域，早稻收获后晚稻移栽、抛秧和直播等种植方式都有换茬期，产生农耗。同时传统的稻田翻耕种植方式易破坏土壤耕作层、保水保肥性能下降，且费时、劳动强度大、工效低。目前我国南方稻田95%以上的种植面积采用平作，其特点是基肥浅施、大水漫灌、田间湿度大、病虫害严重、土壤长期处于缺氧状态，容易积累还原性有毒物质，造成了养分、水资源的浪费，病虫害防治难度大，土壤质量劣变导致水稻生长不良等后果。另外南方部分冷水田水温太低，水稻在冷水中生长速度缓慢，严重影响稻谷产量。随着全球气候变化，我国南方地区降水发生了明显的变化，年降雨总量减少、季节分配不均，给水稻生产造成极大的困难。我国耕地面积有减少趋势，要确保粮食安全，追求单位面积的产量和提高水稻生产的附加值仍是主题。近年来，育种学家培育了许多高产优质品种，农业生态专家提出了诸多稻田种养耦合技术，但在大面积生产中，水稻栽培方法与稻田养禽、养鱼种养耦合技术配套不够，使水稻生产潜力难以发挥。

为了克服现有栽培方式不能有效解决秋播茬口造成季节紧张、劳力短缺和换茬期长的矛盾，并在水稻大面积生产中，推行稻田养鸭、养鱼等技术，最大限度地提高水稻生产的附加值，可采用"窄垄多熟密植适养"的技术体系，在这个体系中可以实现稻田单一的水稻生产向稻＋鱼＋鸡复合种养的转变。

（二）水稻垄作栽培技术

水稻垄作栽培方法，通过改变稻田的微地形，增加土地利用面积，扩大田面受光总面积，采用自然蓄水进行半旱式浸润灌溉，使沟内水容量增加，在不减少水稻种植面积和不专门设置养鱼函沟的前提下，便于稻田养禽、养鱼、养蛙。水稻垄作栽培使土体内形成以毛管上升水为主的供水体系，土壤的通透性加强，土壤温度提高，有益微生物活动旺盛，有效养分增加，土体内水、肥、气、热协调，同时能有效降低田间相对湿度，减少病虫害的发生，起垄时肥料集中于垄中，有利于根系吸收，提高肥料利用率，达到提高产量、提高养分与水资源的利用效率的目的，为水稻种植应对气候变化提供一条新的途径。

水稻起垄栽培方法具体操作过程：先将一半的基肥撒施在稻田中，利用起垄机起垄的过程，将肥料集中并深施于土壤中，从而避免肥料的大量流失；起垄时在田中保持有浅水，起垄机带稀泥上垄，马上跟进插植水稻，方便插秧作业。对种植在垄上的秧苗进行后续培育，直至作物成熟、收获。水稻生长期间分别于分蘖期、幼穗分化期、抽穗期进行少量多次的追肥，以提高肥料利用率。全程采用自然蓄水进行半旱式浸润灌溉的水分管理方法，病虫害靠鸡、鸭、鱼等进行生态防治。

1. 大田起垄

为实施起垄栽培，在施足基肥的稻田中用起垄机起垄。如图8—1所示，相邻两条垄的距离A为100厘米，垄高H为30—50厘米；垄的两侧均为斜面（C及D），斜面与水平面的夹角B及E为30°～60°（45°左右），垄的横断面约为等腰三角形。每一侧面种植2行水稻秧苗，株距为10—15厘米，行距L为15～18厘米，每穴2～3苗，以全田尺度统计，株行距离是20厘米×14厘米。对稻苗进行后续培管，直至成熟收获。

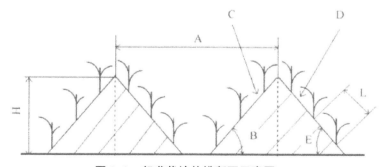

图8-1 起垄栽培的横断面示意图

2. 追肥的施用及病虫害管理

追肥分三次进行。水稻移栽后3天左右以及在水稻幼穗分化期、抽穗期，按要求分别施入一定量的分蘖肥、幼穗分化肥和穗肥。移栽后 3 天左右选用除草剂除草，按相关技术要求大田放养鱼类。在水稻生长期间（生长的中后期），采用物理方法和药剂防治相结合防治突发病虫害，选用生物农药或高效低毒的农药，同时用药期间对鸭、鱼类进行短暂的隔离和集中。

水稻起垄栽培，稻田养禽、养鱼、养蛙，禽、鱼、蛙等在垄沟或垄上游戏和捕食，水稻在垄上和沟中生长，一水两用，减少稻田养殖的耗水量，但又不影响禽、鱼类的正常生长活动，还降低了甲烷排放量；实现禽、鱼粪等有机肥直接还田，有机肥当季利用，减少无机肥料的施用量，减少农药的使用量，降低化肥、农药造成的环境污染。

（三）晚稻套作早稻多熟制技术

水稻收割后的稻田免耕播种方式，能使土壤结构保持稳定，并节省大量翻耕土地所消耗的时间、机械和劳力，但是，不能有效解决秋播茬口季节紧张、劳力短缺和种植方式造成的接茬农耗以及稻田养鱼需要临时转场的矛盾。为此，可采用早稻中套条直播晚稻的栽培方法，即在早稻稻株的两行之间或两列之间不进行耕整，直接播种晚稻种子。它集合了套条播技术和直播技术，能充分利用早稻收获前适于晚稻播种出苗的条件，且减轻劳动强度，提高工效，稳产增效。其具体做法如下：

早稻收割前 5 ～ 12 天，用套播机械在田间套条直播晚稻种子（稻—稻套作共生）。机械直播显著提高播种均匀度，减少用工。晚稻种子的播种量常规稻为 45 ～ 60 千克 / 公顷，杂交稻为 22.5 ～ 30.0 千克 / 公顷。播后 10 ～ 15 天及时进行田间查苗补苗，移密补稀，使稻株分布均匀。因晚稻提前播种 5 ～ 7 天，出苗早、发苗快，生长健壮。其后田间管理按照收获早稻后免耕播种晚稻的田间管理方式进行。收获早稻当天至收获后一周内，第一次施肥并选用除草剂防治杂草；第一次施肥后 15 天左右进行第二次施肥，在孕穗期第三次施肥。晚稻生长过程中及后期采用稻田养鸭、养鱼，用黑光灯或频振式杀虫灯物理方法诱杀或药剂防治病虫害。管水坚持"芽期湿润，苗期薄水，分蘖前期间歇灌溉，分蘖中后期晒田，孕穗抽穗期灌寸水，壮籽期干干湿湿灌溉"的原则。及时进行化学除草。病虫害防治，苗期主要防治稻蓟马、稻象甲；中后期重点防治螟虫、稻纵卷叶螟、稻飞虱、纹枯病、稻瘟病和稻曲病。水稻成熟后适时收获。与现有栽培措施相比，本技术为秋播争取了时间，消除了茬口和农耗期，延长了晚稻的有效生育期；缓解了劳力、季节紧张的矛盾；采用机械直播晚稻，减低劳动强度，提高工效；免耕栽培促进了晚稻早发快长，杂草出苗整齐，除草剂效果好；同时有助于改善土壤理化性状，保持土壤团粒结构。此法还使稻田养殖的动物转场期的时间间隔缩短，挖掘养殖潜力。

以上述两项新型水稻栽培与管理技术为基础，集成水稻清洁栽培与稻田清洁养殖技术精华，并将其耦合成稻—鱼、稻—禽丰产生态高值模式，具有先进性、创新性和实用性。

二、品种与搭配

稻田养鱼时，考虑到水稻与鱼类种养的耦合模式，稻—油、稻—稻—油、稻—稻种植模式以及不同鱼类、鱼禽的混养模式，水稻、油菜品种的选择与搭配至关重要。此外，品种搭配还要考虑当地的气候条件、环境条件、生产技术条件、作物品种特性等。以下各种"多熟制稻田稻—油—鱼生态种养模式"列出的水稻品种、油菜品种主要适用于长江中下游双季稻种植区。

（一）稻—稻—油—鱼耦合生态种养模式

"稻—稻—油"栽培，能保证粮食生产；又改善土壤通气性，降低还原有毒物质，有利于有益微生物的繁殖活动，促进有机物的矿化及其更新，增加土壤有效养分。水旱轮作结合增加有机肥料，还能改善土壤耕性，减少田间病虫害的发生。

长江流域等省区是双季稻主产区，但过去双季稻田中只有约20%面积种植油菜。其中有两大主要原因：一是油菜与双季稻季节矛盾，二是种植油菜机械化程度低，费工费时，导致这些田块每年1/3的光温水土资源没有得到充分利用。因此注意选择与"稻—稻—油"生产相配套和适应的水稻、油菜品种尤为重要。

1. 水稻品种选择和用量

总原则：水稻品种宜选择生育期适宜、较耐肥的"三抗"（抗倒、抗病、抗虫）品种。杂交稻秆壮穗大，是养鱼稻田的优良稻种。

（1）早稻品种选用：长江中下游地区，如湖南等省区可选用中早39、湘早籼29号、创丰1号、金优974、威优402、陵两优22、株两优819、陆两优996、长两优173、中嘉早17、卷鑫203等品种。"稻—鳖"种养模式可选用陵两优674、株两优4026等品种。

常规早稻种子用量4千克／亩，杂交早稻用种约1.5千克／亩。秧田每亩播种量15千克。

（2）晚稻品种选用：晚稻品种可选择全生育期约115天的品种，如湘晚籼13号、金优207、丰源299、T优207、丰优2号、岳优华占、金优6530、H优636等品种。

常规晚稻种子用量3.5千克／亩，杂交晚稻用种1.5—2.0千克／亩。如果杂交稻育秧移栽，可根据秧龄确定播种量，秧龄20天以内，每亩10—20千克；秧龄20～25天以内，每亩15—17千克；秧龄30天以内，每亩10～12千克。

2. 油菜品种选用

利用早熟或特早熟油菜新品种。如：湘油11号、中油821、华油杂10号、1613、16NA、C868等，可有效解决双季稻区发展油菜的问题，确保"稻—稻—油"生产无季节矛盾。生产中，油菜栽培一般采用条播、穴播或撒播等方式，播种量0.2—0.25千克／亩，在长江流域，一般品种直播密度每亩2.0万株左右；出苗后适当间苗1～2次。但随着播期的推迟，如迟到10月中旬以后，每亩播种量可增加到300克，密度每亩2.5万株左右为宜。

（二）稻油鱼耦合生态种养模式

长江流域水稻栽培区，稻油鱼耦合生产中的水稻品种，应选用生育期长、茎秆粗硬、耐肥、抗病虫的品种，而以杂交中稻或晚稻为主。

1. 水稻品种选择和用量

（1）中稻品种选用：中稻品种可选用 C 两优 87、C 两优 651、II 优 918、Y 两优 527、口优 3301、Y 两优 1 号、Y 两优 2 号、Y 两优 7 号、Y 两优 9918、新两优 6 号、丰两优香 1 号、珞优 8 号、深两优 5814、C 两优 396、准两优 608、C 两优 4418、C 两优 9 号、C 两优 343、Y 两优 096、黄华占等生育期达到或超过 140 天的品种，以延长稻田养鱼的生长周期。

常规稻种子用量 4 千克 / 亩，杂交稻用种 1.5 ～ 2.0 千克 / 亩。

（2）晚稻品种选用：晚稻品种可选用湘晚籼 13 号、丰优 207、金优 207、Y 两优 9918、准两优 608、C 两优 4418、C 两优 9 号、C 两优 343、Y 两优 096、天优 998 等品种。

常规稻种子用量 3.5 千克 / 亩，杂交稻用种 1.5—2.0 千克 / 亩。

2. 油菜品种选用

与中稻栽培相配套，"稻—油"轮作对油菜品种的全生育期要求不严，绝大多数甘蓝型的双低油菜或杂交品种均可与中稻配套轮作栽培。如秦油 2 号、秦优 8 号、沪油杂 1 号、湘油 15 号、湘杂油 1 号、湘杂油 6 号、湘杂油 753、湘杂油 188、中油杂 11 等品种。

与晚稻栽培相配套，"稻—油"轮作栽培，油菜品种宜选择生育期较短的早熟或中熟品种，如湘油 15 号、湘油 11 号、中油 821、中双 8 号、1613、16NA、C868 等。

油菜种子用种量：0.2 ～ 0.25 千克 / 亩。

（三）稻—稻—鱼耦合生态种养模式

长江流域双季稻栽培稻田养鱼，水稻品种应选用生育期较长、茎秆粗硬、较耐肥、抗病虫的品种。

1. 早稻品种选用

早稻品种可选用中早 39、湘早籼 29 号、金优 974、威优 402、天优华占、陵两优 22、株两优 19、长两优 173、潭两优 215、陆两优 996、陵两优 268、陵两优 104、株两优 4042、株两优 611、金优 555、株两优 90、潭两优 83 等品种。

每亩用种量与"稻—稻—油—鱼耦合"模式中的早稻品种相同。

2. 晚稻品种选用

晚稻品种应选择与早稻栽培相配套的双晚品种，如 T 优 118、金优 207、H 优 636、丰源优 358、中优 161、奥龙优 282、天优华占、五优 308、湘丰优 9 号、湘丰优 103、天优 998、中优 218、Y 两优 86、H 优 518、盛泰优 971、丰优 2 号、农香 18 等品种。

以上双季稻栽培模式，具体选择还应考虑各品种的具体生育期和栽培方式。

每亩用种量与"稻—稻—油—鱼耦合"模式中的晚稻品种相同。

（四）稻—鱼耦合生态种养模式

"稻—鱼"生态种养模式，水稻品种的选用与"稻—油—鱼"模式基本一致；应选用生育期长、茎秆粗硬、耐肥、抗病虫的品种，以杂交中稻或晚稻为主。

1. 中稻品种选用

中稻品种可选用 C 两优 87、C 两优 651、II 优 918、Y 两优 527、皿优 3301、Y 两优 1 号、Y 两优 2 号、Y 两优 7 号、Y 两优 9918、深两优 5814、C 两优 396、准两优 608、C 两优 4418、C 两优 9 号、C 两优 343、Y 两优 096、黄华占等生育期长的品种。

中稻一季稻大田用种量每亩 1.2～1.5 千克，秧田每亩播种量 10～12 千克。

2. 晚稻品种选用

晚稻品种可选用丰优 207、金优 207、两优 2469、C 两优 343、Y 两优 096、金优 601 等。

用种量：常规稻种子用量 3.5 千克／亩，杂交稻用种 1.5～2.0 千克／亩。

三、育秧与移栽

早稻育秧实行薄膜湿润育秧或软盘温室大棚育秧方式，中、晚稻浸种催芽破胸后播种实行软盘育秧、湿润育秧方式。

（一）育秧物质准备

软盘抛秧，每亩大田准备 434 孔 65 片、353 孔或 308 孔软盘 80—90 片，每亩大田准备长 250 厘米左右竹弓 25 根左右，同时准备宽 30～50 厘米、长约 200 厘米的竹胶板或三合板，用于播种时挡芽谷；盘育机插秧，常规稻每亩大田准备软盘（58 厘米 X28 厘米 X2.5 厘米）32 片左右，杂交稻 25—28 片。地膜宜选用 0.21 毫米厚的优质地膜（0.25 毫米地膜：1.25 千克／亩）。采用大棚育秧的，到专业生产企业订制育秧大棚和支架。

（二）秧田准备

选择背风向阳、地势较高且平坦、无污染、杂草少、基础条件好、排灌方便、运秧方便的肥沃稻田作秧田；采用水稻垄作栽培的，主要采用软盘育秧和湿润育秧方法。软盘育秧按秧田与大田 1：20、湿润育秧按 1：8 的比例准备好秧田。旱育秧同软盘旱育秧床整地。

（三）翻耕整厢

2 月下旬以前翻耕好秧田，按照南北方向整理好秧厢。软盘抛秧的秧厢厢面有效宽度为两个秧盘的长度外加留 15 厘米，厢沟宽 30 厘米、深 15 厘米左右，腰沟深 20 厘米左右，围沟略深，做到沟沟相通。湿润洗插秧同样按要求整好，开好三沟，厢沟宽 20 厘米，深 15 厘米；厢宽为 150 厘米左右。厢面上糊下松，沟深面平、软硬适中。

厢长视田块形状确定，一般不超过20米，整好后的秧床板面要达到"实、平、光、直"，无杂草，表层有泥浆。

播种前7天左右，施好秧田基肥。每亩秧田施腐熟的人畜粪或土杂肥

750～1000千克，或40%复合肥10千克，或每亩秧田施入25%复合肥25～30千克作基肥。肥力好的田块酌情少施或不施。

（四）种子处理

播种前的种子处理主要包括晒种、浸种消毒、催芽、多效唑拌种（注意浓度）等主要技术环节。

1. 晒种选种

浸种前选晴天晒种1～2天，可用彩条布或晒垫晒种，避免在水泥地上暴晒。杂交稻只摊开透气不晒种。选用风选、筛选或水选，水选一般用黄泥水、盐水，溶液比重为1.05～1.10，选种，将浮在水面上的空秕粒和半壮谷全部捞出，然后将沉在容器底部的种子取出在清水中洗净，准备浸种。杂交稻种子饱满度较差，一般用清水选种，将不饱满种子分开浸种催芽。

2. 浸种消毒

水温30℃时浸种30小时左右，水温20℃时浸种60小时左右，浸种时间不宜过长，实行"少浸多露"。杂交稻种子不饱满，发芽势低，采用间隙浸种或热水浸种的方法，以提高发芽势和发芽率。浸种时用咪酰胺、强氯精进行种子消毒。用1克强氯精对水500克浸泡种子500克，早稻常规种子先浸泡10—12小时，沥干后再用咪酰胺或强氯精浸种消毒10～12小时，保持液面不搅动，使水面高于种子面3～4厘米•然后洗尽药液再浸泡。确保育秧生产中不发生恶苗病、立枯病、苗稻瘟等病害的危害。稻种吸足水分的标准是谷壳透明、光亮，米粒腹白可见．米粒容易折断而无响声。将浸种消毒好的种谷冲放于箩筐中，用水管放水冲洗3～5分钟，至种谷没有药味为止。

3. 催芽

早稻稻种催芽有传统方法与现代方法两种。传统方法催芽，采用带热保温催芽。催芽前，将浸好的种谷洗干沥干，然后用"两开一凉"温水（55℃左右）浸泡5分钟，再起水沥干上堆，保持谷堆温度35℃～38℃，每隔6小时定期翻动种谷，水分不足时，边洒水边翻动，以满足种子对水分的要求；30℃时20小时后开始露白。种谷破胸露白后，翻堆散热，并淋温水，保持谷堆温度30℃～35℃，齐根后适当淋浇25℃左右温水，保持谷堆湿润，促进幼芽生长。各地采取的简易催芽器催芽和其他保温方式催芽效果也比较好，操作简便，容易控制。催芽后注意翻堆散热保持室温，可把大堆分小，厚堆摊薄，播种前炼芽24小时左右。遇低温寒潮不能播种时，可延长芽谷摊薄时间，结合洒水，防止芽、根失水干枯，待天气转好时播种。每次催芽的种子数量不宜太多，防止"烧包"。要推广温室等设施催芽，控制催芽风险。

（1）大批量催芽，可采用种子催芽器催芽，按育秧面积进行早稻种子集中催芽。实践证明，该种子催芽器具有以下特点：①性能稳定，操作简单，省时省心。催芽器

结构简单，由微电脑控制，操作简单易懂，可根据用户设定自动调控温度，同时具有无水报警、温度出错报警等功能；据实践测算，与传统催芽方法相比，每催芽200千克种子，可以节约人工2个以上。

（2）安全可靠，催芽风险小。催芽器原理简单，采用微电脑控制，温度控制精度高，以恒温含氧量高的热水不断淋洗种子，种子受热均匀，催出的芽谷气味香，无"烧包"、"滑壳"现象，大大降低了早稻浸种催芽的风险。

（3）发芽率高、出芽整齐。据调查，使用种子催芽器催芽比其他方法催芽平均发芽率要高出5%～10%；提高种子发芽率，能直接为农民朋友减少种子用量，降低生产成本，同时也有利于培育壮秧。④破胸快，催芽时间短。一般将温度设置在32℃～35℃的范围内，一个催芽器在20个小时左右即可使200～250千克种子整齐破胸，比传统方法快10个小时以上，效率高。在集中育秧时，可节约大量催芽时间，有利于抢晴好天气播种，播后出苗整齐，秧苗素质好。

中稻及一季稻浸种催芽。播种前晒种1天左右，用清水选种，将浮在水面上的半壮谷全部捞出，用网袋隔开一起浸种。湿润育秧的浸种催芽，按日露夜浸方式进行，浸种时间一般为2～3天，用咪鲜胺、强氯精或其他药剂浸种杀菌。在控制温度、湿度条件下催芽。旱育秧播种破胸谷，湿润育秧播种"根长一粒谷芽长半粒谷"的芽谷。

晚稻不需高温催芽，浸种消毒破胸后即可播种；浸种按"三起三落"法，即晚上浸种至第2天上午，上午起水至当天晚上，连续循环2～3次后即可。

（五）秧田播种

1. 播种时间

（1）早稻播种

早稻湿润洗插秧宜3月下旬，日平均气温稳定通过12℃时，选晴天，抢"冷尾暖头"天气播种。软盘育秧一般比湿润洗插秧提早2～3天，可在3月15日至25日播种。

（2）中稻播种

根据各品种说明书要求，确定播种时期。中稻品种播种一般在4月下旬至5月初。如在湖南省，采用湿润育秧的，在海拔500～700米地区，迟熟品种于4月13日左右播种，海拔800—1000米地区，"谷雨"播种，海拔1000米以上地区，提倡在低海拔地方借田育秧，秧龄控制在30～35天。采用旱育秧方式的，播种期可比当地湿润育秧提早10～15天，在日均温稳定通过8笆时播种。

（3）晚稻播种

一季晚稻播期在5月下旬～6月上中旬，可参照当地主栽品种的播种期同期播种。双晚播种时间在6月中下旬；具体时间根据当地安全齐穗期和品种生育期确定。以能安全齐穗为标准，湘北安全齐穗期为9月10日以前，湘中为9月15日左右，湘东、南为9月20日以前；播种期，早熟品种宜在6月18～26日，中熟品种宜在6月15～22日，迟熟品种宜在6月中旬，特迟熟品种宜在6月5～15日，在此范围内湘北宜早。湘东、湘南宜迟。直播需稍加大播种量，每亩大田用种量近3.0千克，确保8.5万～10万基本苗数。

2. 湿润洗插秧育秧播种

按前述翻耕整厢规定的要求秧厢在播种前 2～3 天做好。湿润洗插秧，将壮秧剂拌土均匀撒施在秧田表层，再耙入 2 厘米土层内，厢面用木板整平后播种，泥浆塌谷。禁用拌有壮秧剂的细土直接盖种、拌种或与种子混播。

3. 软盘育秧播种

采用泥浆法塑盘湿润育秧是目前南方双季稻抛栽采用最为广泛的方法。原因之一是利用秧沟肥泥作为盘育苗床土，就地取材，无须事先准备床土，并且成苗率较高。原因之二是适于早稻 20～25 天秧龄、晚稻 15～20 天秧龄品种搭配模式的应用，结合使用降低浓度的多效唑或烯效唑等植物生长调节剂控高促蘖。连作晚稻或单季晚稻地区秧龄可以掌握在 25～30 天，有利于熟期较长的高产品种应用。

采用软盘抛秧，将壮秧剂与一定量的过筛细土充分拌匀后分成两等份，一份均匀撒施在秧田表面，摆放软盘；另一份均匀撒施在软盘内，然后再加入适量过筛细土或糊泥，沉实后播种。催好的芽谷摊凉后即可播种，根据亩用种量和软盘数量确定每厢的用种量，分厢过秤，均匀播种，播种后用扫帚将盘面上的芽谷扫入盘孔内，并用未拌壮秧剂的厢沟泥浆轻踏谷。目前主要采取将催好的种子与营养土拌匀，再播入秧盘中。播种时，先将三分之一的营养土撒入秧盘孔内，再将三分之一的营养土按比例与种子拌匀，播入秧盘内，最后将剩余的三分之一营养土覆盖，并将盘上的种子和泥土扫尽，以免秧苗串根，影响抛秧的质量。然后将土喷湿盖膜。要求种子按量过秤。一般常规早稻每孔播 3～4 粒，每张秧盘播芽谷 50 克，拌土的可增加用种量 10%；杂交稻每孔 2 粒，每盘用种量 25 克左右。

播种后盖膜前，每亩秧田用 45% 敌克松 120 克对水 30 千克均匀喷雾到厢面，对秧床进行消毒。最后覆膜，采用低拱地膜覆盖，盖膜后，四周用泥压紧压实。播后秧田以湿润管理为主。中、晚稻育秧视情况可不施或少施壮秧剂。

4. 炼苗

早稻移栽前通过控水炼苗，减少秧苗体内自由水含量，提高碳素水平，增强秧苗抗逆能力，是培育壮秧的一个重要手段，控水时间应根据移栽前的天气情况而定。早稻秧由于早播早插，栽前气温、光照强度、秧苗蒸腾量均相对较低，一般在移栽前 5 天控水炼苗。控水方法：晴天保持半沟水，若中午插秧卷叶时可采取洒水补湿。阴雨天气应排干秧沟积水，特别是在起秧栽插前，雨前要盖膜遮雨，防止床土含水率过高而影响起秧和栽插。

换气炼苗具体方法：根据气温及时通风炼苗，炼苗要逐渐进行。揭膜原则：晴天早上揭，阴天中午揭，小雨揭两边，大雨揭两头。播种至出苗期，以保温保湿为主；播种后至出苗前薄膜内温度最高不能超过 30℃；二叶一心前不随意揭膜，大风大雨之后要巡查护膜；低温阴雨过后遇晴天，切忌突然揭，应先通风炼苗再揭膜。二叶一心期应逐步通风炼苗，膜内温度控制在 20℃ 左右，超过 25℃ 要及时揭膜通风降温，以防高温伤苗和秧苗陡长。三叶一心后，选择晴天下午撤膜，撤膜前一定要灌水上厢面，以防青枯死苗；揭膜前如遇阴雨天气，雨后应及时清除膜上的积水。抛栽前 3～5

天，应充分炼苗，提高秧苗的抗低温能力。炼苗采取"两头开门、侧背开窗、一面打开、日揭夜盖、最后全揭"。日平均气温低于15℃时不宜揭膜，待寒潮过后再揭膜，撤膜后如遇强寒潮冷害天气，须继续盖膜护秧。晚上低于12℃，盖膜护苗。揭膜前须灌水上秧板，以水调温，以水护苗。

中稻除秧苗期遇寒潮低温，灌深水护苗外，出苗后应提早揭膜炼苗。晚稻露地育苗，苗期注意防高温和暴雨。

（六）秧田水肥及病虫害管理

1. 早稻秧田水肥管理

（1）科学管水

出苗前保持厢面湿润促出苗，出苗后旱育管理为主促根系生长，如遇强寒潮天气，厢沟应灌深水护秧。寒潮过后逐步降低水层，防止秧苗生理失水，导致青枯死苗。如遇高温天气应灌水护秧。即：水分管理，掌握晴天平沟水，阴天半沟水，雨天排干水的管理办法。秧苗3叶期以前，先湿后干，保持盘土湿润不发白。做到秧苗不卷叶不灌水。秧苗3叶期，水可上秧板。秧苗4片叶到移栽前应进行旱管或浅水湿润灌溉，沟内不能有水。早稻育秧后期遇冷空气或下雨天气及时盖回薄膜保温防湿；遇强冷空气侵袭时，应灌拦腰水护苗，但水不要淹没秧心。移栽前3～4天控水，促进秧苗盘根老健，如遇大雨，需盖膜遮雨；雨后应排干田间水分。

对于软盘育秧的，由于苗床在摆盘前已浇足水，播后营养土又湿润，且加盖薄膜保温保湿，所以播种后至出苗前以保湿出苗为主，一般不必补水，即不开棚、不浇水。只有当苗床发白影响出苗时，才揭膜补水。如果发现苗床面湿度过大，则要揭膜通风，降低湿度，防止烂芽、烂种。一般不灌水上盘，防止串根；遇低温寒潮或施肥时，应短时间灌水上盘护苗。移栽前3～4天排干秧田水，控干盘内土壤水分，以便分秧抛秧。二叶一心期秧厢上浅水，但秧盘不上水，要严防长时间灌水上盘面，导致盘面沉积浮泥使秧苗串根；以后，晴天平沟水，雨天放干水，及时通风，揭膜炼苗。

（2）苗期施肥

根据苗情及时追施断奶肥和送嫁肥。喷施多效唑或烯效唑控苗。一叶一心期，视苗情每亩秧田喷施5%烯效唑百万分之五十药液或15%多效唑百万分之五十至百万分之一百药液50千克。均匀喷施，不漏喷、不重喷，控长促蘖。

二叶一心期，灌浅水上秧盘或厢面；在抛秧前2～3天追施送嫁肥，每平方米秧板用尿素25克对水3千克喷施，每次喷施肥液后均要及时用清水洗苗，以免肥害烧苗。或打好秧苗"送嫁药"：在抛秧前2～3天，亩用40%三唑磷100毫升加75%三环唑60克（加3千克尿素），对水30千克喷雾。

早稻软盘播种湿润育秧：秧苗一叶一心时，施好断奶肥，一般在播种后的7～8天为宜，亩用尿素5千克，对水1000千克在傍晚洒施或均匀喷施，施后要洒一遍清水，以防烧苗。如育秧期间气温高，秧苗容易徒长，宜在一叶一心期喷施多效唑。施用壮秧剂的秧田一般不施化肥和多效唑。后期叶色偏黄的要追施起身送嫁肥，插秧前4～5天，每亩秧田用尿素4～5千克，对水500千克，下午4点后均匀喷施，施后要洒一遍清水，以防烧苗（注意在雨天不宜施肥）。

（3）病虫害防治

秧苗期根据病虫害发生情况，做好防治工作。同时，炼苗时应经常拔除杂株和杂草，保证秧苗纯度。早稻因低温阴雨易产生病害，要注意预防；秧苗期主要病害有立枯病、绵腐病等。

当秧苗出现烂秧、死苗时，先用清水洗苗，后用65%敌克松0.1千克对水50千克浇施，以控制病情。亦可在秧苗一叶一心期喷施一次45%敌克松（每亩秧田150克对水45千克），防止秧苗发生绵腐病和立枯病。如秧苗期发现稻瘟病，则在抛秧前3～4天，每亩秧田用三环唑50克对水30千克喷雾。

绵腐病发病较早，一般在播种后5～6天即可发生，主要发生在阴雨潮湿或渍水较多的秧田。危害幼根和幼苗。最初在稻谷颖壳裂口处，或幼芽的胚轴部分出现乳白色胶状物，逐渐向四周长出白色棉絮状菌丝，呈放射状。菌丝萌发产生游动孢子，游动孢子借水流传播，侵染破皮裂口的稻种和生育衰弱的幼芽，若遇低温绵雨或厢面秧板长期淹水，病害会迅速扩散，随后病苗又不断产生游动泡子进行再次侵染。以后长出白色绵状物，最后变成土黄色，种子内部腐烂，幼苗逐渐枯死，发病严重时整片腐烂并有臭味。

绵腐病主要防治措施：①加强水分管理。湿润育秧播种后至现芽前，秧田厢面保持湿润，不能过早上水至厢面，遇低温下雨天短时灌水护芽。一叶展开后可适当灌浅水，2～3叶期以保温防寒为主，要浅水勤灌。寒潮来临要灌"拦腰水"护苗，冷空气过后转为正常管理。②喷药保护。播种前用敌克松进行苗床消毒。一旦发现中心病株后，应及时施药防治。每亩可用25%甲霜灵可湿性粉剂800—1000倍液或65%敌克松可湿性粉剂700倍液或硫酸铜1000倍液均匀喷施。绵腐病发生严重时，秧田应换清水2～3次后再施药。发病严重的秧田可间隔5～7天再施药一次，以巩固防治效果。

立枯病发病较晚，三叶期秧田最易发病。多发生在旱播秧田上，气候干冷或土壤干旱缺水时容易发生此病，其田间发病症状是：早期发病，秧苗枯萎、茎基部出现水浸状腐烂，手拔易断；后期发病，常是心叶萎垂卷曲，茎基部腐烂变成黑褐色，潮湿时病基部长出淡红色霉状物。受害秧苗根基部干腐，然后整株呈黑褐色干枯，拔出易断，发病严重时成片枯死。

防治立枯病可选用25%敌克松500—700倍液、50%使百克800—1000倍液或80%甲基托布津800—1000倍液防治。

此外，移栽前2～3天喷施一次长效农药，秧苗带药下田。早、中、晚稻药剂可采用每公顷秧田用2%春雷霉素AC 100毫升对水450千克均匀喷雾。

2. 中稻、晚稻秧田水肥管理

（1）中稻一季稻秧田水分管理及科学施肥

1）水分管理：芽期晴天满沟水，阴天半沟水，雨天排干水，烈日跑马水，保持秧板土壤湿润和供养充足。中稻秧苗如遇寒潮低温，灌深水护苗，低温过后逐步排浅水层，以免造成秧苗生理失水，导致青枯死苗。带土秧仍要保持湿润，不留水层，以水控苗，防止徒长。中稻湿润育秧，前期湿润管理，后期水管。软盘旱育秧，苗期坚持旱育，控制秧苗高度，防徒长，如秧苗中午卷筒，要浇水，但量要少，水滴要细，不要将孔内的土壤冲动。移栽前1天下午浇水湿润盘土。

2）肥料管理：基肥亩施配方肥20千克，全层使用。亩大田苗床施壮秧剂1包，用钉子躺耙将表层松土来回混合耙匀。3叶期亩施尿素5千克；插秧前4天亩施尿素5千克。

（2）双季晚稻秧田水分管理及科学施肥

1）水分管理：晚稻播种时气温高，为防止秧板晒白，晴天可在傍晚灌跑马水，次日中午前秧板水层渗干，切忌秧板中午积水，造成高温烫苗。播种前至3叶前湿润灌溉，3叶期后浅水勤灌，防止硬板。三叶一心期移密补稀。

2）肥料管理：一般每亩秧田施腐熟有机肥1000千克、碳酸氢铵15千克，结合耕耙时施下，肥力较高的田块可适当减少用肥量。配施过磷酸钙约20千克、氯化钾7.5千克，做毛秧板时施下。肥力较高的田块可适当减少用肥量。旱育秧苗床结合整地苗床每亩施100。千克腐熟有机肥、硫酸铵35千克、过磷酸钙35千克、氯化钾25千克做底肥。使用壮秧剂后，可不用施化肥及床土消毒。移栽前3天亩施5千克尿素做"送嫁肥"，做到带肥移栽，促进大田提早返青。

3）连作晚稻基肥：亩施过磷酸钙30千克、尿素7.5千克、氯化钾7.5千克。断奶肥：亩施尿素7.5千克。起身肥：拔秧前4天亩施尿素10千克。

（3）中稻、晚稻秧田病虫害防治

中、晚稻秧田主要虫害有蓟马、叶蝉，病害有稻瘟病、纹枯病。

近年来，稻蓟马在长江流域水稻主产区危害呈上升趋势，其生活周期短，发生代数多，世代重叠，一年可发生10—15代，以成虫在禾本科杂草上越冬，主要危害单季稻和晚稻秧苗，尤其是晚稻秧田和本田初期受害最重。7、8月低温多雨，容易发生危害。成、若虫以口器锉破叶面，造成微细黄白色伤斑，自叶尖两边向内卷折，渐及全叶卷缩枯黄。分蘖初期受害重的稻田，苗不长、根不发、无分蘖，甚至成团枯死。晚稻秧田受害更为严重，常成片枯死，状如火烧。穗期成、若虫趋向穗苞，扬花时，转入颖壳内危害，造成空瘪粒。

稻蓟马防治要点：①农业防治。调整种植制度，尽量避免水稻早、中、晚混栽，相对集中播种期和栽秧期，以减少稻蓟马的繁殖桥梁田和辗转危害的机会；结合冬春积肥，铲除田边、沟边杂草，消灭越冬虫源；栽插后加强管理，合理施肥，在施足基肥的基础上，适期适量追施返青肥，促使秧苗正常生长，减轻危害。②化学防治。采取"狠治秧田、巧治大田；主攻若虫，兼治成虫"的防治策略，依据稻蓟马的发生危害规律确定防治适期，在秧田秧苗四五叶期用药1次，第二次在秧苗移栽前2～3天用药，药剂可选择高含量吡虫啉、吡蚜酮等。

（七）大田种植

根据秧龄与耕作制度确定抛栽时间。一季中稻或一季晚稻（稻鱼种养耦合）有充分生长时间，又无前后茬矛盾，可根据品种生育期长短确定适宜的秧龄。双季稻（稻稻鱼种养耦合）和三熟制的双季稻（稻稻油鱼种养耦合），前后生育重叠，季节矛盾较大，要依前作熟期来确定秧龄。

1. 早稻抛栽

稻田养鱼应以带蘖大壮苗移栽，分蘖已在秧田形成，使移栽后尽量早活蔸，得以灌较深的水层放鱼，并可提高分蘖成穗率，还可以减少晒田的次数和缩短晒田时间。塑盘育苗的秧苗期短，秧苗弹性小，掌握"迟播早抛"的原则，当秧苗生长到适宜的叶龄时要尽快移抛到大田，但要避免在北风天或雨天抛秧。

双季早稻抛栽期：应在当地日平均温度稳定通过15℃时进行，旱育秧和软盘秧在3.9—4.3叶期移栽或摆栽；湿润育秧在5～6叶龄移栽，秧龄期为25～30天。前作为三熟制油菜田要求在5月10日以前移栽，其他要求在4月30日以前移栽。插植密度每亩栽插（抛）基本苗8万～10万。如稻田垄作，株距为8～12厘米，行距为15～18厘米，杂交稻每穴2～3苗，常规稻每穴4～5苗。

2. 中稻抛栽

中稻根据不同品种的分蘖特征，确定适宜的基本苗数。一般来说湿润育秧，6～7叶移栽，带1～2个分蘖；每亩插基本苗8万左右。土壤肥力较低、插秧较迟的田，每亩插基本苗8万～10万；在此范围内，迟熟类型品种可适当稀，中熟类型品种可适当密，起垄栽培按前面所述可密植。旱秧冬闲田5.0—6.0叶移栽，前作为油菜的田6.5—7.0叶移栽．每亩栽插5万～6万苗。

3. 晚稻抛栽

一季晚稻：秧龄控制在25—30天内，每免栽插2粒谷秧，种植密度（16～20）厘米 X（20～26）厘米。双季晚稻：适龄移栽，抛秧移栽秧龄在15—18天，手工栽插一般在25～30天内；手工栽插，合理密植，每穴栽插2粒谷苗，每亩栽插1.5万～2万穴，行株距20厘米×20～26厘米。插秧前提前整好大田，尽量减少取秧、运秧过程中的秧苗损伤，不抛栽隔夜秧。杂交稻生长势强，株行距以15厘米×20厘米或20厘米×20厘米为宜。

四、水肥管理

（一）早稻大田水肥管理

早稻秧苗移栽后，即转入大田管理，技术措施主要应把好"调控水分、化学除草、及时晒田、巧施穗粒肥、防治病虫害"等环节。

养鱼稻田水肥管理总原则：应施足基肥，基肥以有机肥为主，搭配复合肥，少用或不用碳酸氢铵，以免影响鱼的生长。栽后3～5天每亩浅水追肥5～6千克尿素，以促分蘖。追肥分两次进行。栽后25天左右，待苗接近计划穗时，及时搁田。搁田前，将鱼沟、鱼涵内的淤泥清理一遍，以增加水容量。保证搁田期间鱼沟内的水量，并保持水质的新鲜。晒田时间不宜过长。

1. 水分管理

管理原则：做到"薄水立苗、浅水活蘖、适期晒田、后期干湿管理"。科学调控田间水分，不同时期采取不同的灌水方法。分蘖期：浅水勤灌及时晒田；孕穗期：做到灌好"保胎水"，采取干湿交替，以湿为重的间歇灌溉法；灌浆结实期：保持田间湿润。但大田水分管理要结合田间养鱼的具体情况进行，以方便鱼类的活动生长。

（1）返青期

抛秧后 3～4 天内田面不上水，以促进扎根。以后大田保持浅水湿润灌溉，晴天可灌 3～5 厘米深水，阴天灌刮皮水，雨天可排干水，以利立苗促早分蘖、多分蘖。（如果返青期早稻因气温较低，白天灌浅水，晚上灌深水，以提高泥温和水温，有利发根成活，寒潮来临时则应适当深灌，护苗防寒）。立苗后应浅灌多露，促深扎根防倒伏。

（2）分蘖期

抛秧后 5～7 天，结合追肥和施用除草剂实行浅水灌溉，促进分蘖。分蘖末期适时晒田。当苗数已基本接近所要求的穗数的 80% 时，即可排水露田，宜早露，以控制无效分蘖，防止分蘖群体过大，争肥耗养，以至于后期出现贪青倒伏，造成结实率下降。晒田，多次露田控苗促根。禾苗长势好的重晒，长势一般的晒至田间表层起硬皮即可，长势差和水源不足的田块的以露田为主。晒田标准以田间土壤龟裂而又脚踩不陷为度，即晒到田面有小裂，一般在搁晒 5～7 天后，如田中现白根时及时复水。抛秧田由于分蘖节位低，分蘖快、分蘖早、分蘖多，应提早晒田，比常规育秧大田一般早 6～7 天，每亩苗数达 25 万～26 万时（够苗期：所谓够苗即是苗数达计划穗数的80%，达到够苗的时间为够苗期，在正常天气条件下，抛秧在抛后约 18 天达到够苗）即应晒田。晒田后复水，保持浅水层至抽穗扬花。确保灌排水畅通，以后要采取间歇灌溉，干湿交替，活水到老，切记断水过早，影响千粒重。雨水较多时，要注意排水。

（3）孕穗期

湿润灌溉。当抛秧早稻进入幼穗分化中期，对水分最为敏感，要实行浅水勤灌，做到以水调气、以气养根、以根养叶。幼穗分化后，除了施肥时需要灌薄水层几天之外，一般以灌"跑马水"保持田土湿润状态为主，不可断水。

（4）抽穗期

生产中在抽穗前后应采取干湿交替的间歇灌溉方式，抽穗期间浅水灌溉，做到有水抽穗，以利于抽穗整齐和成熟一致。有干旱前兆时，后期田间不要轻易放水，始终保持水层，以免无水可灌，造成因旱减产。抽穗扬花期，田间要保持水层。

（5）齐穗期

仍要保持浅水层，本阶段以干湿交替、间隙灌溉为主，切忌长期淹灌，也不宜断水过早，确保田间清水硬板，养根保叶，提高根系活力。齐穗后进入灌浆期，做到田间干干湿湿，以湿为主，视情况灌 1～2 次跑马水，直到收前 5～7 天才脱水，切忌过早断水。

（6）灌浆结实期

灌浆时要保持浅水层，稻穗勾头后实行干湿交替管理—采取间歇灌溉方式，灌浆期后期不要断水过早，确保干干湿湿活到老，防止禾苗早衰。

（7）成熟期

成熟收获前 5～7 天断水；避免高温逼熟、千粒重下降而影响产量和品质。

2. 肥料管理

施肥原则：根据各品种需肥特性，合理施肥。前期基肥施肥量约占 70%；中后期追肥占约 30%，以追施穗肥为主。做到施足基肥·早施追肥，巧施穗肥，配施磷、钾肥，后期严控氮素（不要施氮肥过多、过晚）。晴天施肥，阴雨天、闷热天不施肥。化肥施用要少量多次，不能撒在鱼集中或鱼多的地方，如鱼坑、鱼沟内。看水施肥，稻田中水体的透明度低于 30 厘米时，不用施肥，透明度 35～40 厘米时，说明稻田水中的肥力不足可追肥。

（1）基肥

在大田准备时完成。插秧前要施足基肥，基肥占总肥量的 60%～70%，每亩施用复合肥 30～40 千克。

（2）早施分蘖肥

移栽后 5～7 天结合除草每亩施尿素 5～7 千克作促蘖肥，同时减少草害和养分的亏缺。施肥时，先放浅田水，保持水层约 1 厘米深。

（3）巧施穗肥

晒田复水后施穗肥，早稻拔节后施用穗肥对巩固有效分蘖，提高每穗粒数有显著效果。

适时适量施好穗肥：适时，以幼穗分化 4～5 期最合适（方法：徒手剥检幼穗观察，外观形态特征为幼穗长度达 1 厘米，可见粒粒颖壳）。适量，叶色落黄的适当多施；特别是抛秧早稻由于苗数较多，搁田后容易落黄，此时（时间大致在 5 月底至 6 月初）应根据天气和苗情,结合复水施好肥料。苗势落黄的稻苗一般亩用尿素 2.5—5 千克（或亩施尿素 2.5～3 千克，配施氯化钾 3～5 千克作壮苞肥；或高效复合肥 12.5～15 千克）。叶色没褪淡的不施尿素，但钾肥不变；对基蘖肥施用量大、分暴发生早、群体苗数多、长势偏旺的田块，则不必施用穗肥。

（4）粒肥的施用

在始穗期每亩用磷酸二氢钾等叶面肥对水 100 千克叶面喷施，以增强禾苗后期长势，防止早衰，提高水稻结实率，增加粒数和粒重。

水稻后期（齐穗后进入灌浆期），看苗补施壮籽肥，以满足后期禾苗对养分的需要。施肥可采用根外喷洒方法，如用 2% 尿素溶液或 0.1%～0.2% 磷酸二氢钾溶液，亩施 150 千克肥液；或者喷施谷粒饱、粒粒饱、叶面宝等专用壮籽肥；以达到青秆黄熟不早衰，不倒伏。于下午 4 时以后将肥液施于叶面即可。

（5）稻田养鱼施肥如何确定氮肥、磷肥、钾肥用量

通常情况下，氮肥用量根据目标产量、地力产量、氮肥农学利用率（AE）确定，

即：氮肥用量＝（目标产量－地力产量）/ 氮肥农学利用率。

3. 杂草防除

稻田养鸭、养鱼对控制水稻害虫、杂草及纹枯病有一定效果，长期坚持应用，可显著降低田间病虫草害密度。应尽量利用鸭下田控制虫害与草害，可采用围栏的方法将鱼与鸭短期隔离。田间杂草防除施用化学除草剂务必慎重，化学除草剂应在放鱼前一个星期使用，稻田养鱼期间不施用任何除草剂。抛、插秧后 5～7 天，禾苗立稳时，灌寸水，选用安全可靠、防效显著的除草剂。可选用如丁苯、苯黄隆、抛秧宁、快杀稗、幼禾葆、二甲四氯、抛栽田丰、秧田清、抛秧灵、稻田移栽净等安全有效的除草剂，不能使用含二氯硅磷酸的除草剂，如精克草星、乐草隆等。亦可抛秧后 4～5 天灌浅水层时，亩用 100 克丁草胺细沙土拌匀后，均匀撒施。

（二）中稻、晚稻大田水肥管理

1. 水分管理

稻田养鱼种养耦合水分管理非常重要，既要兼顾水稻的生长，又要考虑鱼的活动。在灌水管理上，做到前期浅水，中期轻搁，后期采用干干湿湿灌溉，断水不宜过早。

双季早稻移栽后保持浅水层，分蘖期间浅水或湿润灌溉，当田间群体苗数达到预期有效穗数的 85% 时，非垄作栽培的必要时在稻田中开腰沟和围沟，排水露田或晒田 10—13 天，以控制无效分蘖。晒田结束后实行浅水勤灌，抽穗期间保持浅水层，抽穗后干湿交替间歇灌溉，收获前 7 天断水。

中稻一季稻插抛秧后宜采用浅水返青，湿润分蘖，每亩苗数达到约 20 万苗时开始露田或晒田，采取多次轻晒。晒田结束后实行浅水勤灌，抽穗期间保持浅水层。抽穗后干湿交替间歇灌溉，收获前 7 天左右断水。

双季晚稻结合稻田养殖和高产栽培，应科学灌溉。移抛栽后立苗前保持水层，抛后 4～5 天灌深水用除草剂并保水 4 天，此时放养的禽、鱼类暂时隔离；分蘖期浅水灌溉，间隙露田促根系下扎；达到计划苗数的 80% 时开始晒田，此时鱼应进入田间涵沟，待田间开丝坼时复水；孕穗抽穗期浅水灌溉，灌浆结实期干干湿湿壮籽，收割前 10—15 天断水。

2. 中稻一季稻大田科学施肥

实行测土配方施肥，按每 100 亩左右取代表性土壤和丘块的土样进行化验，根据测定的地力水平、肥料效应田间试验参数和作物目标产量需肥规律确定具体施肥方案。一般亩深施肥料总量的 70%，在整田时全层施用；在插秧后 5～7 天亩施尿素 5～6 千克；在晒田复水后亩施尿素 5～6 千克，氯化钾 8～10 千克；在抽穗前亩施尿素 2～3 千克。

3. 双季晚稻大田科学施肥

（1）分蘖肥

一般占总施肥量的 20%～30%，即亩施尿素 5.0—7.5 千克。分蘖肥宜早施，一般在移栽、抛栽后 5～7 天施用，施前要保持浅水层。对有效分蘖期长的单季晚稻，在第一次施肥的基础上，还要看苗再补施一次壮秆肥，亩施尿素 5 千克左右，以利攻大穗、争足穗。

（2）穗肥

前期生长较好的水稻或阴雨天气多时可以不施，有脱肥现象的水稻可酌情施促花肥，但不宜重施，以免增大倒 3 叶，造成田间郁闭，加重倒伏和病虫危害。保花肥在剑叶露尖时施用，对防止颖花退化效果明显。生长较差的水稻，保花肥尤为重要。穗肥的施用量一般占总施肥量的15%左右。注意薄水施肥，自然落干，促进以水带氮深施，提高肥料利用率。

（3）粒肥

水稻抽穗和扬花期间及以后施用的追肥叫粒肥。粒肥要看苗、看天酌情施用。抽穗前后叶色明显退淡，表现缺肥的田块，应根据天气和苗情酌情适施粒肥，一般亩施尿素 2～3 千克。也可在水稻灌浆初期进行根外追肥，以延长功能叶寿命，强化增粒优势，协调强势花与弱势花的争养分矛盾，确保减粃增重。

第二节 多熟制稻田生态种养的油菜栽培与管理

一、油菜栽培与管理优化设计

（一）选择适宜的栽培方式

油菜栽培有两种方式：大田直播和育苗移栽。

1. 育苗移栽的优势

（1）能解决季节矛盾，促进粮油增产

如甘蓝型早中熟优良品种，生育期一般 200～220 天。稻—稻—油三熟栽培下，早晚两季水稻一般需 160～180 天，三熟合计需360—40。天，再加上整地时间，季节矛盾就成为水田三熟油菜高产的一个重要问题。如采用育苗移栽法，就能适时播种油菜，晚稻收获后随即移栽适龄壮健大苗，克服季节矛盾，保证稻油双增产。

（2）能培育壮苗，提高油菜产量

油菜育苗移栽能利用苗床，做到适时早种。在苗床期和移栽后一段时间内能充分利用有利的生长季节，达到足够的营养生长，弥补了因过晚播种生长不足的缺陷。又由于苗床面积小，便于精耕整地和精细及时间苗、施肥、治虫、排灌等管理措施，利于培育壮苗。移栽取苗时，还可以选择壮苗，得到整齐一致的好苗。移栽时又能采取均匀的行株距，保证一定的密度，均有利于增产。此外，因育苗移栽能缓和紧张的农事，有充分时间进行稻田排水、整地，保证移栽质量。

2. 油菜直播的优点

（1）省工节本

一亩稻田开沟、施肥、播种、施药等劳动用工只需 1～3 个工作日；种子、肥料、农药成本不超过 100 元。

（2）高产高效

直播油菜以多苗取胜，主要依靠主花序和一次分枝夺高产。

（3）操作简便，易于掌握

免耕直播不需育苗、不翻耕、用工少，是一项轻型农业栽培技术。

（4）有利于改良土壤结构和水稻丰产

实行水旱轮作可改变土壤团粒结构。油菜根、茎、叶能增加土壤有机质，菜枯可作肥料，为早稻丰产打下良好的基础。

两种栽培方式各有优势，可以根据当地实际境况进行选择。中稻油菜轮作栽培模式中，移栽、直播灵活采用。如果前后作季节矛盾小，品种搭配得当，可以保证适期播种的一般采取直播。如果前作收获晚，影响适期直播，就需采取育苗移栽。实行"稻—稻—油"一年三熟，油菜要求 9～10 月播种，而晚稻则要在 1。月下旬至 11 月中旬才能成熟收获，前后茬季节矛盾相对突出则要采取育苗移栽。但也可以在晚稻收获前 10 天左右进行套直播油菜，可以有效缓解季节矛盾。

（二）选择适宜的品种

各地应根据本地的气候、土壤、耕作制度来选择适合的品种，例如在湖南，湘中和湘南由于油菜成熟期气温较高，迟熟品种后期易造成高温逼熟，导致产量下降，加上油菜前作以双季稻为主，所以，湘中和湘南应选用中熟偏早的品种。湘西地区（包括怀化），由于多是山区，油菜前作主要是旱作或一季稻，油菜越冬期气温较低，成熟期气温升高比较缓慢，所以，湘西地区可以选择高产迟熟品种。湘北地区有多种耕作制度，前作为双季稻应选用早熟品种，前作为旱作或一季稻的可以选择高产迟熟品种。

（三）土地整理

1. 苗床准备

苗床地要选择平整、肥沃、疏松、向阳、水源方便并且前茬两三年未种过油菜及其他十字花科作物。比如早稻茬水田或者早黄豆茬地都比较理想。油菜苗床选好后，要进行精细整地。翻地不必过深，土壤必须细碎，厢面必须平整。开厢做畦，一般厢面宽为 1.5～2 米，厢沟深 15 厘米，四周应开好低于厢沟的围沟。在开好厢后，每亩施腐熟的猪粪 400—500 千克或土杂肥 2000—2500 千克、过磷酸钙 30 千克，均匀地将其撒在厢面上，然后盖土。

2. 大田整理

（1）育苗移栽油菜田

水稻收获前要适时排水晒田，收获后抓住晴天及时耕翻，耕翻后土壤应该细碎整平，开沟作畦。

（2）直播油菜田

对直播油菜危害最大的是冬前发生的杂草，直播油菜要进行除草。免耕直播油菜田杂草出苗较早、发生量大，10月下旬至11月上旬播种油菜，油菜苗与杂草几乎是同步生长，严重影响油菜苗正常生长。应采取重前、补后的策略进行化学防治。重点抓好油菜播前、播后苗前及幼苗期的防除工作。

第一，播前灭草。播种前5～7天用灭生性除草剂灭茬。每亩用10%草甘脱水剂500～750毫升，或41%农达200—250毫升加水30～50千克均匀喷雾。注意：田间没有杂草时不要用。

第二，播后封闭（播种后的3天内）。每亩用50%乙草胺75—100毫升均匀喷雾，进行土壤封闭处理。乙草胺使用不当会对油菜产生药害，特别是在喷药后至油菜出苗前遇大雨会影响出苗，用药时土壤过干又会影响防除效果。用药时不要随意加大用量。注意适墒用药，土壤干旱时适当加大用水量。

第三，苗期化除。对苗前没有及时化除或化除效果欠佳的田块，可在油菜越冬前和春季油菜抽薹前，根据田间草相选用相应的化学除草剂进行茎叶处理。

（四）适时早播

决定油菜的播种期主要因素是苗龄。油菜的苗龄，从出苗算起，最好是30～35天，最多不能超过40天。苗龄太长，容易造成老化苗，引起早花早薹，影响产量。移栽油菜苗床一般在9月中下旬播种，10月中下旬移栽。直播油菜一般9月下旬为适宜播种期。种子掺细土或细沙拌匀，均匀撒在田中，再将肥料撒入田内，如果用三元复合肥做基肥的，也可将种子与肥料混合均匀，一起撒下。油菜的壮苗秧龄为40天左右，达到6片真叶以上时移栽。

（五）优化播种量和大田栽种密度

油菜种子细小，每千克种子有20万～40万粒，出苗数常为留苗数的几倍或十几倍以上，争光、争肥、争水影响后期发育甚至越冬时受冻害死亡。育苗播种量应控制在每亩苗床播0.5—0.7千克，定苗后大概每亩苗床留苗8万～10万株。移栽密度大概每亩1万～1.2万株。直播油菜一般每亩播0.4～0.5千克，密度一般每亩2.5万～3.0万株。土壤肥力差的可适当增加密度，反之土壤肥力好的田地则相应地降低栽种密度。

（六）优化田间管理

1. 适时间苗，合理密植

（1）及时间苗。

俗话说"油菜匀早，越长越好"，"油菜匀晚，老来光秆"。播种出苗后，幼苗往往拥挤在一起，影响苗期生长。一般在幼苗长出3片真叶时间苗，4～5片真叶时定苗。控制密度，保证苗匀、苗壮。

（2）及时补苗、定苗

及时进行补种或补栽，保证油菜的合理密植。

2. 及时中耕锄草培土

俗话说："壮苗先壮根，壮根靠中耕"，通过中耕锄草培土，保持土壤疏松通气，提高地温，加快养分分解，促进根系生长。低温土湿时，中耕有助于表土水分蒸发，提高土温，抑制病菌，促使土壤通气。中耕结合培土，有防止倒伏、抑制徒长、切断菌核病子囊柄的作用。移栽活棵后应及时进行中耕松土。中耕时应遵循"行间深、根旁浅"的原则进行，并注意培土和壅蔸，增强抗寒防倒能力，促进根颈不定根的发生。对于免耕移栽油菜，苗期必须勤中耕，一般 2～3 次，以消灭杂草，疏松土壤，培土壅根，促进根部生长。对于直播的油菜，要及时进行间、定苗，一般在 3 叶期间苗，5 叶期定苗，而对于迟播（10月下旬以后）的直播油菜，提倡年前只间苗、不定苗，以便因冻害死苗后进行补苗。由于早春时节雨水增多，气温升高，杂草迅速生长，土壤易板结。因此在油菜封行前，应及时中耕除草，疏松表土，提高地温，改善土壤理化性状，促进根系发育，减轻菌核病发生。

3. 科学施肥

科学施肥要做到早施苗肥、重施腊肥、追施薹肥、补施花肥。早施、勤施苗肥：在移栽成活后及时追第一次苗肥，每亩施人畜粪 500—1000 千克加尿素 2～3 千克。对底肥不足、长势差、速效肥少的田块，第一次施肥后半个月左右应酌情再追 1 次。重施腊肥：这是油菜需要养分最多的时期，要尽可能把施用于油菜的农家肥施入田内，以保证抽薹开花期的营养供应；腊肥具有保暖、防冻、促春发的作用。追施薹肥：春季是油菜根、薹、枝、叶、花同时生长发育，而且为开花结荚进行物质准备的时期，油菜一生中积累的干物质 95%～97% 都是这个阶段形成的，是需肥最多的时期。补施花肥：油菜是无限花序，花期长，具有边现蕾、边开花、边结果的特点。缺肥地块补施花肥可促使多开花，多结果，提高千粒重。

4. 加强抗旱防冻

冬季雨量稀少，进入干旱季节，加上霜害，应根据苗情和土壤水分情况，进行灌水，满足油菜对水分的需要。其他措施促进培育壮苗，提高植株体内含糖量，使叶增厚，根茎增粗，以增强油菜本身抗寒能力。此外，冻前撒灰，人造烟雾，摘除早芽早花，也有一定的防冻效果。

5. 防早薹早花

油菜在年前抽薹开花，会遭受冻害，一般减产 10%～20%。要防止这种现象，除适期播种外主要加强冬前管理。幼苗移栽后，可在叶面喷施 0.115% 的硼酸 +1%～2% 的尿素 +0.15%～1% 的磷酸二氢钾混合液 2～3 次，以促进营养生长，控制生殖生长；对于一些抽薹过早的品种、高脚苗以及直播油菜，发现早薹要在晴天及时摘薹，并随时施速效肥，促发分枝，增加角果数，以减轻摘早蕾早花带来的不利影响。

6. 防治病虫

油菜病虫害主要有蚜虫、白锈病、萎缩病等，要及时加强防治。

（七）适时收获

农谚有"八成熟，十成收"的说法。收获过早，籽粒过嫩，千粒重和含油率均不高；收获太迟，角果开裂，损失严重。在主花序角果转为枇杷黄色，中上部分枝角果呈黄绿色，下部分枝角果也已开始转色时收获粒重和含油量都较高，这一时期出现在终花后 25～30 天。采用机械收获的田块其收获时间应推迟 3～5 天。选择晴天用机械或人工脱粒，及时晒干装袋尤为重要，否则水分含量高易发霉变质。晾晒时应防止混入石头等杂质。

二、品种与搭配

（一）品种介绍

油菜品种有很多，这里简单介绍几个品种，让大家对油菜品种有一定的了解。

1. 洋油 737

洋油 737 是湖南省作物研究所选育的油菜新品种。主要表现为成熟期早，高产稳产，分枝多、荚粒多，抗寒、抗病性较好，田间长相好。该品种为甘蓝型半冬性细胞质雄性不育三系杂交种。幼苗半直立，子叶肾形，叶色浓绿，叶柄短。花瓣深黄色。种子黑褐色，圆形。全生育期 232 天，株高约 153 厘米，中生分枝类型，单株有效角果数 483.6 个，每角粒数 22.2 粒．千粒重 3.59 克。菌核病发病率 16.69%，病指 8.55；病毒病发病率 5.93%，病指 3.79。抗病鉴定综合评价中感菌核病。抗倒性较强。

2. 秦优 11 号

秦优 11 号是甘蓝型半冬性，中熟型，株高 175 厘米左右，茎秆粗壮，苗期叶半直立，出苗较快。叶片宽大而多，呈肾形，叶色深绿，顶叶大，长势强，主轴长，抽蔓及始花期早，开花集中，结角数多而紧密，籽粒灌浆充实较快，成熟期适中。有效分枝着生点低，有效分枝多，一次分枝数 12.6 个，全株有效角果数 428.5 个，每角粒数 18.6 粒，千粒重 4.37 克，种皮黑色，圆形。株型较紧凑，适于机械化收割和脱粒。秦优 11 号为双低优质油菜品种。双低品质含量符合国家标准，品质优。抗倒性、耐寒性、抗菌核病均较好。产量高。

3. 宁油 18 号

宁油 18 号属甘蓝型油菜，越冬半直立，全生育期 240 天左右，5 月 24 日左右成熟。该品种植株高度中等，为 161.8 厘米，株型较紧凑。分枝部位高。宁油 18 号抗倒性强，成熟期植株挺直，熟相清秀；较抗菌核病和病毒病，抗寒性强，抗裂角。适合于机械化收脱，是双低油菜轻型、简化栽培的首选品种。宁油 18 号品质优良，芥酸含量 0.38%，硫苷含量 15.34 微摩尔／克，油分含量 45.89%，菜籽可用于加工低芥酸高级烹调油和色拉油等油制品，饼粕可用于加工配合饲料。

（二）油菜和水稻品种选择与搭配

1. 油菜、水稻复种品种选择与搭配品种选择

直播油菜应该选择早熟耐迟播、株型紧凑、抗性强的双低油菜。我国已培育出一批双低、高含油量、高产、优质油菜品种。目前推广的双低品种有中双 9 号、华双 6 号、中双 7 号、中双 10 号和中油杂 2 号、华杂 6 号、华杂 8 号、华杂 9 号、中油杂 2 号、中油杂 11 号、中油杂 12 号、湘油 15 号、宁油杂 9 号、华皖油 3 号、秦优 8 号、陕优 9 号等品种，适合直播的油菜品种有湘油 15 号等，要根据当地的气候条件及土壤条件等因素来综合选择。移栽油菜应该选择丰产性好、抗逆性强的品种。

选择适合本地区种植、高产高抗的优良品种。油菜于 9 月下旬至 10 月初播种，10 月底至 11 月初移栽，4 月下旬收获完毕。水稻一般五月中旬左右播种，6 月中下旬移栽，10 月上旬收割。

2. 油菜、双季稻复种的品种选择与搭配

育苗栽培模式中油菜要选用高产、优质、早熟、抗病、抗倒伏的品种。适合南方各地主要推广的油菜品种有：皖油 14 号、湘杂油 2 号、中油杂 1 号、川油 18 号、中油杂 2 号、杂选 1 号、华（油）杂 4 号、湘油 15 号、宁杂 1 号等。

早稻选用优质高产良种，晚稻选用中秆、大穗、耐肥、抗病的早中熟品种。套直播栽培模式油菜要选用抗病性好、抗倒伏性强、耐密植、耐迟播的双低油菜品种。早稻选用早熟品种，7 月 10 日左右收获，晚稻选用早中熟粳稻品种。

三、育苗与移栽

（一）培育油菜壮苗的关键技术

油菜幼苗期栽培管理的主攻方向是：前促后控，育足壮苗。主要技术如下：

1. 留足苗床，施足基肥

充足的苗床是育足壮苗的先决条件。苗床面积不足会造成缺苗或者留苗过密，形成弱苗或高脚苗。一般苗床与大田的比例应该掌握在 1：6 左右。即 1 亩苗床可以满足 6 亩大田栽培。一般播种前施足基肥，每公顷苗床施复合肥 300 ～ 400 千克。在二叶期前使用磷肥，利用率和增产效果最佳。

2. 早间苗定苗

移栽前苗床要求早间苗，间苗时要求做到"五去五留"，即去弱苗留壮苗，去小苗留大苗，去杂苗留纯苗，去病苗留健苗，去密苗留匀苗。间苗一般在第 2 片真叶出现时进行。留苗密度根据播种早迟、移栽时间、苗龄长短和苗子生长状况而定，一般早移栽可以适当增加苗床密度。苗床留苗越少，壮苗就越多；留苗越多，壮苗越少，弱苗就越多。直播油菜播种量大，密度较高，往往由于间苗和管理不及时，而形成细、弱苗。因此，在齐苗后，即要进行第一次间苗；在长出第二片真叶时，进行间苗，删密留稀，拔除弱苗、病苗和杂株，选留无病壮苗、大苗；当油菜苗长出 3 ～ 4 片真叶

时，应及时定好苗，一般可根据地力、光照等条件的不同来掌握定苗密度，每亩定苗 L 2 万～ 1.5 万株。同时要及时做好查苗补苗工作。

3. 防止曲颈苗和高脚苗的发生

在油菜播种育苗期由于栽培不当或者气候等原因很容易形成曲颈苗和高脚苗。曲颈苗很细弱，高脚苗茎部是空心，其根系的吸收力只有壮苗的一半，而且移栽后抗逆性差，叶片易脱落，活棵返青慢，很难管理。因此为了防止曲颈苗和高脚苗的产生，首先要提高播种质量，做到浅、稀、均匀播种。其次要加强苗期管理，适时间苗，适时移栽。在定苗后，幼苗达到三叶至三叶一心时每亩用 15% 多效哩可湿性粉剂 50 克，对水 50 ～ 60 千克均匀喷雾，以防高脚苗。如果天气干旱，应适当增加对水的比例。

（二）移栽

油菜一般 10 月中下旬移栽。直播油菜一般 9 月下旬为适宜播种期。油菜壮苗的苗龄 40 天左右，达到 6 片真叶以上的大壮苗时移栽。移栽前大田要施足基肥，整好畦田，开好"三沟"，移栽时要边起苗、边移栽，不栽细弱苗、称钩苗、杂种苗，移栽时菜苗靠近穴壁，做到苗正根直；用氮、磷、钾、硼化肥和有机肥配合作压根肥，并及时浇定根水。或整块田栽完后畦沟灌水，但水不上厢面，有利于油菜早活棵，早发苗。如果遇到连续阴雨天气，要突击板田开沟，及时排除地表水，当板田墒情达到移栽要求时立即抢栽油菜。一旦出现苗等田形成高脚苗现象，移栽时应将高脚部分深埋土中，有利于防冻害、防倒伏。如果油菜移栽时遇旱，可引水进行沟灌，畦面润透后立即将水排干，或结合追肥进行浇水，保持土壤湿润，促进发根长叶，为壮苗越冬打下基础。

四、水肥管理

（一）肥料运筹

在肥料运筹上掌握前重、中适、后足。每亩苗床施复合肥 30 千克、硼砂 0.5 千克、土杂肥或粪肥 1000 千克，苗床要深翻、整平、耙细。苗龄 3 叶期后要及时补肥，一般每亩追施尿素 3 ～ 5 千克。培育壮苗移栽前 7 天每亩追施 2 ～ 3 千克尿素作送嫁肥。基肥施用量占大田用肥量的 50% 左右，每亩施 45% 的复合肥 40—50 千克、土杂粪肥 1500 千克、优质硼肥 0.5 ～ 1 千克；栽后 7 ～ 10 天及时施提苗肥，每亩施碳铵 8 千克，促苗早发；中期对肥力不足或长势较差的田块用人畜粪加少量氮肥溶液浇施，配合中耕松土，以利于壮苗越冬；在油菜始蔓期每亩施用尿素 15 千克，促纂稳长、快长，防止后期脱肥早衰。

1. 重施基肥

基肥是免耕直播油菜获得高产的基础，每亩施农家肥 1000 千克，复合肥 30 ～ 40 千克，硼肥 0.5 ～ 1 千克与有机肥混合作基肥施用，均匀撒施在大田里。

2. 追施苗肥

掌握"早施、轻施提苗肥，腊肥搭配磷、钾，薹肥重而稳"的原则，追施苗肥。而且要早施，才能促进早发壮苗。施肥方法应根据幼苗需肥量逐渐增多的特点，先淡后浓，由少到多，以速效氮肥为主的追施原则。一般移栽苗床在齐苗后追施 1～2 次薄肥水；直播油菜还应在定苗后追施一次壮苗肥，每亩用人粪尿 500 千克或尿素 5 千克，对水 1000 千克进行浇施。在施用氮肥的同时，要配施磷肥，一般亩施过磷酸钙 20 千克左右。直播油菜对硼肥需要量较大，可在定苗后亩用硼酸 200 克或硼砂 300 克（硼砂可先用少量开水溶解）对水 100 千克，于阴天或晴天傍晚喷施。

3. 重施腊肥

这是油菜需要养分最多的时期，要尽可能把施用于油菜的农家肥施入田内，以保证抽薹开花期的营养供应。腊肥一般在 12 月中旬至 1 月中旬，以暖性半腐熟猪牛栏草粪和草木灰为主，覆盖苗面，壅施苗基。也可在寒流到来之前，用稻草均匀覆盖在菜苗的四周，对除草、保温、保墙和抗寒防冻、改善土壤结构都有好处。开春后施 1 次薹肥，适当早一些、重一些，一般施尿素 10～25 千克每亩，做到见蕾就施，促春发稳长。施有机肥还能提高土温 2℃～3℃，对防寒抗冻也有很好作用。一般每亩施用厩肥 1000～2000 千克。

4. 追施薹肥

春季是油菜根、蔓、枝、叶、花同时生长发育，而且为开花结荚进行物质准备的时期，油菜一生中积累的干物质 95%～97% 都是这个阶段生长起来的，是需肥最多的时期。薹肥的施用时期原则上要早，一般刚开始抽薹就要施，施用过迟，引起徒长，贪青，延迟成熟，降低产量。要采取看苗施肥的办法，一看封行情况，届时未封行的，说明肥料不足；二看苗色，薹色绿，生长旺盛；羞色红，长势减弱，表示肥料不足；三看长相，抽薹期生长旺盛，四面叶片较大，薹顶低于叶尖，说明生长正常，相反抽薹高出四面叶片，成一根峰，蕾盘较小，上细下粗，就是缺肥。另外根据气候、品种特点，分析后酌情施肥。以速效化肥为主，每亩施尿素 5—7.5 千克，配合施复合肥 1～1.5 千克。

5. 巧施初花肥。

这段时期，可采取根外追肥，可喷施 1%～2% 浓度的普钙澄清液或 0.2% 的磷酸二氢钾 2～3 次。每亩施硼肥 0.2 千克，可促使花序顶端多开花、多结果，并能增加千粒重和含油量。

（二）灌水管理

开花期是油菜一生中的需水"临界期"，这时如果缺水，花序短，落花严重，影响产量。一般油菜花期和角果发育成熟期各需灌一次水。

俗话说"若要油，二月沟水流"。这充分说明油菜在春季抽薹开花时，喜欢湿润的环境条件。油菜进入蕾薹期，生长茂盛，生理活动加强，多数时间处于干旱季节，农户要结合天气灌好水，保证油菜需水。5 叶期定苗 5 天后灌水一次；油菜花期生长最为旺盛，气温继续升高，耗水强度最大，油菜花期灌水一次；结角期由于气温较高，大气湿度低，蒸发作用强，因而耗水量仍较大，需要灌水一次。每次要充分湿润油菜根系活动层，要防止在油菜田长期泡水和积水。灌水漫墙时要即灌即排，避免发生倒伏。

第三节 多熟制稻田生态种养鱼类的饲养与管理

一、鱼的饲养与管理优化设计

（一）鱼的放养

1. 投放时间

提倡鱼苗早放，3厘米以下的鱼种，在插秧前就可以放养，因鱼苗个体较小，不会掀动秧苗，而在施足肥的稻苗中，经过犁耙后，浮游生物和底栖动物大量繁殖，对于鱼苗的生长特别有利，在插秧前只是比插秧后多饲养15天，可是出苗时，个体要比插秧后放入的增加100克以上。对于6～10厘米的鱼苗，最好待秧苗返青后再放。

2. 放养方法

在冬春农闲季节，开挖好鱼凼、鱼坑，如果上半年稻田内饲养鱼种，则需要对鱼凼、鱼坑等进行整修，铲除坑边杂草等；在放养前，排干坑、凼内的水，日晒一星期左右，进行消毒，按每亩用生石灰50千克撒施，再过一个星期后灌足水。每亩施肥300千克以适当培肥水质，4～5天后即可投放鱼种。放养的鱼种要求体质健壮、无病无伤，同一批鱼种的规格要整齐，鱼种放养前还需进行鱼体药浴消毒。

3. 放养数量

应根据鱼种的大小来确定鱼种放养数量。稻田养殖成鱼，提倡放养大规格鱼种。一般每亩稻田可放养8～15厘米的大规格鱼种300尾左右，高产养鱼稻田可每亩放养8～15厘米的大规格鱼种500—800尾，具体因地而异。混合养殖鱼种，草鱼的数量占50%，鲤鱼和鲫鱼总和占50%。

4. 放养注意事项

鱼种放养时需要注意调节水温，运输鱼缸的水温要和田间的水温温差小于2℃左右；在适当的时候需要注入新水提高鱼苗的存活率；养鱼稻田水位水质的管理，既要满足鱼类的生长需要，又要满足水稻生长要求干干湿湿的环境。因而在水质管理上要做好以下几点：一是根据季节变化调整水位。4、5月放养之初，为提高水温，沟内水深保持在0.6～0.8米即可。随着气温升高，鱼类长大，7月份水深可到1米，8、9月，可将水位提升到最大。二是根据天气水质变化调整水位。通常4～6月份，每15～20天换一次水，每次换水1/5～1/4。7～9月份高温季节，每周换水1～2次，每次换水 1/3，以后随气温下降，逐渐减少换水次数和换水量。三是根据水稻晒田治虫要求调控水位。当水稻需晒田时，将水位降至田面露出水面即可，晒田时间要短，晒田结束随即将水位加至原来水位。若水稻要喷药治虫，应尽量叶面喷洒，并根据情况更换新鲜水，保持良好的生态环境。

5. 鱼的饲养管理

（1）投饵

稻田中杂草、昆虫、浮游生物、底栖生物等天然饵料可供鱼类摄食。每亩可形成 10～20 千克天然鱼产量，要达到亩产 50 千克以上产量，必须采取投饵措施，常用的种类有嫩草、水草、浮萍、菜叶、蚕蛹、糠获、酒糟。有条件的可投喂配合颗粒饲料，投饵要定点、定时、定量，并据摄食情况调整投饵量。一般在饲养的初期，由于田中天然饵料较多鱼体也小，可不投喂；中期少喂，以后逐渐增加；后期随气温下降，鱼的摄食量逐渐减少，当水温下降到 10℃ 以下时，即停止投喂。5～6 月，每亩每天投精饲料 1.5—2.5 千克，青饲料 8～12 千克，7～9 月底，每亩每天投喂精饲料 3～5 千克，青饲料 18～25 千克，10 月以后逐步减少，青饲料要鲜嫩，并于当天吃完为宜。

（2）调节水位水质

要根据水稻和鱼的需要管好稻田里的水。调节水位水质，在水稻生育期间按水稻栽培技术要求进行。在放水晒田期间，鱼在凼内生长，不受影响。水稻拔节后，可逐步加深田水，尽量提高水位，稻田水质偏于酸性时对鱼类生长不利，特别是水稻收割后稻根稻桩腐烂严重影响水质，因此要尽量少留稻桩,定时向田函施用生石灰进行消毒。

（3）疾病预防

1）稻田消毒：放鱼前，应选用药物消毒，常用的有生石灰、漂白粉。每亩使用 25～40 千克生石灰，不仅能杀死对养殖鱼类有害的病菌和肉食性鱼类及蚂蟥、青泥苔等有害的生物，还能中和酸性，改良土质，对稻鱼都有好处。石灰处理后 7 天左右可放入鱼苗。每亩用含有效氯 30% 的漂白粉 3 千克，加水溶解后泼洒全田，随即耙田，隔 1～2 天注入清水，3～5 天可放入鱼苗。

2）鱼种消毒：鱼苗在放养前，要进行药物消毒。常用药物有 3% 的食盐水，8.0 毫克硫酸铜对水 1 千克，10 毫克漂白粉对水 1 千克，20 毫克高锰酸钾对水 1 千克。漂白粉与硫酸铜溶液混合使用，对大多数鱼体寄生虫和病菌有较好的杀灭效果。洗浴时间：据温度、鱼的数量而定，一般为 10～15 分钟。洗浴时一定要注意观察鱼的活动情况。

3）饵料消毒：饵料在投喂前应进行必要的消毒处理。动物性饵料，如螺、蚬等，用清水洗净，选取鲜活的投喂。植物性饵料，如水草、萍类，则用 6.0 毫克漂白粉对水 1 千克浸泡 20—30 分钟后投喂。施用发酵的粪肥时，每 500 千克粪肥中加 120 克漂白粉，搅拌均匀后投入池里。

4）食物台和沟、坑的消毒:在鱼病流行时,要对食物台和鱼沟、鱼坑进行药物消毒。方法如下:

第一，漂白粉挂袋：鱼坑上插几根竹竿，每个鱼坑挂 2～3 只药袋，袋内装漂白粉 50 克，每 3 天换药一次，连续 3 次。

第二，往鱼沟、鱼坑内泼洒药物，一般用漂白粉、敌百虫或生石灰。如沟坑面积占稻田面积 12%～15%，每亩用漂白粉 250 克或用 90% 晶体敌百虫 3～5 克（2.5% 粉剂敌百虫 30～50 克），敌百虫对指环虫、三代虫、水蜈蚣有良好的防治效果。每亩用生石灰 1～2 千克，化水后泼洒能预防鱼烂鳃等病。

5）防除天敌害虫：如水生昆虫、蛙类、水蛇、食鱼鸟、鼠类等。水生害虫有水蜈蚣、田螺等。水蜈蚣性极凶猛，贪食，一只小蜈蚣一夜之间可夹死鱼苗 16 条之多，对鱼的危害最大。在放鱼前，用生石灰遍撒全田，可杀死水蜈蚣。也可用敌百虫粉剂撒在水面，形成 1.0—3.0 毫克每千克的浓度，能有效杀死水蜈蚣。

6）防缺氧浮头：在水浅、放养密度大、饲料投放过多情况下或天气闷热、水中腐殖质分解加速而大量消耗氧气时，水中溶氧量显著下降，特别是下半夜，可降到最低 0.2～0.9 毫克/升，这时鱼类将因缺氧而全部浮头，如不及时抢救，有全部死亡之危险。因此应随着鱼类逐渐长大对水中溶氧消耗的增加，根据水质和鱼类活动情况及时加注清水，以提高稻田水位，改善水质。在天气闷热或天气骤变、气温过低时，要暂停投饵。发现浮头要立即排出田水，引进含氧量高的清水。

（4）有害藻类过度繁殖：在七八月高温季节，部分红萍死亡，这时稻田内的藻类会大量繁殖。其中有一种微囊藻，其细胞外面有一层胶质膜，鱼类不能消化，藻体死亡之后，藻蛋白质分解产生有毒物质（硫化氢、羟胺）对鱼的生长不利。据分析，1 千克水中含有 50 万个左右微囊藻时，就可使端鱼苗死亡，如达 100 万个以上，则大部分鱼类死亡。pH 值为 8～9.5，水温 28℃～30℃时，微囊藻繁殖最快，可用 0.7 克/米 3 硫酸铜均匀撒在田中予以杀灭。

（二）稻田的选择及规划设计

1. 养鱼稻田的条件

凡是水源充足、水质良好、保水能力较强、排灌方便、天旱不干、山洪不冲的田块都可以养鱼。特别是山区，必须选择那些既有水源保证，阳光充足，又不被洪水冲的稻田，才能做到有养有收。沙底田不宜采用"田团"方式，潜育化稻田、冷浸田，可进行"垄稻沟鱼"养殖方式。

2. 加高加宽田土埂

由于鱼有跳跃的习性，另外一些食鱼鸟也会将田坡中的鱼啄走，同时，稻田中常有黄鳝、田鼠、水蛇打洞引起漏水跑鱼。因此，在农田整修时，必须将田项加宽增高，必要时采用条石或三合土护坡。

3. 开挖鱼凼、鱼沟

为满足稻田浅灌、晒田、施药治虫、施化肥等生产需要，或遇干旱缺水时，使鱼有比较安全的躲避场所，必须开挖鱼凼和鱼沟。这是稻田养鱼的一项重要措施，鱼凼最好用石材，也可用三合土护坡。鱼凼面积占稻田面积的 8% 左右，每田一个，由田面向下挖深 1.5～2.5 米，由田面向上筑坡 30 厘米，鱼凼面积 50—100 平方米。田块小者，可几块田共建一凼，平均一亩稻田拥有鱼凼面积 50 平方米。鱼凼位置以田中为宜，不要过于靠近田埂，每凼四周有缺口与鱼沟相通，并设闸门可以随时切断通道。视田块大小，可以开挖成"一"字、"十"字或"井"字形鱼沟，沟宽 1～1.5 米，深 0.8～1 米。同时开挖一个 10—20 平方米的鱼凼。鱼沟、鱼凼的面积占稻田面积的 15%～20%。

4. 进、出水口

开好进、排水口各开一个，另根据田块大小设溢洪缺口 1～3 个。进、排水口一般开在稻田的相对两角，进、排水口大小根据稻田排水量而定。进水口要比田面高 10 厘米左右，排水口要与田面平行或略低一点。丘陵山区的梯田，上一块田的排水口常常是下一块田的进水口，实行串联，平原地区的稻田进、排水多数是注、排水分开，水利工程配套设施较完善。也有的同丘陵地区一样，上、下田串灌。

5. 安装拦鱼栅

稻田注、排水口应设在相对应的两角的田埂上，使水流畅通。注、排水口应当筑坚实、牢固，安装好拦鱼栅，防止鱼逃走和野杂鱼等敌害进入养鱼稻田。拦鱼栅一般可用竹子或铁丝编成网状，其间隔大小以鱼逃不出为准，拦鱼栅要比进、排水口宽 30 厘米，拦鱼栅的上端要超过田 10—20 厘米，下端嵌入田埂下部硬泥土 30 厘米。

6. 消毒和施肥

在冬季开挖鱼沟、鱼坑时或旧的鱼沟、鱼坑修整时，每亩要用 30 千克以上的生石灰撒施消毒，撒石灰时田中应无积水，撒施后一星期再灌水，并亩施 300 千克腐熟粪肥培肥水质，再过 4～5 天后放养鱼苗。

二、品种与搭配

（一）放养品种

近年全国各地涌现了许多新的养殖技术和养殖模式，稻田养鱼品种也由原来的鲤鱼、鲫鱼、草鱼等，发展到放养小龙虾、罗非鱼、鲢鱼、鳙鱼、蝙鲂鱼、鲶鱼以及河蟹、泥鳅、罗氏沼虾、青虾、龟鳖等品种。稻田养鱼的同时，还可以种植萍、笋、菜、食用菌等果蔬进行综合种养经营。不同地区可根据不同情况选择一种或一种以上放养品种。一般情况下，可以在池塘中养殖的水产种类都适用于稻田养殖。

（二）混养搭配

1. 混养优点

稻田鱼类混养不是简单的多种鱼类叠加，而是根据鱼类的食性、栖息习性、生活习性等生物学特性，充分运用养殖鱼类之间的互利作用，搭配不同种类或同种异龄鱼类在同一水体中养殖。稻田混养优点如下：

第一，充分利用饵料。在人工投喂饲料时，主要养殖鱼类的残饵可以被其他小规格鱼种吞食，粪便又可以育肥浮游生物以供鳞、鳙等虑食性鱼类食用。

第二，充分利用水体。不同鱼类栖息水层不同，鲢鳙鱼等在上层，草鱼、鳊鲂鱼等在中下层，青鱼、罗非鱼等在底层，不同栖息水层的鱼类混养可以充分利用稻田的各个水层。

第三，充分发挥鱼类之间的互利作用。主要养殖鱼类的残饵和粪便育肥浮游植物供滤食性鱼类食用，滤食性鱼类吞食大量浮游生物，净化了水质，又为主养鱼提供了优良的生长环境。

2. 鱼种搭配

在稻田鱼类混养时，需要明确主养鱼和配养鱼的种类、数量以及规格，这样才能充分合理地利用稻田水体，达到最大的养殖效益。各种稻田混养模式都是依据当地的具体条件而形成的，然而仍有普遍规律。

第一，每一个混养稻田都要确定主养鱼和适当配养一些其他鱼类。为了充分利用饵料，提高生产力，必须确保主养鱼和配养鱼的饵料不冲突，并且确保配养鱼对主养鱼有利。

第二，明确配养鱼之间的比例。例如，渔谚有"三鳙养一鲢"之说，鲜鱼的抢食能力较强，容易抑制鳙鱼的生长，故一般鳙、鲢的放养比例为3：1。

第三，为充分合理利用水体，应配养不同食性和不同栖息水层的鱼类。在配养鱼种类中，既要有"吃食鱼"又要有"肥水鱼"，各栖息水层的鱼类也应适量搭配。

3. 混养密度

放养密度是获得高产的重要条件。在一定条件下，放养密度越大，产量越高。只有在合理的混养基础上，高密度养殖才能充分发挥稻田水体的生产潜力。然而，一味的追求产量，只能造成恶性循环，最后达不到高产增收的目的。具体混养密度必须根据各地各稻田情况而定。混养密度的确定必须遵循以下原则：

（1）稻田水源好

良好的水质是获得高产量的首要条件。有良好水源和开挖鱼沟鱼溜的稻田，混养密度可以适当增加。

（2）混养种类和规格合理

合理混养多种鱼类和小规格鱼类的稻田，放养量可以适当增加；反之则应适当减少。

（3）饵料和饲养管理措施

充足的饵料才能确保鱼类的正常生长，在饵料充足、管理精细得当的基础上，放养量可相应增加。

三、孵化与育苗

鱼类整个生命周期分为胚前、胚胎、胚后三个发育阶段。胚前期是性细胞发生和形成的阶段；胚胎期是受精鱼苗孵出阶段；胚后期是孵出的鱼苗到成鱼以至衰老死亡的阶段。熟悉掌握鱼类整个生命周期是成功培育鱼苗的基础。所谓鱼苗培育，就是将孵化后3～4天的鱼苗饲养成夏花鱼种的生产过程。因刚孵出的鱼苗身体稚嫩，活动能力弱，适应环境能力较差，不适宜直接放养，需要人工饲养至大规格鱼种方可放养，故鱼苗培育是鱼类养殖过程中的一个关键环节。

（一）鱼苗孵化

1. 鱼卵收集处理

鱼卵收集分为鱼巢和产卵池收集。鱼巢主要是为了收集黏性鱼卵，例如鲤鱼鱼卵；非黏性卵可用产卵池收集。此外，黏性卵必须经过脱黏处理方可进行孵化。

2. 水质要求

一般鱼苗的孵化要求水质清新，温度要求在20℃～30℃，天气时冷时热易导致鱼苗孵化失败。在孵化过程中，鱼卵易染上水霉病，可在孵化池水中加入食盐和加注新水以防水霉病发生。此外，为防止水中敌害生物危害鱼卵，孵化前必须进行消毒处理，清除孵化池水中敌害生物。

（二）鱼苗饲养

1. 鱼苗池准备

鱼苗池要求池堤坚实不漏水，鱼池背风向阳，面积3～5亩，水深1.5米为宜。在鱼苗放养前10天，彻底干塘消毒。同时，进、排水口用双层密网过滤，以防鱼苗逃逸和野杂鱼进入池中。

2. 鱼苗放养

鱼苗下塘前2～3天，每亩施腐熟有机肥100—200千克培育浮游生物，保证鱼苗下塘后有充足的适口饵料。刚孵出的鱼苗均以卵黄为营养，当鱼苗体内鳔充气后，鱼苗方开始摄取外界食物。故必须待鱼苗体内鳔充气方可入塘。

鱼苗培育一般一口池塘只放一个品种，不宜混养，放养密度不宜过低或者过高，每亩放养鱼苗8万～10万尾。鱼苗下塘时，每万尾鱼苗投喂蛋黄2～3个，方法为：将鱼苗放入塑料盆内，将蛋黄用水稀释，然后经40目聚乙烯网布过滤后，均匀洒在盆内，再等20分钟放入池塘。此外，注意氧气袋与鱼池水温相差不能超过3℃，并选择上风离岸2～4米放苗。

3. 饵料投喂

鱼苗培育以投喂生豆浆为主，施肥为辅。豆浆泼洒要量少多次，均匀泼洒，同时要求现磨豆浆泼洒。在鱼苗入池5～7天后，每2～4天追肥一次，每次每亩施腐熟有机肥80～100千克，确保鱼池中有充足的天然饵料供鱼苗取食。

4. 水质调节和病害防治

保证池水"肥、活、爽、嫩"是鱼苗生长的关键。鱼苗入池前期，为利于提高水温和饵料生物生长繁殖，控制育苗池水位在40～60厘米。7天后，每2～4天注水一次，每次加注新水不超过15厘米，扩大水体，满足鱼苗生长对水体空间的需求。注水时应注意注水时间不宜过长，且保证水流水平缓慢入池，以免鱼苗长时间顶流，消耗体力，影响生长或引发跑马病。

在鱼苗育苗阶段，鱼苗易患跑马病、白头白嘴病、白皮病等，要做好鱼病防治工作。鱼病防治工作要遵循"预防为主，防治结合"的原则。培育期内每7天左右每亩池水可用15千克生石灰泼洒一次，以预防鱼病。

（三）注意事项

每天勤巡塘，观察鱼苗活动和生长情况，发现病鱼苗和死鱼苗要及时治疗和清除；观察水质情况，以确定投饵数量和施肥量。鱼苗经一段时间培育，长到3厘米以上时，要及时分池降低池内鱼苗密度，促进夏花生长和提高夏花出池规格。夏花鱼苗出池前，进行2～3次拉网锻炼，拉网前一天要停止喂食，同时操作时要求动作要轻，速度要慢。

四、饲养管理

俗话说"稻田养鱼，三分技术，七分管理"，日常管理工作的好坏是稻田养鱼成败的关键，要防止重放轻养管理的倾向。管理除严格按稻田养鱼和种稻的技术规范实施外，每天需巡田及时掌握稻、鱼生长情况，针对性地采取管理措施。大雨、暴雨时要防止漫田；检查进、出水口拦鱼设施是否完好；田坡是否完整，是否有人畜损坏，有无黄鳝、龙虾洞漏水、逃鱼；有无鼠害、鸟害，并及时采取补救措施。

在传统稻田养鱼的区域，一般已形成公共秩序，管理较为单纯；而新区则往往需通过技术与行政措施相结合才能奏效。为了便于管理，以成片、成大片开展稻田养鱼有利于管理。

（一）日常管理

1. 巡田

鱼苗投放稻田后，要坚持巡田，及时消灭水鼠、黄鳝等敌害生物；及时修补田坡和注、排水口的破、损和漏洞；并经常清除鱼栅上的附着物，保证进、排水畅通。不在稻田中施用农药。可适当给鱼儿投喂些糠蔬、酒糟及饼类等农副产物，以促进鱼类生长，提高鱼的产量。

2. 晒田

目的是通过排水干田，加速水稻根系发育，控制无效分蘖，提高水稻产量。稻田养鱼晒田，应做到晒田不晒鱼、不伤鱼。晒前先清理疏通鱼沟、鱼溜，然后缓慢排出田面水，并在鱼沟、鱼溜处投放精料，将鱼引入鱼沟、鱼溜内。晒田时鱼沟内水深应保持在20～30厘米，晒田后要及时恢复至原来水位。

3. 田水管理

稻田养鱼水位变化主要根据水稻的需水量来定。总体上，除晒田阶段外，田间水位是由浅到深，与鱼对水的要求基本一致。稻田养鱼应保持沟溜坑凼中有微流水，水流以早晚鱼不浮头为准。平时大田水位按常规种稻管理，水深5厘米左右，在水稻生长中后期，每隔几天提高一次水位，直到15厘米高，让鱼吃掉老稻叶和无效分蘖。

4. 处理好晒田与养鱼的关系

对排水不良，土壤过肥的低产稻田，禾苗贪青徒长。传统做法是排水晒田，促进水稻根系生长、禾苗长粗，病虫害减少，抑制无效分蘖。晒田前先疏通鱼沟鱼溜，再将田面水缓慢排出，让鱼全部进入鱼沟鱼溜或坑函中，沟内水深保持 13—16.5 厘米，最好每天将鱼溜鱼凼中的水更换一部分，以防鱼密度过大时缺氧浮头，晒田时间过长时可将鱼捕出暂养在其他水体中。晒田程度以田边表土不裂缝、水稻浮根发白、田中间不陷脚为好。稻田养鱼是否必须晒田呢？湖北省崇阳县农科所和湖南桃源县农科所试验表明，稻田养鱼后不晒田对稻谷产量没有影响，因低洼田种早稻养鱼，加深水位反而能抑制无效分蘖。另外可通过培育多蘖大苗壮秧的方法，使晒田时间缩短甚至不晒田。

5. 投饵

稻田养鱼分不投饵和适当投饵两类。不投饵即纯粹利用稻田天然饵料，鱼种放养少，鱼产量较低；适当投饵即在鱼溜和固定某段鱼沟中投饵，鱼种放养密度较大，产量较高。

所谓适当投饵，即根据放养的鱼种种类、食性及其数量，按"四定"投饵法，投喂精料或草料。一般精料占鱼总体重（根据鱼体、大小估算）的 5% 左右，草料占草食性鱼类总体重的 20%～30%，并根据天气、鱼的吃食情况增减，以免不足或过多浪费而影响水质。

稻田养鱼因田中天然饵料数量有限，每亩仅能产鱼 10—15 千克。要获得更高的鱼产量，必须人工投饵。1994 年四川省南充市顺庆区试验表明，亩放鱼种 20 千克，52 天后投饵田鱼个体重 365 克，不投饵的仅 221 克。精饲料日投饵量按鱼体重量的 2%～3% 投喂，青饲料以 2 小时内吃完为宜。放养大规格草鱼种并蓄再生稻时，必须投足饵料，否则草鱼将取食水稻分蘖芽，使再生稻颗粒无收。稻田养鱼投饵遵循"四定三看"（定时、定质、定量、定位，看鱼、看水、看天）原则，并根据实际情况灵活掌握，一般坚持定点在鱼凼内食台上投饵，生长旺季日投两次，上午 8：00～9：00，下午 4：00～5：00，量以 1～2 小时吃完为度，精饲料投放量为鱼种体重的 5%～8%，青饲料投入量为鱼体重的 30%～40%。根据天气、鱼类活动和水质决定投饵量，并在鱼溜、鱼凼处搭食台和草料框。为了充分利用天然饵料和防治水稻虫害，当发现水稻有害虫时，每天用竹竿在田中驱赶一次，使害虫落入水中被鱼吃掉。

6. 施肥

适量施肥对水稻和鱼都有利。原则上以施基肥为主，追肥为辅；施农家肥为主，化肥为辅。追肥应视稻田肥力而定，肥田少施，瘦田多施。不要将肥料撒在鱼沟里，以免伤害鱼类。

在稻与鱼的管理上，坚持以稻为主，兼顾养鱼的原则，采取稻鱼双利的管理方法。选用尿素和氯化钾作水稻追肥，早稻亩施尿素 13 千克，晚稻亩施尿素 20 千克，氯化钾全年亩用量 7 千克。尿素早、晚稻均分两次施用，氯化钾施用一次；即早稻用晚稻则不用。防治水稻病虫，选用杀虫双、乙酰甲胺麟、乐果、叶蝉散，每次每亩用量分别为 250 克、100 克、100 克、250 克。一般早稻用药 1 次，晚稻用药 2 次。早稻田灌溉采取浅一深一浅的方式，即从移栽到拔节浅灌（田面水层 3.5 厘米左右），孕穗至扬花期深灌（水层 6 厘米左右），蜡黄期开始浅灌（水层 3 厘米）。晚稻采取深一浅一深一浅的方式灌溉，即移栽到活竟深灌（深水活兔），分蘖期适当浅灌，孕穗到扬花期深灌，之后浅灌。为了补充稻田天然饵料的不足，根据稻田鱼类摄食情况，投喂一些人工饵料。亩投喂菜籽饼（或米糠）50 千克和足量的红萍、嫩草。稻田养鱼的日常管理着重抓防逃、防洪、防敌害（水蛇、田鼠等）。蔬菜一律用人粪做追肥，按常规用量施用。当瓜蔓长到 40～50 厘米时，在坑凼上用树木枝条等材料架设瓜棚，瓜棚高距田面 1～1.5 米，共搭瓜棚 13 个（次）。田中留水收稻，鱼类在早稻收获前（或收获时）捕大留小，并及时补足鱼种，晚稻收割前鱼全部起水。

种养结合：开沟、挖坑、搭棚种瓜是解决稻、鱼在生产过程中的某些矛盾和防止高温死鱼的好办法，是促进稻田养鱼迅速推广、提高稻田养鱼单产的有力措施。稻田养鱼，稻与鱼虽然有共生互利的一面，但也确存在着一些矛盾，诸如稻田施用化肥、农药和浅灌晒田与养鱼的矛盾，特别是双抢期间高温死鱼的问题等。在养鱼田开沟、挖坑、搭棚种瓜的目的就是为鱼建造一个"避难所"，当进行上述对鱼类安全有威胁的生产活动及"双抢"高温时，让鱼进入其中"避难"，从而使稻与鱼的矛盾得到妥善的解决。实践证明，在坑上搭棚种瓜是防止"双抢"高温死鱼较为理想的一种方法。

注意事项：稻田养鱼放养时间越早越好。养食用鱼的稻田以放 4～10 厘米长的鲤鱼或罗非鱼为宜（早稻则应放上述规格的春片），养鱼种为主的稻田则以放 4 厘米长左右的鱼为宜，并以养草鱼种效果最好。养食用鱼的稻田每亩放 300—600 尾（双抢时捕大留小，及时补放鱼种），另搭配 100—200 尾草鱼种。养草鱼种的稻田每亩放 1500—2000 尾，另搭配 15% 左右的鲤鱼。适当补充人工饵料是实现稻田养鱼高产的物质保证。坑凼旁种瓜以种丝瓜较好，瓠瓜、苦瓜、扁豆、刀豆等亦可；田埂上种菜可根据需要和季节合理组合（或间作、套作）。坑凼、鱼沟面积一般占稻田面积 5% 左右为宜，面积不得少于 10 平方米，并尽量挖深一点，至少不浅于 30 厘米，搭棚高度以离田面 1.5 米左右为宜，棚架面积较大的也可适当高一点。夏秋季可在坑凼、鱼沟中人工放养红萍和水浮莲等做青饲料。若实行冬闲养鱼的稻田，可将坑凼稍加改善供鱼越冬。

7. 调节水位，正确处理水稻水位深浅与养鱼矛盾

根据水稻不同生长阶段的特点，适时调节水位。插秧后到分蘖后期水深 6～8 厘米，以利秧苗扎根、还青、发根和分蘖。这时鱼体小，可以浅灌；中期正值水稻孕穗需要大量水分，田水逐渐加深到 15～16 厘米，这时鱼渐长大，游动强度加大，食量增加，加深水位有利鱼生长；晚期水稻抽穗灌浆成熟，要经常调整水位，一般应保持 10 厘米左右。

8. 防洪抗旱

近几年来，气候异常，洪涝灾害频发，干旱时要注意蓄水保鱼，节约用水；暴雨来临时要做好准备，防止田水满溢逃鱼，如果有鱼坑稻田，可把鱼集中在鱼坑中然后

四周用网拦住，或者在鱼坑上面加网罩，可起到保鱼防逃作用。

9. 防治敌害

稻田养鱼有鸟、鼠、蛇、野猪、水生昆虫等多种敌害，对鱼危害极大。主要防治方法如下：

（1）鸟类

稻田养鱼的害鸟有苍鹭、鹰、红嘴鸥、翠鸟等，一般可人为驱赶或利用装置诱捕器捕捉。近年来，白鹭多，已成为威胁稻田养鱼安全的头号害鸟。预防白鹭最理想的措施是在养鱼田上空安装塑料网；还可在田中养萍，使鸟看不见鱼而达到防鸟目的。翠鸟喜欢在高处栖息，在大田中插上木桩，再在桩上安装老鼠夹，翠鸟站在老鼠夹上时，脚被夹住不能逃脱而被捕捉。山区农户用此法捕捉，均能达到较好效果。由于捕到的翠鸟是活的．直接放回自然界它会重新回来吃鱼，最好是将鸟放在远离农田的其它地方，可免除翠鸟之害。

（2）鼠类

稻区主要有褐家鼠、黄毛鼠、小家鼠等，它们不但咬断稻株吃穗，而且捕食田中养殖鱼类，可用鼠药杀灭，使用时注意人、鱼安全。

（3）蛇类

主要害蛇有泥蛇、银环蛇、水赤练蛇等，可用网围不让蛇类进入大田。泥蛇可用"灭扫利"除之，但要注意鱼安全。具体方法可在放养前用"灭扫利"进行带水清田，并注意周围田安全，以免毒水流入其他田内。

（4）害虫类

主要有水蜈蚣、田鳖、松藻虫、红娘华等，这些害虫可用敌百虫杀灭。方法是，每方水用90%敌百虫0.5克泼洒。少数田还有蚂蟥，常用吸盘吸住鱼的眼睛，使鱼发炎以至眼球脱落，影响成活。防治方法：养鱼稻田在翻耕施肥后每亩用生石灰50千克溶化成浆遍洒，并在田坡四周多洒浆水，可消灭蚂蟥、黄鳝、泥鳅等。

10. 做好防暑降温工作

稻田中水温在盛夏期常达38℃～40℃，已超过鲤鱼致死温度（一年生鲤鱼38℃～39℃，二年生鲤鱼30℃～37℃），如不采取措施，轻则影响鱼的生长，重则引起大批死亡，因此当水温达到35℃以上时，应及时换水降温或适当加深田水，做好鱼类转田工作。鱼类转田有几种方法，最好的方法是在一丘稻田里、各半种植成熟期不同的稻作品种，例如种植早熟、中熟或晚熟品种，这样在收割早熟或中熟稻谷时，鱼就会自然游到晚熟稻那边去，而收割晚稻时，原来早熟品种的那一半稻田已插入晚稻秧苗；鱼又会自动游到以插晚稻秧苗的这一部分稻田中来，晚稻品种的这部分稻田耕作可照常进行。另外，同一鱼田，因稻谷成熟早晚有别，其病虫害发生时间也不一样，撒农药时间也必然前后不同，落到水中的药物浓度也低，鱼类有避难之处，如不采用此法也可利用鱼沟和鱼溜，把鱼集中后再进行转移。

（二）鱼种规格和放养密度

1. 放养规格

放养规格与养殖目的有关：若为培养鱼种，则放养夏花鱼苗，如利用秧田、早稻田培育草鱼或鲤鱼种，也可将附着鲤鱼卵的鱼巢直接放入秧田孵化；若为培养大规格鱼种，可放养 3.3 厘米以上的鱼种；如培养食用鱼，应放养全长 16～25 厘米的大规格鱼种，如四川省南充市顺庆区稻田养成鱼，要求放养的鲤鱼尾重 50～150 克、草鱼尾重 150—250 克。

2. 放养密度

放养密度与鱼种规格、沟溜坑凼的面积和水稻种植方式有关，沟溜坑凼面积大时，密度可大一些，鱼种规格大时应少放一些。

（三）放养时间及放养前处理

1. 放养时间

稻田养鱼放鱼的时间取决于放养规格和种类。当培育鱼种时，在秧田撒稻种、早稻田插秧前开好鱼沟装好鱼栅后放鱼；而放养 7 厘米左右吃食性夏花鱼种时，需在秧苗返青后放养，以免鱼吞食秧苗；隔年草鱼种必须在水稻拔节及有效分蘖结束后才放入田中。目前许多地方稻田养鱼为延长鱼的生长期，早在插秧前已将鱼苗或鱼种投放到鱼溜鱼凼中了，待秧苗返青后加深水位，打通鱼沟鱼道，放鱼入田。

稻田多种鱼混养时，各种鱼是同时投放还是分批放养受天然饵料的数量限制，一般是一次投足，也有轮捕轮放的作法。如单季稻田周年养鱼时，水稻收割淹青后浮游生物才大量繁殖，此时必须增投舞蝙鱼种，以充分利用饵料资源。

2. 放养前处理

放鱼前 10～15 天，鱼凼、沟溜用生石灰消毒，其方法同池塘清塘。鱼苗鱼种放养前用 2%～4% 的食盐水浸泡 3～5 分钟，也可用 8 毫克/千克硫酸铜，或 10 毫克/千克漂白粉，或 20 毫克/千克高锰酸钾液浸泡鱼体。鱼种大、水温低时，浸泡时间长，反之则短，通过浸泡可预防多种鱼病。

（四）稻田养鱼施肥技术

1. 施肥要求

合理的稻田施肥，不仅可以满足水稻生长对肥分的需要，而且能增加稻田水体中的饵料生物量，为鱼类生长提供饵料保障。由于施肥的种类、数量及方式的不同，均要确保鱼类安全不致造成肥害。

2. 施肥原理

施肥后一部分肥料溶解在水中，部分被土壤吸收，一部分被水稻吸收。水稻吸收肥料是通过稻根的毛细管吸收溶于水中的肥料，其作用是直接的。而肥料对养鱼来讲是间接的，具体反映在三个方面：第一，施肥后养分被浮游植物吸收，通过光合作用，大量繁殖的浮游植物作为鱼的饵料被鱼摄食；第二，以浮游植物为食的浮游动物及细菌作为鱼饵料被鱼摄食；第三，有机肥中的碎屑可直接被鱼摄食，如刚施下的鸡粪、猪粪，发现有鱼来觅食，证明鸡粪、猪粪中还有一定有机碎屑为鱼所用。

3. 施肥原则

以有机肥为主，化肥为辅；以基肥为主，追肥为辅。

有机肥施入稻田后分解较为缓慢，肥效时间长，有利于满足水稻较长生长阶段内对养分的基本要求，同时施有机肥能为养殖鱼类提供部分天然饵料，满足鱼生长需要。如果有机肥施多了可起到减少化肥用量作用。温州市永嘉县界坑乡兴发村利用草籽田养鱼，水稻用肥仅用复合肥 20 千克就是一个例子。值得注意的是，有机肥未发酵施入大田后要消耗大量氧气，同时产生硫化氢、有机酸等有毒有害物质，数量过多会直接威胁稻田放养鱼类的安全。

化肥肥效快，宜作追肥。从肥料种类看，氮素肥料主要有尿素、硫酸铵、碳酸氢铵等，磷肥有钙镁磷肥、过磷酸钙等，钾肥有氯化钾等，但目前主要以复合肥为主。

4. 确定施肥量

根据配方施肥要求，每生产 500 千克稻谷吸收氮素 10—13 千克，折合尿素 21.74 ～ 28.26 千克；五氧化二磷 5 ～ 7 千克，按 20% 有效成分，需过磷酸钙 25 ～ 35 千克；氯化钾 8 ～ 12 千克，按 60% 有效成分算，需钾肥 13.3—20 千克。根据配方施肥要求，提出水稻施肥配方建议：基肥亩施厩肥 500—1000 千克或水稻专用肥 50 ～ 75 千克；追肥、分蘖肥，尿素 5 ～ 7 千克，氯化钾 5 ～ 7 千克；孕穗期看情酌施尿素 3 ～ 4 千克。由于各地土质不同，气候存在差异，可参照测土情况科学施肥。

养鱼稻田施肥除考虑水稻生长用肥，还必须要兼顾鱼类施肥安全，为此，稻田养鱼标准中有具体要求，在水温 28℃ 以下，水深 6 厘米以上，每亩复合肥一次用量控制在 3 ～ 6 千克，少吃多餐，以保证鱼的安全。

5. 注意事项

（1）适温施肥

水稻适宜生长的水温为 150C ～ 32℃，随着水温升高，肥料利用速率加快。在 25℃～ 30℃ 时，肥料利用速率最快。对养鱼来讲，高温施肥，由于肥料分解快，毒性强，容易使鱼中毒死亡。温州市永嘉县大若岩镇银泉村一农户曾在水温 36℃ 时亩施尿素 2.5 千克，结果田鱼全部死亡，就是一个教训。如果非在高温期施肥不可，可采取量少次多，大田分半施肥等方法比较妥当。

（2）晴天施肥

晴天是施肥最佳时期，原因是光合作用强，对稻鱼各有利；雨天不要施，原因是光合作用弱。

（3）天闷不要施肥，以免鱼缺氧

（4）不要混水施肥，以免肥效损失大

（5）一次性施足基肥，以后不用再施追肥，可解决因施追肥而伤鱼的事故发生

（五）养鱼稻田的水稻病虫防治

养鱼稻田选用高效、低毒、低残留农药是保持水稻高产稳产、粮渔协调发展，防止农业生态环境污染的关键措施。

农药对鱼类的毒性：农药对稻田主要养殖鱼类的急性毒性是指鱼类接触污染物在短时期内所产生的急性中毒反应。半致死浓度通常用鱼类在一定浓度的农药溶液浓度，经 48 小时死亡一半时的溶液浓度，用 48 小时 LC50 来表示。

不同种类的农药对稻田同一养殖鱼类急性中毒的半致死浓度并不相同。而同一农药品种，对稻田不同养殖鱼类其半致死浓度也不相同。草鱼在杀虫双溶液中 48 小时的半致死浓度为 9.5 毫克／千克，鲤鱼则为 13.75 毫克／千克；而草鱼在甲胺磷溶液中的 48 小时 LC50 却为 168 毫克／千克，显然表明鱼类对农药的敏感性因农药品种不同而存在一定的差异。为稳妥起见，在养鱼稻田使用农药前，应结合当地稻田主要养殖鱼类品种进行毒性试验。在测试时应选用大小相等、在同一条件下得到的，经淘汰病劣幼鱼的健康、活泼鱼苗。试验用水最好经曝气处理。然后，对若干条鱼预先进行试验，大致得出 LC50 值的浓度范围，以此为中心，制定出 LC0 值到 LC100 值之间若干阶段的药液作用浓度。LC0 值称为最小致死浓度，LC100 值称为最大安全浓度。同时设置不含农药的对照处理。每一处理设置 3 次重复，每一重复盛试液 3000 毫升。投入大小一致的供试鱼苗 20 尾，鱼苗大小和体重应一致。经 24 小时更换试液 1次，观察死鱼数，此外，环境因子对急性毒性试验的影响较大，试验时的水温应保持 20℃～ 28℃为好，并应注意曝气。记录经 48 小时的死鱼数，并应用直线内插法即可求出鱼类在各种农药试液中 48 小时 LC50 值。具体作法为在半对数坐标纸的对数刻度上设供试液的浓度，在普通刻度上设生存率的上下两点，用直线连接此两点，相交于 50% 生存率，把以相交点所表示的浓度做半致死浓度（或用 TLM 表示耐药中浓度）。

鱼类对农药的敏感性显然因农药种类而定，通常拟除虫菊酯和有机氯杀虫剂对鱼类毒性强，而有机磷杀虫剂却弱。在对人畜和鸟类毒性强的农药中，也有对鱼类却是弱的农药，因此难以从人畜和鸟类毒性来推测对鱼类的毒性。通过农药对鱼类的急性毒性试验，在以室内试验鱼类耐药 48 小时半致死浓度的基础上，通常以耐药浓度为 1 毫克／千克以下定为对鱼类高毒农药，1～ 10 毫克／千克定为中毒，10 毫克／千克以上则为低毒。以此毒性指标为根据，属于高毒农药的有：六六六（林丹）、1605、敌杀死（溴氧菊酯）、速灭杀丁（杀灭菊酯）、五氯酚钠、鱼藤精等。中毒农药有敌百虫、久效磷、敌敌畏、马拉松、稻丰散、杀螟松、稻瘟净、稻瘟灵等。低毒农药有多菌灵、甲胺磷、杀虫双、三环唑、速灭威、扑虱灵、叶枯灵、稻瘟酞和井冈霉素等。

农药使用：农药用量应按农药使用技术要求常规推荐量施药，一般中低毒农药品种对稻田鱼类不会引起毒杀，如果超过正常用量，重者会引起鱼类毒杀，轻者也会影响鱼类的正常生长发育。为了使养鱼稻田中施农药时，鱼有个安全去处，同时便于集中投喂饵料，不致盲目饲喂，以提高饵料效率，也便于鱼类集中起捕，不论是哪种水稻栽培方式的稻田养鱼，要获得稻鱼双丰收，都必须开挖鱼困、鱼沟，以避免或减少鱼中毒。具体方法是先从离鱼困远的地方喷施农药；鱼群嗅到气味后，自动游到鱼困躲避。或在施药前在鱼困内投入带香味的饵料。吸引鱼群入困。投饵料后 2 小时堵住困口，不让鱼群外出或缓缓地放浅田水，待鱼进入鱼困后再灌深田水，可避免鱼遭农药毒害。但对于某些在环境降解较为缓慢的农药，则应考虑到鱼类体内残留农药的长期积累、生物富集而造成慢性中毒，以致影响其生长发育。

大部分农药在稻田使用后被土壤吸附性能弱，而随水迁移性能较大，且在水中降解缓慢。由于水体中农药含量和鱼体中农药残留量呈显著正相关，因而在一定程度上可导致影响鱼类生长。为了保护药效、防止或减轻其对水生生态环境的影响，应加强对稻田管理，既要避免短期内将田水排出，减少渗漏，又要保证稻田中鱼类的正常生长，在保证水稻的防虫效果后，应适时排水换水。因此中稻田在应用杀虫的农药时，最好放在水稻二化螟发生盛期喷施。前期可应用杀螟松、马拉硫磷、敌百虫等易于在稻田生态环境中消解的农药。若在水稻收割后进行囤水田和冬水田养鱼的稻田，切忌在水稻后期使用杀虫双。

施药时稻田应保持一定的水层，因水的深浅会影响到农药的安全浓度，提倡深灌水用药，特别是治虫，水层高既可提高药效，也可稀释药液在水中的浓度，减少对鱼类的危害。稻田水层应保持 6 厘米以上，如田水中水层少于 2 厘米时，对鱼类的安全带来威胁。病虫害发生季节往往气温较高，一般农药随着气温的升高而加速挥发，也加大了对鱼类的毒性，施药时应掌握在阴天或下午 5 时后施药，可减轻对鱼类的危害。为了保证鱼的安全，应注意农药的使用方法，喷施水溶液或乳剂均应在午后进行，药物应尽量喷洒在稻叶上，这样不但能提高药效，而且可避免药物落入田水中危害鱼类。喷雾法雾滴细而不飘移，沉积量高，每亩用量少，防治效果最佳又有利于保护天敌及水生生物，减少对农业环境的污染。而喷施粉剂则要在露水未干时进行，尽可能使药粉黏在稻秆和稻叶上，减少落入水中的机会。喷雾采用背负式喷雾器，细喷雾雾滴直径小于 200 微米，在植株上黏着性好，滴落在田水中的农药少。养鱼稻田可提倡农药拌土撒施的方法。在使用毒性较高的农药时，应先将田水放干，驱使鱼类进入鱼沟、鱼困内。沟由外泥土稍加高，然后再施药，为防止施药期间沟、函中鱼的密度过大，造成水质恶化缺氧，应每隔 3～5 天向鱼困内冲 1 次新水，等药味消失后，再往稻田里灌注新水，让鱼类游回田中。

参考文献

[1] 林卿著．生态农业产业集群发展研究 [M]．北京：经济科学出版社．2020．

[2] 翁伯琦著．现代生态农业发展理论与应用技术 [M]．福州：福建科学技术出版社．2020．

[3] 周炜坚著．乡村振兴战略下丽水生态农业科技创新研究 [M]．石家庄：河北科学技术出版社．2019．

[4] 邢旭英，李晓清，冯春营主编．农林资源经济与生态农业建设 [M]．北京：经济日报出版社．2019．

[5] 陈义，沈志河，白婧婧主编．现代生态农业绿色种养实用技术 [M]．北京：中国农业科学技术出版社．2019．

[6] 丁雄著．生态农业产业链系统协调与管理策略研究 [M]．南昌：江西高校出版社．2018．

[7] 盛姣，耿春香，刘义国著．土壤生态环境分析与农业种植研究 [M]．世界图书出版西安有限公司．2018．

[8] 陈光辉，朱立志，姜艺等著．多维生态农业 [M]．北京：中国农业科学技术出版社．2018．

[9] 宋希娟著．生态农业的技术与模式 [M]．延吉：延边大学出版社．2018．

[10] 李大红，蒋炳伸，孔少华主编．现代生态农业技术研究 [M]．北京：现代出版社．2018．

[11] 陈云霞，何亚洲，胡立勇．生态循环农业绿色种养模式与技术 [M]．北京：中国农业科学技术出版社．2020．

[12] 陈义，沈志河，白婧婧主编．现代生态农业绿色种养实用技术 [M]．北京：中国农业科学技术出版社．2019．

[13] 刘忠松，王波，陈学洲编．绿色水产养殖典型技术模式丛书鱼菜共生生态种养技术模式 [M]．北京：中国农业出版社．2021．

[14] 熊华主编．新编种养实用技术 [M]．武汉：湖北科学技术出版社．2011．

[15] 张严凡，孙娜主编．绿色生态探究 [M]．北京：群言出版社．2018．

[16] 吴晗晗著．生态文明视角下产业生态化研究 [M]．武汉：湖北人民出版社．2018．

[17] 张严凡，孙娜主编．绿色生态探究 [M]．北京：群言出版社．2018．

[18] 贾大猛，张正河著．县域现代农业规划的理论与实践 [M]．北京：中国农业

大学出版社.2018.

[19]袁建伟,晚春东,肖维鸽,张松林著.中国绿色农业产业链发展模式研究[M].杭州：浙江工商大学出版社.2018.

[20]陈云霞,何亚洲,胡立勇.生态循环农业绿色种养模式与技术[M].北京：中国农业科学技术出版社.2020.

[21]陈义,沈志河,白婧婧主编.现代生态农业绿色种养实用技术[M].北京：中国农业科学技术出版社.2019.

[22]张严凡,孙娜主编.绿色生态探究[M].北京：群言出版社.2018.

[23]熊华主编.新编种养实用技术[M].武汉：湖北科学技术出版社.2011.

[24]刘今晞著.高效益的种养结合棚舍[M].北京：北京出版社.1989.

[25]刘忠松,王波,陈学洲编.绿色水产养殖典型技术模式丛书鱼菜共生生态种养技术模式[M].北京：中国农业出版社.2021.

[26]李洪辉,车兆秋,徐丽作.现代农业绿色种植与生态养殖技术[M].北京：中国农业科学技术出版社.2021.